柑橘果实品质评价方法丛书（一）

# 柑橘果实商品品质评价方法

周志钦　陆柏益　等　编著

科学出版社

北京

## 内 容 简 介

随着现代果品生产和消费水平的提高，建立一种全面、系统、规范和数值化的柑橘果实商品品质评价方法已变得愈来愈重要。本书首次将柑橘果实商品品质概念细化为基本商品品质、风味品质、色泽品质和香气品质四个更具体的概念，并对它们进行了定义和辨析。本书不仅系统总结了柑橘果实商品品质及其主要成分现有的各种分析检测方法，还专门介绍了柑橘果实品质特征及其主要贡献成分的识别分析方法。将"三度"思想用于柑橘果实风味品质、色泽品质和香气品质的评价，并提出3D果实品质概念，这是本书的创新之处。

本书适合园艺专业的研究生学习，可供从事园艺产品品质研究的教学、科研和技术人员参考，也可供柑橘果品的管理人员、销售人员、消费者阅读。

---

图书在版编目（CIP）数据

柑橘果实商品品质评价方法/周志钦等编著. —北京：科学出版社，2020.11

（柑橘果实品质评价方法丛书）

ISBN 978-7-03-063981-3

Ⅰ. ①柑⋯  Ⅱ. ①周⋯  Ⅲ. ①柑桔类—商品—果实品质—评价—方法  Ⅳ. ①F762.3②S666

中国版本图书馆CIP数据核字（2019）第288364号

责任编辑：陈 新 尚 册／责任校对：郑金红
责任印制：吴兆东／封面设计：铭轩堂

科学出版社 出版
北京东黄城根北街16号
邮政编码：100717
http://www.sciencep.com

北京虎彩文化传播有限公司 印刷
科学出版社发行　各地新华书店经销

\*

2020年11月第 一 版　开本：720×1000　1/16
2020年11月第一次印刷　印张：18 1/4
字数：360 000

定价：198.00元
（如有印装质量问题，我社负责调换）

# 主要编著者简介

周志钦，博士，西南大学二级教授、博士生导师，中国科学院博士后，1998～1999年荷兰瓦赫宁根农业大学高级访问学者，重庆市高校优秀中青年骨干教师，重庆市果品营养研究首席专家工作室首席专家，国务院政府特殊津贴获得者。

现任教育部高等学校植物生产类专业教学指导委员会园艺（含茶学）类教学指导分委员会成员，重庆西南果品营养研究院院长。曾任第七届国务院学位委员会园艺学科评议组成员，中国农业科学院杰出人才计划二级学科（柑橘）带头人（2006～2014年），西南大学园艺园林学院院长（2006年5月至2016年4月）。

1985年始，师从原西南农学院蒋聪强教授学习柑橘分类，分别于1986年、1989年、2001年于西南农业大学获得学士、硕士和博士学位。1989年留校任助教，1991年任讲师，1997年任副教授，2002年任教授，2005年至今任西南大学教授、博士生导师。先后从事柑橘、苹果和牡丹等园艺植物资源的起源、进化、遗传多样性和分类研究，是国内最早将分支系统学思想和DNA条形码技术应用到园艺植物资源研究的学者，有关研究成果获重庆市自然科学二等奖1项（排名第一）、三等奖2项（分别排名第一和第二）。2011年，首次在国内正式论述了"果品营养学"概念，并于次年编著了我国果品营养学研究领域的第一部专著《柑橘果品营养学》（科学出版社，2012年6月）。2013年建立重庆市高校果品营养与质量安全创新团队，2017年创建重庆西南果品营养研究院，2018年在《园艺学报》发表"果品营养价值'三度'评价法"一文。自2011年以来，先后在国内外发表柑橘果实营养品质评价及资源创新利用相关研究论文100余篇，其中SCI论文近50篇。2018年国内同行评价，为中国果品营养学研究做了奠基性工作。

陆柏益，博士，教授、博士生导师，求是青年学者，现任浙江大学生物系统工程与食品科学学院院长助理、中国食物营养功能评价研究中心主任、农业农村部农产品贮藏保鲜质量安全风险评估实验室（杭州）常务副主任。

国家现代农业产业技术体系质量安全与营养品质评价岗位科学家、浙江省自然科学基金杰出青年基金获得者、浙江省"新世纪151人才工程"第二层次人才、美国康奈尔大学高级访问学者、科技部第六次国家技术预测专家，兼任国际食品法典中国联络处岗位专家、全国名特优新农产品营养品质评价首席专家、国家药食同源产业科技创新联盟常务理事、中国食品科技学会青年工作委员会副秘书长、农业农村部农产品营养标准专家委员会副秘书长、浙江省食品学会青年工作委员会主任委员、浙江省食品安全专家委员会委员、浙江省农产品质量安全学会常务理事、International Association of Dietetic Nutrition and Safety执委；国家自然科学基金、教育部学位中心博士学位论文等评审专家；eFood联合主编、Food Frontiers科学主编、International Journal of Molecular Sciences和Food Chemistry的客座编辑、Journal of Agricultural and Food Chemistry等10多个学术期刊（杂志）的审稿人。

在国家自然科学基金、国家重点研发计划、国家农产品质量安全财政重大专项、浙江省自然科学基金杰出青年基金等项目的资助下，在我国食品原料（农产品）营养品质评价探索和实践，以及植物甾醇和苯乙醇苷等功能成分的资源开发、功效机理、稳态化与靶向递送等方面取得了一系列的创新成果。近年来，在Critical Reviews in Food Science and Nutrition、Food Chemistry等期刊发表SCI论文80余篇，论文平均IF5大于5.0，ESI前1%高引、美国JFS论文高引Tanner论文4篇。申请国家发明专利25项、国际PCT专利5项，已获得授权18项。主编《食用农产品营养功能成分检测全书（2017版）》，担任英文教材Food Chemistry副主编，参编《食品加工实验》《食品分析》《脂质组学》等。先后获得省部级一等奖（排名第二）、二等奖（排名第三），中国食品科学技术学会科技创新杰出青年奖等奖励8次。

# 《柑橘果实商品品质评价方法》编著者名单

主要编著者

周志钦　陆柏益

其他编著者

张沛宇　刘珞忆　陈婷婷　杨济如

# 专家书评（代序）

老话题，新突破。

果品品质是个老话题，是果品生产的根本所在。传统上，对果品品质多以外观品质、内在品质来描述，直观但粗糙且不全面。老友西南大学周志钦教授，潜心研究二十年，新意明显，进展很大。今又对此总结成书，在将柑橘果实品质从基本商品品质、风味品质、色泽品质和香气品质等方面细化和完善的基础上，系统总结多种相关分析方法，专门介绍品质特征及贡献成分的识别分析方法，并创新性提出3D品质概念，可喜可贺，特此言叙。

——韩振海（中国农业大学教授，中国园艺学会副理事长）

该书是一部聚焦于柑橘果实品质性状描述和测定方法的专著，系统性强、信息量大、受众面广，对指导柑橘产业更好地服务于人类营养与健康的重大需求具有十分重要的指导意义。

——程运江（华中农业大学教授，教育部"长江学者"特聘教授）

《柑橘果实商品品质评价方法》一书，将前沿性理论技术与果品生产有机结合，文笔简练、通俗，兼具科学性、系统性、规范性和普适性，是一部"旧时王谢堂前燕，飞入寻常百姓家"的果实品质评价著作。

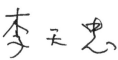

——李天忠（中国农业大学教授）

我从事果实品质研究多年，与科技或果业同行交流时，常会被问到"果实品质怎么评价"。确实，果实品质是生产者、销售商和消费者都关心的性状，其综合评价结果对生产、储运、加工、消费等环节均具有重要指导价值。现西南大学周志钦教授总结多年的思考心得和研究成果，汇集成书，全书共7章，从概念入手对品质问题解疑答惑，并顺次介绍了柑橘果实基本商品品质、风味品质、色泽品质和香气品质的相关评价指标和分析检测方法。全书内容逻辑清晰，收放自如，学后自觉收获颇丰，若再有人问品质评价的问题，非常高兴推荐《柑橘果实商品品质评价方法》一书。

——郝玉金（山东农业大学教授，教育部"长江学者"特聘教授）

西南大学周志钦教授等编著的《柑橘果实商品品质评价方法》一书，对梨果实品质研究具有很好的参考价值。

——张绍铃（南京农业大学教授，国家梨产业技术体系首席科学家）

周志钦教授是我博士期间开展柑橘种质资源与遗传多样性研究时的前辈，是国内最早将分支系统学思想和DNA条形码技术应用到柑橘种质资源研究中的学者。十余年来，周教授潜心柑橘果品营养学研究，创新提出了果品营养价值"三度"评价方法，获得了国内同行专家的高度认可。尤其是他开拓的柑橘果实中必需营养素、果实类黄酮组分的多样性评价和生物活性研究工作，在 *Food Chemistry*、*Journal of Agricultural and Food Chemistry* 等国内外主流期刊上发表与柑橘果品营养学研究相关的论文50余篇，为中国果品营养学研究与发展做出了重要贡献，做出了奠基性工作。

——刘勇（江西农业大学教授，农学院院长）

# 前　　言

人类的祖先采野果、茹山泉，水果自古就是我们最喜爱的食物之一。全世界有200多个国家或地区栽培柑橘，我国是世界栽培柑橘最早的国家之一，有4000多年的栽培历史，其中橘、柚都是当年大禹王的贡品。据统计，早在2016年世界柑橘产量已超过1亿t，2017年中国柑橘总产量为3816.8万t（中国统计年鉴，2018）。中国是目前世界最大的柑橘生产和消费国。

尽管任何一种果品的价格都是人为设定的，但价格的基础是价值，而价值取决于品质。因此，从根本上讲，果品的价格是由消费者对果实品质概念的理解决定的。其实，早在2000多年前的《黄帝内经》中就有"五谷为养，五果为助……"的记载，但遗憾的是，迄今我们仍无法用科学的数据去准确地说明"助"是何意。随着现代社会和经济发展、消费者生活水平的不断提高，人们所关注的已不再是果实的大小、形状、新鲜度等基本商品品质，而更注重的是果实的色泽、香气、风味等感官品质，甚至关注果品的保健和医药价值。果实的基本生物学特征及其表现出来的色、香、味等因素都在不同程度上影响消费者对果实品质的认识，从而影响价值判断并决定价格。面对如此复杂的鲜果品质问题，如何基于果实的基本生物学特征及其色、香、味品质科学地评价柑橘果实的商品品质，这是国内外迄今都没有很好解决的问题。

全书共7章，以果实品质概念问题为导向，通过对各种品质概念的辨析建立全书的理论基础。柑橘果实基本商品品质、风味品质、色泽品质和香气品质相关评价指标的分析检测方法是全书的主要内容，同时在每一章我们将特征成分的识别分析方法和品质综合评价方法单独介绍以强调内容的重要性。特别是，将果品营养价值"三度"评价法的思想应用于柑橘果实风味品质、色泽品质和香气品质的评价是本书的一种新尝试。我们希望读者能够认识到本书中有关的概念、理论、方法和新技术已经构成一个有机的整体。

**第1章**主要介绍柑橘果实及其品质评价的重要性，指出现有果实品质研究中存在的问题，提出解决问题的思路和方法。**弄清科学问题是开展科学研究的第一步，也是明确科学研究的目标。**

**第2章**主要讨论果实品质相关概念，包括果品的概念及果实商品品质、营养品质、保健品质和医药品质的概念，其中商品品质又进一步细分为基本商品品质、风味品质、色泽品质和香气品质。在此基础上，对商品品质、营养品质、保健品质和医药品质4个概念的区别和联系进行详细辨析。**概念是一切理论和方法的基础，没有统一的概念，一切讨论都只能是争论。**

第 3 章主要介绍柑橘果实基本商品品质的概念，特别是对概念内涵和外延的界定，基本商品品质13个指标的标准检测方法，柑橘果实基本商品品质分析评价方法等内容。**柑橘果实的基本商品品质主要由品种的遗传特性决定，是最基础的商品品质特征。**

第 4 章主要介绍风味的定义、柑橘果实基本风味及其主要决定成分、柑橘果实基本风味成分的分析检测方法、柑橘果实香味成分的分析检测方法、柑橘果实口感品质的评价方法、柑橘果实特征风味及其主要决定成分的识别分析方法和柑橘果实风味品质的评价方法等内容。**风味是人通过口感识别的柑橘果实商品品质特征。**

第 5 章主要介绍色泽的定义、柑橘果实的主要色型及其主要贡色成分、柑橘果实主要色素成分的分析测定方法、柑橘果实特征色泽及其主要决定成分的识别分析方法和柑橘果实色泽品质评价方法等内容。**色泽是人通过眼观识别的柑橘果实商品品质特征。**

第 6 章主要介绍香气的定义、柑橘果实的主要香气成分及其贡香类型、柑橘果实主要香气成分的分析检测方法、柑橘果实特征香型及其主要贡香成分的识别分析方法和柑橘果实香气品质评价方法等内容。**香气是人体通过嗅觉识别的柑橘果实商品品质特征。**

第 7 章对柑橘果实商品品质评价研究需要解决的关键问题、已经解决的问题和仍待解决的问题进行说明，强调全书的核心思想、主要内容间的逻辑关系及概念、理论和技术方法等方面的创新点，交流我们在编写本书过程中对做事、做学问的感受，以求**学问上达**。

全书的撰写主要由周志钦、陆柏益、张沛宇、刘珞忆、陈婷婷和杨济如共同完成。周志钦、陆柏益负责全书理论概念、内容构思、写作提纲和文字修改工作，并具体撰写了前言、绪论、品质概念辨析、问题与展望等章节。书中基本商品品质和风味品质两章的资料收集整理、文稿撰写、内容修改及参考文献的初步整理由刘珞忆完成；同样的工作内容，色泽品质一章由张沛宇完成，香气品质一章由陈婷婷完成；全书书稿汇总、文献资料的修改补充及初步排版由张沛宇、刘珞忆和杨济如完成，特别是张沛宇对香气品质一章的内容和文献资料的修改和补充做了大量工作，杨济如对书中Yaahp等分析软件操作说明的修改和补充做了大量工作。全书最后定稿由周志钦和陆柏益完成。

在编写本书之初，我们希望有一种方法能对柑橘果实色泽品质、香气品质和风味品质进行系统评价，从而通过对不同产地柑橘果实的品质比较分析，为我国绿色、有机和地理标志等柑橘果品的品质提供科学的数据支撑。然而，开始工作后才发现有关柑橘果实品质评价的研究报道很多，但现有的研究中存在如概念不清、参照不明、指标与方法不统一等一系列问题。为了解决这些问题，本书首先对果实品质相关概念进行系统的辨析，并首次将柑橘果实商品品质概念细化为基本商品品质、风味品质、色泽品质和香气品质4个更具体的概念，同时对它们的内涵和外延进行了明确的界定。本书不仅系统总结了柑橘果实商品品质及其主要成分的现有各种分析检测方法，而且系统介绍了柑橘果实品质特征及其主要贡献成分的识别分析方法。特别是将"三度"思想用于柑橘果实色泽品质、香气品质和风味品质的评价，以及3D果实品质概念的提出，使得本书在概念、内容和形式方面都有明显的创新。

经过几年的努力，在本书付梓之际，特别感谢中国农业大学韩振海教授、中国农业大学李天忠教授、华中农业大学程运江教授、江西农业大学刘勇教授、山东农业大学郝玉金教授和南京农业大学张绍铃教授能为本书写出他们发自内心的评价。真诚地感谢中国农业科学院柑桔研究所焦必宁研究员、江东副研究员、王成秋副主任过去多年的帮助和支持。感谢我的研究生闫帅、魏娟娟、杨济如、刘威、冉梦阳、陶蕊、毛小雪、陶博允、郭龙为本书最后文献校正付出的辛勤劳动，邓敏、邱露露在整理概念辨析一章初稿时所做的工作，负剑在本书封面设计上提供的帮助。感谢我的科研助理王瑜、江西农业大学魏清江博士、扬州大学刘晓博士为本书的修改和校对所做的工作。

没有以下项目的支持，本书的研究工作不可能完成：国家农产品质量安全风险评估项目（GJFP2020043、GJFP2019043、GJFP201801502、GJFP201701501、GJFP201601501），重庆市现代特色效益农业晚熟柑橘技术体系项目（2015-01-4、2016-01-4、2017-01-4、2018-01-4）和国家自然科学基金资助项目（31772260）。本书的出版得到了西南大学人才基金的资助。在此，一并致以诚挚的谢意！

受学术水平所限，书中不足或疏漏之处在所难免，敬请广大读者批评指正。

编著者
2020年9月

# 目 录

第1章 绪 论 ··································································· 1
第2章 果实品质概念辨析 ······················································· 4
  2.1 果品的概念 ································································ 5
  2.2 商品品质 ···································································· 6
  2.3 营养品质 ···································································· 9
  2.4 保健品质 ·································································· 11
  2.5 医药品质 ·································································· 14
  2.6 概念辨析 ·································································· 16
第3章 柑橘果实基本商品品质评价方法 ······································· 18
  3.1 柑橘果实基本商品品质的概念 ············································ 18
  3.2 柑橘果实基本商品品质的标准检测方法 ································· 19
    3.2.1 果实形状 ···························································· 20
    3.2.2 果形指数 ···························································· 20
    3.2.3 果实大小 ···························································· 21
    3.2.4 果实整齐度 ························································ 21
    3.2.5 果皮光滑度 ························································ 22
    3.2.6 果皮厚度与剥皮难易度 ·········································· 23
    3.2.7 可食部分百分率 ·················································· 23
    3.2.8 果实含水率 ························································ 24
    3.2.9 果实出汁率 ························································ 25
    3.2.10 总糖 ································································ 26
    3.2.11 总酸 ································································ 28
    3.2.12 可溶性固形物 ···················································· 29
    3.2.13 种子数量 ·························································· 32
  3.3 柑橘果实基本商品品质的自动化无损检测技术 ······················· 33
    3.3.1 柑橘果实的自动化分级技术 ····································· 33
    3.3.2 柑橘果实硬度检测技术 ·········································· 35
    3.3.3 柑橘果实糖酸自动化检测系统 ································· 39
  3.4 我国柑橘进出口商品品质检验检疫方法 ································ 44
    3.4.1 范围 ·································································· 44
    3.4.2 检疫依据 ··························································· 44

3.4.3　检疫准备 ········· 44
　　3.4.4　现场检疫 ········· 44
　　3.4.5　实验室内检验 ········· 46
　　3.4.6　结果评定与处置 ········· 46
　3.5　柑橘果实基本商品品质分析评价方法 ········· 46
　　3.5.1　层次分析 ········· 47
　　3.5.2　灰色关联分析 ········· 56
　　3.5.3　聚类分析 ········· 63
　　3.5.4　主成分分析 ········· 70

# 第4章　柑橘果实风味品质评价方法 ········· 83
　4.1　柑橘果实的风味及其主要决定成分 ········· 84
　4.2　柑橘果实基本风味成分的分析检测方法 ········· 85
　　4.2.1　柑橘果实酸味成分的分析检测方法 ········· 85
　　4.2.2　柑橘果实甜味成分的分析检测方法 ········· 91
　　4.2.3　柑橘果实苦味成分的分析检测方法 ········· 97
　　4.2.4　柑橘果实鲜味成分的分析检测方法 ········· 106
　4.3　柑橘果实香味成分的分析检测方法 ········· 114
　　4.3.1　范围 ········· 114
　　4.3.2　原理 ········· 114
　　4.3.3　试剂 ········· 115
　　4.3.4　仪器与设备 ········· 115
　　4.3.5　方法与步骤 ········· 115
　　4.3.6　结果计算 ········· 116
　4.4　柑橘果实口感品质的评价方法 ········· 116
　　4.4.1　TPA和穿刺试验 ········· 117
　　4.4.2　质构仪评价柑橘果实质地 ········· 118
　　4.4.3　果胶物质含量的测定 ········· 120
　4.5　柑橘果实的特征风味及其主要决定成分的识别分析方法 ········· 122
　　4.5.1　柑橘果实主要风味决定成分的主成分分析 ········· 122
　　4.5.2　柑橘果实主要风味决定成分的偏相关性分析 ········· 125
　　4.5.3　柑橘果实风味决定成分的聚类分析 ········· 128
　4.6　柑橘果实风味品质分析评价方法 ········· 131
　　4.6.1　柑橘果实风味品质评价现有方法 ········· 132
　　4.6.2　柑橘果实风味品质"三度"评价法 ········· 137

# 第5章 柑橘果实色泽品质评价方法 … 146
## 5.1 柑橘果实的色泽及其主要贡色成分 … 147
## 5.2 柑橘果实主要色素成分的分析测定方法 … 149
### 5.2.1 叶绿素 … 149
### 5.2.2 花青素 … 154
### 5.2.3 类胡萝卜素 … 161
### 5.2.4 黄酮类色素 … 174
## 5.3 柑橘果实特征色泽及其主要决定成分的识别分析 … 178
### 5.3.1 柑橘果实色素成分与色差指数的相关性分析 … 179
### 5.3.2 柑橘果实特征色泽及其主要决定成分的主成分分析 … 185
## 5.4 柑橘果实色泽品质评价与分级方法 … 189
### 5.4.1 柑橘果实色泽品质的感官评价法 … 190
### 5.4.2 柑橘果实色泽品质的层次聚类分析法 … 191
### 5.4.3 柑橘果实色泽品质"三度"评价法 … 194
### 5.4.4 柑橘果实色泽品质分级方法 … 199

# 第6章 柑橘果实香气品质评价方法 … 202
## 6.1 柑橘果实的主要香气成分及其贡香类型 … 203
## 6.2 柑橘果实主要香气成分的分析检测方法 … 205
### 6.2.1 蒸馏分离法 … 205
### 6.2.2 气相色谱-质谱联用技术 … 209
### 6.2.3 顶空固相微萃取结合气相色谱-质谱分析检测方法 … 217
## 6.3 柑橘果实特征香型及其主要贡香成分的识别分析方法 … 223
### 6.3.1 柑橘果实特征香型的鉴定方法 … 223
### 6.3.2 柑橘果实特征香型主要贡香成分的识别分析方法 … 234
## 6.4 柑橘果实香气品质分析评价方法 … 247
### 6.4.1 柑橘果实香气品质现有评价方法 … 248
### 6.4.2 柑橘果实香气品质"三度"评价法 … 250

# 第7章 问题与展望 … 262

# 参考文献 … 266

# 第 1 章 绪 论

柑橘果实，植物学上称柑果（hesperidium），是芸香科（Rutaceae）植物中一类被称作真正柑橘果树植物（the true citrus fruit trees group）所结的果实。根据美国著名柑橘分类学家W. T. Swingle的分类，真正柑橘果树植物共有6个属，包括金柑属（*Fortunella* Swingl.）、柑橘属（*Citrus* L.）、枳属（*Poncirus* Raf.）、多蕊橘属（*Clymenia* Swingl.）、澳砂檬属（*Eremocitrus* Swingl.）和澳枳檬属（*Microcitrus* Swingl.）（Swingle and Reece，1967；周志钦，1991）。其中，柑橘属、金柑属和枳属（作砧木）是最重要的栽培类型（Swingle and Reece，1967；邓秀新和彭抒昂，2013）。

柑橘果树是世界最重要的经济作物之一，在世界热带、亚热带及亚热带和温带交界区域广泛栽培（The Citrus & Date Crop Germplasm Committee USA，2004）。我国不仅是世界柑橘最主要的生产和消费国（邓秀新和彭抒昂，2013），同时也是世界栽培柑橘历史最悠久的国家（中国柑橘学会，2008）。柑橘果实因其独特的色、香、味而深受各国消费者的喜爱，具有重要的经济价值。更重要的是柑橘果实含有极其丰富的营养和活性成分，如含有6种以上维生素（人体必需维生素13种）、15种矿质元素（包括人体必需的全部13种矿质元素）、17种氨基酸（人体需要的氨基酸是22种，其中人体必需氨基酸9种）、类黄酮、香豆素、类柠檬苦素、类胡萝卜素和膳食纤维（如果胶）等（Stipanuk and Caudill，2006；周志钦，2012）。这些营养和活性成分不仅使柑橘果实具有很高的营养价值，而且还赋予了它们重要的保健和医药价值，包括抗氧化、抗炎、抗衰老活性，对多种癌症、肥胖与糖尿病、心脑血管疾病和神经退行性疾病有预防与治疗作用，以及治疗坏血病等（靖丽和周志钦，2011；张元梅和周志钦，2011；Buscemi et al.，2012；Sun et al.，2012；Shu et al.，2014；Ke et al.，2015；Zou et al.，2016；Gao et al.，2018）。更为重要的是，随着现代柑橘栽培技术的进步、产量的增加、贮藏和加工技术的发展，柑橘鲜果及其延伸产品正在日益成为人类营养、保健和医药活性成分如类黄酮和膳食纤维等的重要膳食来源之一（Vicente and Boscaiu，2018）。

当柑橘果实作为一种商品时，我们将其称为柑橘果品，其价格取决于消费者的喜好和选择。但作为柑橘果品的研究者，我们必须清楚地认识到消费者的选择看似是任意的，但其根本还是不同消费者对果实商品品质的认知和判断。色、香、味是所有食品必备的核心品质，柑橘也不例外。柑橘果实外形美观、色泽多样、香气浓郁、味道鲜美，其独特的色、香、味给消费者的眼、鼻和口特别的享受，这些果实特征构成了柑果特有的商品品质基础。但是，果品本身是一个经济学术语，是指为交换而生产的果实。消费者在购买柑橘时不仅会考虑果实的外观（色泽、大小、形状和新鲜度等）、风味（甜、酸、香味）和香气等品质，同时还会潜意识地关注果品的营养、保健甚至医药价值（Ma et al.，2017；刘哲等，2018）。面对如此丰富、复杂多样的柑橘果实商品品质内涵，我们应当如何准确地定义果实商品品质的概念，并选择正确的指标体系科学地评价柑橘果实商品品质，这是柑橘果实商品品质评价研究者必须要回答的问题。

然而，面对上述问题我们目前在国内外文献中很难找到一个内涵清晰、外延明确的果实品质概念，更不用说柑橘果实商品品质的概念。以我国著名果实品质研究专家、浙江大学张上隆和陈昆松（2007）对果实品质的定义为例，他们认为果实的品质主要包括外观品质（核心是色泽）、食用品质（核心是糖酸）和外延品质（主要是芳香物质和生物活性物质）。很明显，根据这个定义我们无法对一种果实的商品品质进行准确评价。因为在他们的定义中，各种品质概念（外观、食用、外延）的核心内涵无法明确定义，而且各概念的外延（评价指标）如什么样的芳香物质可用于外延品质的评价也难以界定。面对这些问题，目前国内外不同学者在评价果实品质时基本上采用"学科习惯"、再加上"个人认识"来确定评价的指标（邓秀新和彭抒昂，2013；张绍铃，2013；Jain et al.，2017；Lim et al.，2017；Zheng et al.，2017）。针对上述问题，我们认为对任何一种果品的商品品质评价都应当有通用的基本评价指标体系，从而实现商品品质评价的全面、系统和规范化，并使得评价的结果相互间有可比性。基于这个认识，我们意识到果实品质概念的内涵必须进行更清楚的定义，同时对概念的外延也需要明确的界定。为此，在本书我们将柑橘果实的商品品质进一步细分为基本商品品质（basic commercial quality）、风味品质（flavor quality）、色泽品质（color quality）和香气品质（aroma quality）4个部分，同时各用一章系统地介绍了4个品质概念的核心内涵，并对它们的外延进行了界定，详细地讨论了它们之间的区别与联系。尽管目前有关4个概念间的区别和联系还是我们的一家之言，但它可供未来的研究者参考。

当然，概念的正确与否需要用实践和方法来检验。在澄清柑橘果实商品品质的概念以后，评价的方法就成了解决问题的关键。现有的国内外文献中涉及柑橘果实的基本商品品质、风味品质、色泽品质和香气品质的研究报道并不少见，使用的方法也多种多样。为了保证本书所介绍方法的新颖性、系统性和实用性，特别是我们的新概念与方法之间的连贯性，在书中介绍有关品质评价指标的分析检测方法时，我们不仅介绍了目前国内外文献中报道的最新方法，而且还对有关方法已有的国家或行业或地方标准进行了介绍，因为标准方法将使得评价结果更具有可比性。同时，我们还关注与品质评价有关的一些指标的快速检测方法。更重要的是，在本书我们还首次将果品营养价值"三度"评价法的思想应用到柑橘果实风味品质、色泽品质和香气品质的评价研究中（刘哲等，2018），初步建立了柑橘果实商品品质全面、系统、规范和数值化评价的"三度"新方法，结果表明3D品质指数能够为消费者提供简单、清晰和准确的果实品质信息。不过，我们需要强调的是，柑橘果实商品品质评价的方法是随我们对商品品质概念的认识，以及评价的指标体系而发生变化的，即使是同样的方法也会随科学和技术的发展而发生变化。因此，**对概念和理论问题的研究应当是我们方法学研究中最重要的内容之一**，这也是我们在本书安排概念辨析、问题与展望两章的原因之一。

最后，我们希望本书能为不同读者了解柑橘果实的商品品质及其全面、系统、规范和数值化评价方法提供有益参考，为柑橘果品的科学分类、定级和选优提供科学的依据，为消费者弄清"货真"与"价实"的关系和科学消费提供有用的信息。

# 第 2 章  果实品质概念辨析

人类进入21世纪后，随着人口、资源和环境问题的日益加剧，食品安全与公众健康已成为世界关注的重大社会安全问题。粮食为人类的生存安全提供保障，而新鲜水果中的各种营养和活性成分则是人类健康的重要物质基础（靖丽和周志钦，2011；周志钦，2012）。水果因其丰富的维生素、矿物质、氨基酸和膳食纤维，同时又是低能量、低脂肪、低钠离子含量而被认为是人类最完美的天然食物（Elson，2006）。因此，近年来果品的营养、保健和医药价值等也就成了现代网络、电视、科普和杂志等广泛宣传的热词。然而，正如Judith E. Brown博士在其*Nutrition Now*一书中指出，我们现在看到的有关果品营养与健康的不准确甚至错误信息实在太多了（Brown，2011；王云等，2012；王仁才，2013），澄清果品与人体健康相关的各种概念已经成为果实品质研究者不可推卸的社会责任。有幸的是，近年来果蔬等园艺产品对人类健康的作用已经得到愈来愈多的学科的关注（芦琰和周志钦，2011；Rodriguez-Mateos et al.，2014；Axelsson et al.，2017），而且不同学科的实验证据都表明，食用新鲜水果可以预防和治疗人类的多种重大慢性疾病，包括某些癌症、糖尿病、心脑血管疾病和神经退行性疾病等（Bravo，1998；周志钦，2012；Gao et al.，2018）。特别是，世界顶级的学术期刊*Science*近年也开始关注果品的营养与人类健康的关系（Ash et al.，2012）。

价值的基础是品质，果品的价值从根本上取决于果实的品质。柑橘果实外形美观、色泽多样、香气浓郁、风味独特，是我国最重要的进出口贸易农产品之一，具有重要的商品价值（邓秀新和彭抒昂，2013）。同时，柑橘果实还含有30多种人体必需的营养素（刘哲等，2018），以及类黄酮、酚酸、香豆素、类柠檬苦素、类胡萝卜素和萜类物质等众多生物活性成分。因为这些营养和活性成分，柑橘果实不仅具有广泛的生物活性如抗氧化、抗炎、抗衰老和抗多种病原微生物等（Buscemi et al.，2012；Sun et al.，2012；Zou et al.，2016；Gao et al.，2018），而且还具有调节人体糖脂代谢、抗癌、抗心脑血管和抗神经退行性疾病等多种功能（靖丽和周志钦，2011；张元梅和周志钦，2011；Shu et al.，2014；Ke et al.，2015），这些活性和功能赋予了柑橘果实重要的营养、保健和医药价值（Baron，2009；周志钦，2012；Gao et al.，2018）。然而，现实的问题是如何区分和科学地定义上述各种价值概念。

事实上，果实品质并不是一个新概念，有关的研究报道也很多（张上隆和陈昆松，2007；Jain et al.，2017；Lim et al.，2017；Zheng et al.，2017）。区分果品不同价值概念，建立一个正确的果实品质概念是关键。例如，浙江大学张上隆和陈昆松

(2007)在其《果实品质形成与调控的分子生理》一书中就明确地提出，果实品质应当包括食用品质（糖酸为核心）、外观品质（色泽为核心）和外延品质（主要是芳香物质和生物活性物质）等。但遗憾的是，这个概念的内涵和外延都有许多问题需要商榷。第一，他们的概念不仅包括了果实的外观品质（色泽）、内在品质（糖酸），也包括了营养品质（糖类作为能源物质是人体必需的营养素），同时还包括了保健和医药品质（芳香物质和生物活性物质），其内涵非常庞杂，难以明确定义。第二，他们定义中的3个具体品质概念，即食用品质、外观品质和外延品质的核心内涵无法准确区分。例如，色素成分既是色泽品质的根本决定因素，同时也是新鲜水果中重要生物活性物质的来源，如何区分外延品质和外观品质？再如，柑橘果实中的挥发性成分既是果实香气品质的物质基础，同时也是生物活性物质，它们的种类众多、结构复杂，而现有的研究极为有限，香气品质究竟属于内在品质还是外延品质？第三，他们定义中的各种品质概念的外延，即评价的指标体系无法界定，如使用哪些指标去评价外延品质。诸如此类，纵观国内外现有文献，我们发现目前的果实品质概念存在诸多问题，亟待商榷。

正本需要清源。为了更好地认识果实的品质，科学地评价果品的价值，正确区分果品的不同价值概念，在本书我们用一章专门讨论果实品质概念。为了更好地阐述我们的观点，我们首先讨论了果品的概念，并将现有的果实品质概念明确地细化为商品品质、营养品质、保健品质和医药品质4个更具体的概念，其中商品品质概念又进一步细化为基本商品品质、色泽品质、风味品质和香气品质4个部分。在这一章，我们不仅对4个概念应有的核心内涵进行了辨析和定义，也对各概念外延的界定提出了明确的建议，同时还对各概念之间的区别与联系进行了讨论。鉴于知识所限，我们的观点不一定完全正确，但希望我们的思想对果实品质研究者、管理者和消费者正确区分果实不同品质概念有所裨益。

## 2.1 果品的概念

讲到果品，许多人会想到新鲜水果、干果及其各种传统加工品，如果汁、水果罐头、果实糖制品（蜜饯、果酱、果冻等）等（叶兴乾，2005）。但我们建议将其称为狭义或传统的果品概念（周志钦和吕硕，2017），因为用这个概念无法判定现代以水果或干果及其提取物为主要原料生产的产品如功能食品、保健品和药食兼用品等是否能称为果品。这个问题的难点在于，如果回答不是，答案与传统果品概念的核心内涵逻辑不合，因为都是用水果或干果经过加工形成的产品；如果回答是，那果品概念的外延又如何确定。因此，我们需要重新思考果品的概念并给予新的定义。

为了弄清果品概念的真正内涵和外延，我们首先需要把果实和果品这两个概念区别开来。我们知道，果实是一个生物学概念，果品是一个商品学概念。在许多情况下，新鲜的水果既可以叫果实，也可以叫果品，因为它们在被当作商品时果实也就是果品。但是干果（自然风干、有生命力的除外）、果汁等经过"加工"的产品就只能叫果品。基于果实和果品的这个逻辑关系，我们不难想到，果品的概念可以简单地定义为水果或干果及其延伸产品，包括传统果品和以传统果品的营养和活性成分为主要原料生产的各种营养品、功能食品、食药兼用品和保健品等。为了充分体现果品的保健和医药价值，这个概念的外延还可以延伸到包括用于食品的添加剂、抗氧化剂、防腐剂和保鲜剂等产品，也可以包括用于人体的美容、护肤品，甚至可以延伸到包括与人体健康有关的环保产品如空气清新剂、有害物质吸附剂等，只要是与人体的营养、保健和疾病防治相关的产品，我们都可以称其为"果品"。粗略一读，大家会认为这个广义的果品概念太"离谱"。但我们想指出的是，这个广义的果品概念实际上是传统／狭义果品概念的简单逻辑延伸。首先，无论狭义的还是广义的果品，其原料来源相同，只不过是加工工艺、技术和产品形态不同而已。其次，广义果品概念的延伸只是产品的使用方式和范围发生了变化，从限定为吃的食品，扩展到只要用于人体本身（功能食品、保健品、护肤品和医药用品）或用于人生活的环境（环保产品）等，只要它是以"果"为原料并且是用于人体的营养、保健等就应当称为"果品"。事实上，保健品不仅限于吃，医药用品也有外用，这些都是现有的生活事实。基于上述认识，我们认为只有广义的果品概念才能使果品的营养、保健和医药价值得以真正的彰显。当然，对广义的果品概念，有一点需要明确界定，那就是"果品"中果实成分（包括植物化学提取物或其单一成分）的含量必须达到一个规定的量（必须是产品的主要成分）。因此，现代果品概念的核心内涵和外延值得大家认真商榷。

## 2.2 商品品质

商品是指为交换而生产的劳动产品。商品的品质不仅决定商品的价值，而且从根本上影响其价格。柑橘果实因其特殊的色、香、味而深受消费者喜爱，但不同的消费者对具有相同色、香、味品质的果实会有不同的判断，从而影响果品的价格。这种消费选择，从现象上看是消费者的喜好，其实消费者的商品品质概念才是根本的决定因素。如何建立一个科学的商品品质概念去引导消费、指导价格，是柑橘果实商品品质评价研究必须要解决的问题。

广义上，果实商品品质可以涵盖现有文献中提到的各种品质，如外观品质、外在品质、外延品质、内在品质、食用品质、风味品质、香气品质、色泽品质、感官品质、营养品质、保健品质甚至医药品质等（张上隆和陈昆松，2007；邓秀新和彭抒昂，2013；张绍铃，2013；Jain et al.，2017；刘哲等，2018）。因为消费者对果实品质的要求是广泛的、复杂的和多样的，他们不仅通过感官对果实的色泽、香气、风味及大小、形状、新鲜度等果品特征进行评价，同时，他们还会关注果品的营养、保健甚至医药价值。但问题是，使用广义的商品品质概念，我们无法对概念的外延做出明确的界定，即究竟有哪些品质属于商品品质评价的范畴、其评价指标如何选定？如果再加上现有的各种品质概念的核心内涵相互重叠甚至矛盾等各种问题，现有的果实商品品质评价研究指标的确定基本上就成了依据"学科习惯"或研究者个人的选择。以柑橘为例，在江东和龚桂芝（2006）编著的《柑橘种质资源描述规范和数据标准》一书中，涉及果实基本生物学特征的描述规范从5.36条（果实形状）到5.69条（子叶颜色），一共34条，其中果实形状、单果重、果形指数、果皮颜色、果皮厚度、剥皮难易度、果肉颜色、种子数量等与果实的商品品质直接相关。而在国家标准《柑桔鲜果检验方法》（GB/T 8210—2011）中，柑橘果实则主要根据腐烂果、冻害果、水肿果、严重缺陷果和一般缺陷果等确定商品等级规格，同时检测果形指数、出汁率、可食率、总糖、可溶性固形物、可滴定酸和抗坏血酸等指标以测定果实品质。但在我国《出境柑橘鲜果检疫规程》（SN/T 1806—2006）中，主要规定了检测与检疫相关的各种病害、虫害、螨类和杂草等。从上述著作、标准中我们可以清楚地看到，现有的柑橘果实商品品质评价指标体系缺乏明确、统一的界定。事实上，不仅著作、标准如此，同样的情况也存在于柑橘果实品质评价的各种研究报道中。例如，Jain等（2017）在评价柑橘类（柚）果实的品质时选用了失重率、外表损伤和斑点、全果硬度等外在指标，果肉硬度、出汁率、有机酸、含糖量、果皮或果肉颜色等消费者感官偏好（consumer sensory preference）指标，同时还测定各种挥发性（香气）成分含量（Jain et al.，2017）。Gao等（2018）在评价脐橙贮藏过程中品质变化时测定的是失重率、可溶性固形物、有机酸、抗氧化酶活性等。其实，不仅柑橘如此，其他水果也一样。例如，Zheng等（2017）在评价苹果果实的品质时选用了单果重、类黄酮含量、总可溶性固形物和抗坏血酸、提高果实色泽的抗氧化酶的活性等外观和内在质量指标。Lim等（2017）在评价猕猴桃果实品质时采用了果实的硬度、总可溶性固形物、失重率、新鲜度、质地等指标。综合上述，我们可以清楚地看到现有果实商品品质概念内涵不清、外延不明、评价指标选择随意，是果实品质评价研究中亟待解决的问题。

  为了科学地评价果实的商品品质，明确果实商品品质概念的内涵、确定概念的外延（评价的指标体系）是关键，否则果实商品品质评价指标体系就永远是一个无法确定的"开放系统"。为此，我们建议将果实商品品质定义为一种果品的基本综合品质，它包括基本商品品质、风味品质、色泽品质和香气品质4个组成部分。其中，基本商品品质是指由果实的基本生物学特征（如大小、形状等）决定的果实品质；风味品质是指影响消费者"口感"的各种品质指标，如糖、酸、可溶性固形物、硬度等决定的果实品质；色泽品质是指影响消费者"眼观"的各种品质指标，如颜色、光滑度等决定的果实品质；香气品质是指影响消费者"嗅觉"的各种指标，如香气物质等决定的果实品质。这是一个全新的果实商品品质概念。但这个概念的内涵并不是全新的，而是现有各种品质概念内涵的逻辑整理。我们将现有的"外观""内在""食用""外延"等在逻辑上不能清楚划分的品质概念重新定义为消费者通过简单的感官（眼、口、鼻）就能判定的果实色泽、香气、风味品质，把由果实的遗传特征决定的品质称为基本商品品质，这种整理避免了各概念内涵交叉并且外延也更明确。对这个概念，为了便于大家的理解，我们在此还要强调以下三点。第一，我们的果实商品品质概念的核心内涵是指消费者能通过感官（眼、口、鼻）就能基本判定的果实品质。第二，尽管不同消费者对相同色、香、味果实的感官评价不完全相同，但色泽、香气、风味等感官特征和果实的新鲜度、大小、形状和果皮光滑度等果实基本生物学特征是消费者购买果品时选择的主要依据，这些特征从根本上决定了一种果品的商品价值并影响其价格。因此，商品品质的核心有4个组成部分。第三，尽管决定果实色、香、味的营养和活性成分对消费者感官的判定有影响，但在评价果实商品品质时我们只研究其对果实色、香、味的"感官"感受的贡献，而不评价其功能和/或活性。这就是说，营养和活性成分的活性与功能评价不属于商品品质评价的范畴，这是我们对果实商品品质概念在内涵上的重要限定。

基于上述定义，我们可以清楚地界定果实商品品质概念的外延即评价指标体系。同样以柑橘为例，综合分析现有文献报道（江东和龚桂芝，2006；Jain et al.，2017；Gao et al.，2018）和国家标准《柑桔鲜果检验方法》（GB/T 8210—2011），柑橘果实品质评价指标至少涉及外观（新鲜度、大小、形状、整齐度、病虫斑）、色泽（颜色、光滑度），风味（糖、酸、可溶性固形物），香气，口感（果实或果肉硬度），种子数，可食率等各种指标。对这些指标，利用我们的新概念可以清楚地判定，果实大小、形状、新鲜度、果实整齐度、果皮光滑度（病虫伤疤）、种子数等属于基本商品品质，可溶性固形物、糖酸比等属于风味品质，颜色、光滑度等属于色泽品质等。有了这种划分，柑橘果实商品品质评价的指标体系的构成就显而易见，应包括基本商品品质、色泽品质、香气品质和风味品质4个指标体系。其中，色、香、味品质的指标体系既可以用人体感官（眼、鼻、口）评价作为标准，如色泽纯正、香气浓郁、甜酸适度等，也可以借助现代色差仪、电子鼻、电子舌、糖量仪等小型仪器对一种果实的色、香、味品质进行客观、规范和数值化的评价。鉴于现有文献中对开展果实色、香、味品质评价的方法争议不大，这里不再累述。而其中相对复杂的是柑橘果实基本商品品质评价指标体系的确定。在此，我们综合分析现有研究文献，建议暂时将果实形状、果形指数、果实大小（单果重）、果实整齐度、果皮光滑度（病虫伤疤）、果实剥皮难易度、可食部分百分率、果实新鲜度（含水率）、果实出汁率、总糖、总酸、可溶性固形物和种子数等13个指标作为柑橘果实基本商品品质评价的指标。虽然这13个指标是否全面、系统和准确还需要商榷，但可以肯定的是，通过这些指标我们实现了对柑橘果实基本商品品质概念外延的界定。因此，柑橘果实商品品质的全面、系统、规范和数值化的评价就成为可能，而且不同研究的评价结果间就有了可比性。

## 2.3 营养品质

"营养"一词，在营养学（Nutriology）中是指生物体利用食物中的营养素维持其正常的生长、繁殖和健康，其中营养素（nutrient）是指食物中对人体生命的生长、机体修复和健康维持所必需的化学物质（Stipanuk and Caudill，2006）。在人类众多的食物中，水果因其丰富、均衡的营养素而被营养学家称为最完美的天然食物（Elson，2006）。但遗憾的是，我们应当如何评价水果的"完美"营养品质，迄今国内外学者并没有一致意见（刘哲等，2018）。

我们知道，人体需要的营养素种类很多，也很复杂。根据现有的营养学文献，人体需要的营养素分为有机营养素（organic nutrient）和无机营养素（inorganic nutrient）两大类。其中，有机营养素包括蛋白质（氨基酸）、脂肪（不饱和脂肪酸）、维生素、膳食纤维、能量物质（糖和淀粉），无机营养素包括水和矿物质，共7个类型（姚汉亭，1995；Stipanuk and Caudill，2006）。而且每一类营养素又由多种性质和功能不同的化学物质组成，如自然界中天然存在的化学元素有90余种，其中80余种存在于人体中（周志钦，2012）。面对如此众多且性质和功能都不同的营养素，我们应当如何选择合适的营养素指标以科学地评价果品的营养品质，这是目前国内外果品营养品质评价研究中仍待解决的问题（刘哲等，2018）。

事实上，现代营养学研究早已证明，在人体需要的各种营养素中，根据人体对它们的依赖程度可分为必需营养素（essential nutrient）和非必需营养素（non-essential nutrient）。其中，必需营养素是指维持人体正常生理功能所必需的营养物质，它们在人体中不能合成或合成量不足，我们必须从食物中获取。而非必需营养素虽然也是人体需要的营养物质，但它们在人体中是可以合成的，不一定非从食物中获得，如人体所需要的氨基酸有22种，但必需氨基酸仅9种（包括婴幼儿必需的组氨酸）（Stipanuk and Caudill，2006；周志钦，2012）。不仅如此，现代营养学中营养不良（malnutrition）的概念也清楚地告诉我们，不同营养素之间的比例或平衡对人体健康非常重要。无论是营养低下（under-nutrition，膳食中长期缺乏一种或多种营养素），还是营养过剩（over-nutrition，如高脂肪、高能量膳食），都是营养不良，最终都会导致人体疾病（蔡威和邵玉芬，2010）。根据这些营养学的基本概念，我们应当清楚地认识到在评价任何一种果实的营养品质时，不仅应对其所含的营养素加以区分（分为必需和非必需），同时还应当考虑不同营养素间的平衡问题。但遗憾的是，这两个重要问题在目前国内外果实营养品质评价研究中都被忽略了（张上隆和陈昆松，2007；Jain et al.，2017；Lim et al.，2017；Zheng et al.，2017；刘哲等，2018）。这种忽略造成的结果是，现有的各种果品营养品质评价研究或多或少都存在概念不清、参照不明、方法不统一、结果没有可比性等一系列问题（刘哲等，2018）。通俗地讲，本来是科学研究的结果，最后变成了"公说公有理、婆说婆有理"。

针对上述问题，我们课题组和浙江大学陆柏益教授一道于2018年在《园艺学报》上发表《果品营养价值"三度"评价法》一文，明确指出果品的营养价值主要取决于果品中含有的人体必需营养素的种类、含量及其相互间的比例关系，以及它们对人体需求的满足程度（刘哲等，2018）。基于这一思想，一种果实的营养品质的高低不再是它含有多少种营养素和某些营养素含量的高低（这是现有营养品质概念的主要内涵），更重要的是它含有多少种人体必需营养素（多样度），这些必需营养素含量的高低（匹配度）、相互间的比例关系（平衡度），以及它们满足人体每日需求的程度。上述"三度一需求"才是果实营养品质概念应有的核心内涵。因为它不仅解决了现有果实营养品质评价中未考虑人体需求和营养素平衡等重要问题，同时还限定了人体必需营养素才属于营养品质评价的范畴。这样做，不仅使得果实营养品质概念的核心内涵变得更加清晰，也使得评价的指标体系可以清楚地界定，从而使评价方法的规范化、系统化成为可能，评价的结果也才有可比性。

基于上述新概念和"三度一需求"的评价标准，果实营养品质评价研究中的各种问题，特别是评价的指标选择混乱问题，都可以迎刃而解（刘哲等，2018）。在理论上，选择人体必需的全部营养素作为果实营养品质评价的指标体系，以每一种人体必需营养素每日推荐摄入量作为人体需求的参照标准，再利用"三度"评价法中各指数的计算公式就可以对任何一种果实的营养品质做出评价（刘哲等，2018）。具体地讲，我们只需要用统一、规范的方法去测定不同果实中人体必需营养素的种类、含量，计算它们相互间的比例关系，再根据它们在人体中每日推荐摄入量，基于"三度"评价法就可以计算出不同果实营养品质的3D品质指数，并用偏离指数（deviation index，DI）值就能清楚地表明不同果实营养品质的高低（偏离标准的程度）。

当然，对果实3D营养品质研究我们还想强调的是，尽管目前国内外学者对人体必需营养素的种类、含量等仍然存在一定的分歧（姚汉亭，1995；Stipanuk and Caudill，2006），甚至不同种族、人群、年龄、性别等因素对营养素的需求标准也不同，但基于现有营养学研究达成的共识（或者假设）来确定果实营养品质评价的指标及其品质高低的参照标准，3D营养品质评价仍然可以进行。因此，我们认为"三度"评价法使果实营养品质全面、系统、规范和数值化的评价成为可能（刘哲等，2018）。

## 2.4 保健品质

"保健"一词，在汉字的起源中，"保"是个会意字，本义是"抚养、维护"，其甲骨文的字形是大人背负幼子，而"健"同"建"是"创、维"的意思，二字合起来就是"通过创、维，使人体强而有力"（顾建平，2008；周志钦和吕硕，2017）。在我国，保健既是养生学也是中医学的重要术语，与中医联系最为密切。在养生学中，保健指保护人体健康或人们为保护和增进人体健康、防治疾病所采取的各种措施。在中医学中，保健与中医学的多个重要分支学科相关，如中医养生康复学、针灸学、按摩推拿学、中医食疗学等。

中国人自古重视食疗保健，中医的食疗学思想与人类和食物共进化的思想一脉相承。人类的祖先采野果、饮山泉，新鲜的水果不仅是人类重要的食物源，而且也是保健的最重要的物质基础之一（Skinner and Hunter，2013）。以柑橘为例，现有文献中已报道的柑橘生物活性至少包括抗氧化、抗炎、抗衰老、抗真菌、减肥、美容、护肤、消除疲劳、缓解压力、保护视力、解酒等（周志钦，2012；Buscemi et al.，2012；Sun et al.，2012；Ke et al.，2015；Gao et al.，2018）。然而，要将柑橘果实的这些生物活性同其保健功能联系起来，还有许多问题要回答。例如，一种果实的生物活性究竟在多大程度上能转化成人体保健功能，我们怎样才能基于一种果品的生物活性去评价其保健价值等。

在生物学（Biology）中，生物活性（bioactivity）是指如果一种物质成分（material）对人体的细胞组织有影响或有任何互作就被认为是具有生物活性。而在药物学中，生物活性（biological activity）被称作药物活性（pharmacological activity），指一种药物（drug）对生命物质（living matter）的有益或有害作用（Pickrell，2003；Mosby W I and Mosby J，2009）。基于上述概念，借用其核心思想，我们建议在果品营养学中把果品中的营养和活性成分对人体（包括细胞、组织和器官）所起的有益作用称作生物活性，而把相应起作用的成分称为生物活性成分。基于这个观点，我们发现目前国内外学者对生物活性的定义的争议并不多，但对生物活性物质的概念，特别是概念的外延（生物活性物质的种类），不同学者意见分歧很大（孙远明，2010；Rodriguez-Mateos et al.，2014）。

华南农业大学孙远明教授等在所编著的教材《食品营养学》中，将食物中的生物活性成分分为多酚类化合物、有机硫化合物、萜类化合物、类胡萝卜素、抗营养因子和其他活性成分，共六大类。其中，仅抗营养因子就介绍了抗性淀粉、植酸（肌醇六磷酸）、硫代葡萄糖苷、胰蛋白酶抑制因子、凝集素、脂肪氧化酶（抗维生素因子）、致甲状腺肿因子、抗原蛋白、胀气因子和脲酶等10种成分。同时，在其他活性成分部分则介绍了植物甾醇类、谷维素（阿魏酸和植物甾醇的结合脂）、

$L$-肉碱、超氧化物歧化酶、咖啡碱-茶碱-可可碱、茶氨酸、核酸、辅酶Q、二十八烷醇、$\gamma$-氨基丁酸、松果体素、对氨基苯甲酸、叶绿素、氰苷、潘氨酸（泛配子酸或维生素$B_{15}$）等15种成分（孙远明，2010）。面对如此复杂多样的生物活性物质，如何评价它们的生物活性，并进一步研究它们的保健价值，这是目前包括果品在内的所有食品保健品质评价面临的最大挑战。很显然，解决问题的关键是首先要科学地定义果实保健品质的概念，然后选择正确的指标体系来科学地评价相应的品质。

从理论上讲，任何一种果实保健品质的高低从根本上取决于它所含有的生物活性成分的种类、含量及其生物活性的高低。但现实问题是，任何一种果实的生物活性成分都极其复杂多样，而且每一种成分又具有非常广泛的生物活性。如果我们还是"习惯"地用生物活性成分的种类、含量等去评价一种果实的保健品质，那不可避免地会面临以下难题：①究竟哪些生物活性成分应当属于保健品质评价的范畴？②对任何一种生物活性成分，它的哪些生物活性应当属于保健品质评价的范畴？③更为复杂的是，营养素的功能之一就是"维持健康"，某些营养素（如维生素C）不仅具有营养功能，同时还具有保健（抗氧化活性）甚至医药功能（Baron，2009），营养品质和保健品质如何区分？很显然，如果从生物活性成分的种类、含量等去评价一种果品的保健价值，我们就会陷入果实的"营养品质"与"保健品质"无法区分的困境。为了解决此难题，我们建议可以从果品所具有的生物活性的角度去评价果实的保健品质。这是一条比较可行、直接且更简单的途径，因为果品中生物活性成分的种类、含量等无论怎样变化，它们最终产生的生物活性才是其保健价值的核心体现。基于上述认识，我们在这里正式建议，把任何一种果实中具有保健功能（有益生物活性）的营养和活性成分合称为保健成分（health-promotion components/compounds），把保健成分对人体（包括细胞、组织和器官）所产生的有益作用称作保健活性（功能），而保健活性的高低（功能的大小）就是保健品质的具体体现，这就是我们的果实保健品质新概念。根据这个概念，果实保健品质的核心内涵就显而易见，是指果品中保健成分对人体健康的有益作用，具体体现为一种果品中全部保健成分的各种生物活性的大小，包括活性范围和各种活性的高低。同样重要的是，根据这个定义，果实的保健品质与营养品质的区别也就显而易见了。

在确定了果实保健品质的核心内涵之后，在实践中为了更好地界定保健品质概念的外延，我们综合现有文献中有关果实生物活性的研究报道，建议把果品的抗氧化活性、抗炎活性、抗衰老活性和血糖生成指数4个指标暂定为果实保健品质的评价指标。对于为何选择这4个指标，以及它们与人体保健的密切关系和重要性，我们逐一简要说明如下。

（1）抗氧化活性

抗氧化活性（antioxidant activity）是指一种生物活性物质能通过清除自由基、抑制脂质过氧化反应和防止其他氧化损伤而维持细胞结构和功能的能力（Bravo，

1998）。人体自身的呼吸（氧化反应）、环境污染、紫外线照射等因素都会不断地在人体内产生自由基，人体内多余的自由基如果不及时清除就会对人体细胞造成损伤，引起各种健康问题。现代多学科研究证据表明，抗氧化活性与人体保健有极为密切的关系，包括多种癌症、糖尿病和心脑血管疾病等各种重大慢性疾病的预防都与抗氧化活性有关（Zou et al.，2016）。同时，抗氧化活性也是目前果品与人体健康关系研究中研究最多、最广泛的一种生物活性（Zou et al.，2016），愈来愈多的证据表明，植物类黄酮是人类食物中最重要的抗氧化剂来源之一（Rodriguez-Mateos et al.，2014）。不仅如此，利用现有的方法规范、快速地评价不同果品的抗氧化活性也是现实的（Zhang et al.，2015）。因此，我们推荐将果品的抗氧化活性作为果实保健品质评价的第一个指标。

（2）抗衰老活性

衰老（aging）是生物体随着时间的增长，机体各种生物学功能全面减弱的一种现象（周志钦和吕硕，2017）。在生物学中，衰老不仅指人、动物和其他各种生命体的生物学老化（biological aging），生命体的单个细胞老化（cell aging）或一个物种的种群老化（population aging）都属于衰老的范畴。"寿比南山"是中国人对人生最美好的祝愿之一，但实际上我们的生命体从出生就注定了一定会衰老。因此，在许多文献中"衰老"又被狭义地解释为人体生理完整性（physiological integrity）逐步降低的过程，这个过程导致细胞、组织和器官功能受损及人体对各种有害因素的抗性降低（Lopez-Otin et al.，2013；周志钦和吕硕，2017）。现代医学研究清楚地表明，衰老与人体许多慢性疾病，包括癌症、阿尔茨海默病、2型糖尿病、心血管疾病等密切相关（Blagosklonny，2009；周志钦，2012）。长生不老是人类永远追求的梦想，我们不能阻止衰老，但我们可以延缓衰老。因为现代流行病学、临床营养学等多学科证据表明，各种果品中丰富的营养和生物活性成分具有重要的抗衰老活性（anti-aging activity）（Sunagawa et al.，2011；Sun et al.，2012；Yang et al.，2013；Rodriguez-Mateos et al.，2014；Srinivas，2015）。鉴于抗衰老活性与人体保健的密切关系，特别是对人体慢性退行性疾病的重要预防作用，再加上衰老既不是营养问题，也不是疾病问题，而且在现有的各种生物模型中，有多种不同的生物标记可用于评价果品的抗衰老活性（Kim et al.，2016）。因此，我们推荐将其作为果实保健品质评价的4个指标之一。

（3）抗炎活性

发炎（inflammation）是机体组织对有害刺激，如病原菌、受损细胞或刺激物，所产生的复杂生物反应的一部分，是一种保护性反应。发炎涉及免疫细胞，血管及其介导分子（molecular mediator）。而抗炎活性（anti-inflammation activity）是指一种物质能够降低发炎或肿胀的特性（Ferrero-Miliani et al.，2007）。发炎或慢性炎症会造成人类的许多疾病（Shu et al.，2014），如常见的艾滋病（AIDS）、肝炎、肺炎、支气管炎和皮肤炎等（吴齐红等，2017）。其中，艾滋病是严重威胁人类生命、典型与人体免疫相关的疾病（Sepkowitz，2001）。艾滋病虽被称为人类的"不治之症"，但膳食补充对艾滋病治疗是目前最安全、有效的途径（Mosby W I and Mosby J，2009），膳食能改善艾滋病人的免疫系统功能（Visser et al.，2017）。另外，有趣的是，在人类的食物中包括水果在内的许多植物化学成分都具有抗炎活性（Oh et al.，2012；Zhang et al.，2013）。炎症不是"病"，但鉴于它对人体健康影响的广泛性、频发性和严重程度（Ferrero-Miliani et al.，2007），再加上抗炎物质在果品中的广泛存在和使用小鼠巨噬细胞（RAW 264.7）等生物模型开展果品抗炎活性评价的可能性（李怡，2015），我们建议将抗炎活性作为果实保健品质评价最重要的指标之一。

（4）血糖生成指数

血糖生成指数（glycemic index，GI）是指一种给定的食物中可消化碳水化合物（carbohydrate）提升血糖的能力，它显示的是不同食物中碳水化合物在人体中生成糖的一种特性（Foster-Powell et al.，2002）。不同食物的GI值完全不同，高GI值的食物会加快人体的血糖上升，血糖的上升会导致胰岛素的分泌，长期不正常的血糖上升会导致胰岛素抵抗，从而导致糖尿病。而低GI值食物可降低人体胰岛素分泌、减少热量产生及脂肪形成，对人体健康有益。鉴于肥胖症和糖尿病等目前已经成为威胁人类健康的重大慢性疾病（靖丽和周志钦，2011；Greenwood et al.，2013；Axelsson et al.，2017），而水果因其独特的营养和保健功能已经成为现代糖尿病防治的重要膳食源（Greenwood et al.，2013；Srinivas，2015）。而且不同水果GI值差异很大，为了避免"水果就是低GI值食物"的错误观念，将GI值作为果品保健价值的评价指标并用于指导果品日常消费极为重要。另外，因GI值的检测已经成为发达国家相关食品保健价值评价的重要内容，且有明确的方法、标准和规范（Foster-Powell et al.，2002）。尽管GI值目前的检测方法仍要以人体为试验对象，比较烦琐，但GI值的化学评价法已越来越成熟（Greenwood et al.，2013）。我们在此强烈推荐把GI值作为果实保健品质评价的四大指标之一。

## 2.5 医药品质

中国自古就有"药食同源"之说，果品是典型的药食兼用品（张庆宏，2009）。食品最重要的是营养价值，那药食兼用品就必须具备营养和药用价值，果品是否具有药用价值呢？

事实上，果品不仅可以直接做中药和中药配伍的成分（周志钦，2012；葛洪，2015），而且还可以直接用于治病，具有"医"的功能。例如，苏格兰皇家海军James Lind医生（1716—1794）发现用柑橘（柠檬、甜橙）可治疗坏血病

（scurvy），一天2个甜橙或1个柠檬可以将长期出海造成的海员死亡率从64%降到6%左右（Baron，2009）。由于在绝大多数情况下"医"者必用"药"，再加上我国自古就将果品做中药方的配伍成分，这就使得我们中国人将果品的"药"用和"医"用概念在多数情况下合二为一了。

然而，为了科学地定义果品的医药价值，避免有关概念的混用或误用，我们需要清楚地区分"医"和"药"的概念。据汉字的起源，"药"的本义是治病的物品，借助药物（古代主要是草药）治好了病，人就会恢复以前的快乐（许慎，2014）。而"医"者，治病也。"医"用作动词时是指"治病、治疗"，这与我们现在理解的医学就是治病之学同义。尽管在绝大多数情况下"医"者必用"药"，但"医"也有不用"药"的时候，如针灸、推拿和按摩。因此，果品"医"用和"药"用两个概念是可以清楚地区分的。以柑橘为例，果实"药"用是指将果品当作中药、中药的配伍成分或现代制药的成分使用，如陈皮（pericarpium citri reticulatae）自古就是传统中药和中药配伍的成分（李时珍，2005；周志钦，2012；葛洪，2015）。不仅如此，植物活性成分也是现代制药的重要组分（Srinivas，2015）。而果实的"医"用则是指将果品单独直接用于治病（Baron，2009）。尽管中医很少将果品直接"医"用治病，但柑橘果品的医药价值是毋庸置疑的（李时珍，2005；Baron，2009；葛洪，2015）。

基于上述讨论，为了更好地研究和利用柑橘果实的医药价值，我们建议把一种果实中具有"医"和"药"功效的全部营养和活性成分合称为"医药成分"（medicine compounds），把果实中各种"医药成分"对人体疾病所起的治疗作用称为医药功效，其总体"医药"功效的大小就是果实医药品质高低的体现。这个概念的核心内涵体现的是一种果实中"医药"成分作"药"用和"医"用时对治疗人体疾病所起的作用。另外，这里还需要指出的是，尽管"医药成分"的本质就是果品中的营养或/和活性成分，但在评价果实的医药品质时我们关注的是"医药成分"的治病或药用功能，而不是它们的营养或保健功能。弄清了这一点，果实的医药品质就不再是一个模糊的概念，它与果实营养品质、保健品质的概念间的界线也就很清楚了。

至于果实医药品质评价的指标问题，也就是如何界定医药品质概念的外延，据现有的文献我们目前还无法给出明确的建议。毫无疑问，一种果品医药价值的高低从根本上取决于原果实中各种医药成分的种类、含量，以及它们对人体疾病治疗功效的大小，如适用疾病的种类、范围和使用剂量等。然而，问题的复杂性在于果实医药成分的复杂多样性，以及我们目前拥有的果品医药功效知识的有限性。其中最关键的问题是，究竟应当使用什么样的评价指标体系以科学地评价一种果实医药品质的高低，特别是哪些医药成分可以作为果实医药品质评价的关键指标，这些问题在现有的国内外文献中都找不到明确的答案。不过在今后的研究中，我们认为可以从以下3个方面考虑建立果实医药品质评价指标体系：第一，参照我国中药材药用成分目录，评价果实中医药成分的种类和含量；第二，评价果实中的医药成分用作现代中、西药制药成分时的价值；第三，评价果实在我国传统中医药配方中的应用或果品医药成分直接用于临床疾病治疗的价值。当然，我们也可参照我国中医药学中对中药材的评价指标体系，借鉴相应的评价方法，对果品的医药价值进行评价。无论如何，果品的医药价值都是现代果实品质研究中一个值得深入探讨的问题，并应当作为果实"药食兼用"研究的最重要内容之一。

## 2.6 概念辨析

水果自古以来就是人类重要的食物源，果实的品质是现代研究者、消费者和社会共同关注的问题。在本书我们正式建议将现有的果实品质概念具体细化为商品品质、营养品质、保健品质和医药品质4个概念，并在上文对各概念的内涵和外延进行了详细讨论。为了进一步阐明我们的观点，下面我们对4个概念的关键区别和联系做进一步强调和说明。

第一，果实的营养品质、保健品质和医药品质是果实商品品质的重要基础。水果作为一种特殊的药食兼用品，因它们独特的色、香、味而深受消费者喜爱，同时它们丰富的营养和活性成分又赋予了果品独特的营养、保健和医药价值（周志钦，2012）。正因为如此，对任何一种果实，除基本果形特征（形）外，色、香、味也应当是果实商品品质的核心基础。特别是随着现代人健康意识的增强，消费者在购买果品时，不仅会考虑色、香、味、形等感官品质，而且会潜意识地考虑果实的营养、保健以至医药价值。甚至可以讲，如果果品失去营养、保健和医药价值，消费者购买果品也就基本失去了意义。从这个意义上讲，我们把果实的基本生物学特征，再加上色、香、味等感官特性作为果实基本商品品质概念的核心内涵是完全合理的。同时，它与营养品质、保健品质和医药品质共同构成一种果实品质的全部基础，而且能更好地彰显果品的不同价值。

第二，营养品质和保健品质是两个联系最紧密的概念，但它们是两个完全不同的概念。由于果实的营养品质和保健品质都与果实中的营养和活性成分相关，而且营养素的作用之一就是"维持健康"，再加上果实中的一些化学物质如维生素C，既是营养素，又是生物活性（抗氧化）成分，这就使得两个概念在现有文献中的区别变得模糊不清、混为一谈，甚至乱用和错用（Elson，2006；王云等，2012；王仁才，2013；马兆成和朱春华，2015；Papoutsis et al.，2016；刘哲等，2018）。但我们应当清楚地认识到，"营养"和"保健"是两个完全不同的概念。营养的作用是"维持健康"，营养素参与人体代谢，保证人体各组织器官正常生理功能的发挥，从而保证有机体的生长和繁殖，必需营养素缺乏造成的结果就是疾病。因此，营养品质评价的核心是果实中人体必需营养素的种类、含量、比例关系及其对人体需求的满足程度。而保健的作用是"保护健康"，它使我们的机体免受内外有害因子的损伤。保健品质评价的核心是果实中保健成分对人体健康的保护作用。从根本上讲，保健成分不是人体生命活动（生长、发育、繁殖、维持健康）的必需物质，保健成分的有无并不直接影响人体健康。对人体健康而言，果品有营养价值就有保健价值，但有保健价值就不一定有营养价值。因此，营养价值更基础，是必要条件，保健价值是补充，是充分条件。即使在特殊情况下，两种品质评价的对象可能相同，我们也可以用不同的评价指标将二者区别开。例如，维生素C既是营养品质也是保健品质评价的对象，但它的含量高低属于营养品质评价的范畴，而它的生物活性（抗氧化）和治疗坏血病的功效则分别属于保健品质和医药品质评价的范畴。因此，果实营养品质和保健品质两个概念的核心内涵是完全不同的，并可以用不同的指标去评价相应的品质。

第三，果实的保健品质和医药品质的根本区别在于对"未病"和"已病"的作用方面。在我们建议的4个品质概念中，与医药品质概念相互间联系最紧密或最难区分的是保健品质概念。因为这两个概念对我们许多中国人来讲就是一个概念"健康"。这也是现有许多文献中两个概念不加区分、混为一谈的原因。其实，从本文的两个概念的核心内涵和外延的界定中我们可以清楚地看到，果实的医药品质和保健品质是有根本区别的，前者治"已病"（疾病），后者治"未病"（保健）。由于医学上对是否"有病"是可以清楚地界定的，因此"医药"品质和"保健"品质的概念也就可以区分。只不过目前的问题是用什么样的指标体系和标准去评价一种果实的医药品质有待明确而已。

中国人讲"名不正，则言不顺"。概念是所有科学或知识体系的基础，若没有一个正确的概念则一切都无从谈起。我们在本书对果实的商品品质、营养品质、保健品质和医药品质4个概念进行了系统的辨析，明确地提出了各概念应有的核心内涵，并对概念的外延进行了界定。其中，果品的保健品质和医药品质两个概念当属首次提出。我们的工作不仅对澄清现有文献中模糊不清的各种果品价值观念有帮助，而且丰富了现有各种果品价值概念的核心内涵。同时，因为有了清晰的概念，建立一种全面、系统、规范和数值化的果实品质评价方法也就成为可能，这样各种品质的评价结果也就具有了可比性。因此，我们的工作不仅有助于研究者正确认识果实品质概念，并科学地评价果实的不同品质，而且对指导消费者树立正确的果品价值观也有所裨益。

最后，我们想要指出的是，果实品质及果品价值等概念是相对的、变化的概念。随着科学技术的发展、人们认识水平的提高，我们对果实品质概念的认识和评价指标的选择都有可能改变。但无论如何，通过概念辨析、正确地认识概念，并在正确概念的指导下科学地分析、评价果实品质，对未来我们的科学研究和实践都是有益的。

# 第 3 章 柑橘果实基本商品品质评价方法

柑橘同其他食品一样，果品的色、香、味是最核心的品质，因为它们对消费者的购买选择起着决定性作用。但除色、香、味品质外，柑橘果实的一些基本生物学特征如大小、形状、整齐度、种子数等对消费者的选择影响也很大。再加上柑橘果实种类众多，常见的栽培类型就有甜橙类（普通甜橙、脐橙、夏橙、血橙），柚类（柚和葡萄柚），宽皮柑橘类（柑和橘）和枸橼类（佛手柑、柠檬）等（周开隆和叶荫民，2010）。不同种类的柑橘果实，因品种特性、环境因素和栽培条件等影响，它们的大小、形状、颜色、风味和香气等都会发生变化，面对如此复杂多样的柑橘果实品质影响因素如何对其商品品质进行科学评价，这是目前国内外柑橘果实品质评价研究中仍没有很好解决的问题。

针对上述问题，在本书我们首次建议将柑橘果实的品质概念具体化为商品品质、营养品质、保健品质和医药品质四个概念，并在此基础上把商品品质概念进一步细化为基本商品品质、风味品质、色泽品质和香气品质四个部分。在上一章，我们对四个品质概念的核心内涵和外延进行了界定，并对它们的区别和联系展开了讨论。在这一章，我们根据本书的主题先介绍柑橘果实基本商品品质的评价方法，内容包括柑橘果实基本商品品质的概念、柑橘果实基本商品品质的标准检测方法、柑橘果实基本商品品质的自动化无损检测技术、我国柑橘进出口商品品质检验检疫方法和柑橘果实基本商品品质分析评价方法。在具体内容的安排上，我们先讲概念，是因为它是方法的基础；我们突出标准方法，是希望柑橘果实基本商品品质的评价能够实现系统化和规范化，从而使评价结果具有可比性；我们关注进出口商品品质和自动化无损检测技术是因为柑橘果品是我国最重要的贸易农产品之一。尽管本章的有关方法都是来自现有文献，但它们是柑橘果实基本商品品质评价方法的首次系统总结，展示了有关研究工作的现状，对未来柑橘果实基本商品品质的评价研究会有所启示。

## 3.1 柑橘果实基本商品品质的概念

在柑橘果实商品品质的4个组成部分中，色泽、香气和风味品质从本质上讲都与果实（果皮和/或果肉）中各种植物化学成分（phytochemicals）的种类、含量及其相互间的比例关系有关，但柑橘果实的基本商品品质如形状、大小、整齐度和种子数等则不同，主要是由品种的基本生物学特性决定的，要评价这些特征对柑橘果实基本商品品质的影响，我们需要首先定义基本商品品质的概念。因"果实品质"和"果实商品品质"都不是新概念，现有文献中涉及柑橘基本商品品质的研究报道也不少见且涉及的范围很广,包括品种选育(邓秀新,2005;董美超等,2013),高效栽培(陈学森等,2015;陈志枢和曾宪故,2017),品质比较(雷莹等,2008;卢军等,2012;何义仲等,2014),采后贮藏保鲜(Zeng et al.,2012;何义仲等,2014),不同品质指标的检测方法(标准)[《食品安全国家标准 食品中抗坏血酸的测定》(GB 5009.86—2016)、《柑桔鲜果检验方法》(GB/T 8210—2011)、《水果硬度的测定》(NY/T 2009—2011)、《食品安全国家标准 食品中水分的测定》(GB 5009.3—2016)、《出境柑橘鲜果检疫规程》(SN/T 1806—2006)],品质进出口标准[《出境柑橘鲜果检疫规程》(SN/T 1806—2006)、《柑桔鲜果检验方法》(GB/T 8210—2011)]等。但通过对现有的文献分析我们发现,目前国内外柑橘果实基本商品品质评价研究存在目标不明确、指标不完整、方法不规范、技术不统一等一系列问题。针对这些问题,我们在这里建议将由柑橘品种的基本生物学特征决定的果实商品品质称为基本商品品质。至于柑橘果实基本商品品质评价的指标体系(概念的外延),我们基于现有的"标准文献",结合柑橘栽培、育种和品质研究中常用的一些果实品质评价指标,推荐果实形状、果形指数、果实大小(单果重)、果实整齐度、果皮光滑度(病虫伤疤)、果皮厚度与剥皮难易度、可食部分百分率、果实含水率(新鲜度)、果实出汁率、总糖、总酸、可溶性固形物和种子数量等13个指标作为柑橘果实基本商品品质评价指标(江东和龚桂芝,2006;淳长品等,2010;Lee et al.,2015;García et al.,2016)。对上述柑橘果实基本商品品质概念的定义,特别是它的核心内涵和外延,我们需要强调的是,尽管它们目前还只是我们的个人观点,但提出有关的问题是希望与读者商榷。但更重要的是,我们希望读者能了解我们的思想,即通过对柑橘果实基本商品品质概念的内涵和外延的准确定义,实现基本商品品质评价的系统化、规范化和标准化,为柑橘果实的基本商品品质分类、定级、质量监管和消费引导提供科学依据。

## 3.2 柑橘果实基本商品品质的标准检测方法

在我们建议的柑橘果实基本商品品质评价13个指标中,我国现有各类标准或文献中,包括GB/T 8210—2011、GB 5009.3—2016、GB/T 12456—2008、NY/T 1190—2006、SB/T 10203—1994和《柑橘种质资源描述规范和数据标准》(江东和龚桂芝,2006),对各指标都分别规定了不同的分析检测方法。因此,我们把它们统称为柑橘果实基本商品品质的标准检测方法。下面我们按照果实形状、果形指数、果实大小、果实整齐度、果皮光滑度、果皮厚度与剥皮难易度、可食部分百分率、果实含水率、果实出汁率、总糖、总酸、可溶性固形物和种子数量的顺序分别介绍如下。

### 3.2.1 果实形状

**1. 概念**

果实的形状是指鲜果外观轮廓所呈现的形状。柑橘果实受品种遗传特性的影响，果实形状多样。根据《柑橘种质资源描述规范和数据标准》（江东和龚桂芝，2006），柑橘果实的基本形状有8种，主要包括扁圆形、高扁圆形、球形、卵圆形、椭圆形、倒卵形、梨形和锥形（图3.1）。

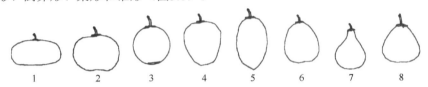

图 3.1　柑橘果实基本形状示意图
1.扁圆形；2.高扁圆形；3.球形；4.卵圆形；5.椭圆形；6.倒卵形；7.梨形；8.锥形

**2. 测定方法**

选择完全成熟、大小均匀一致的有代表性的果实10个进行鉴定。要求果面光洁，基本上无损伤、无病虫斑、无机械伤疤等。观察果实外形轮廓，参照上述果实基本形状示意图确定种质的果实形状。

**3. 结果分析与评价**

根据测定结果，分析评价果实的形状是否符合品种特征。

### 3.2.2 果形指数

**1. 概念**

果实的果形指数是指果实纵横径的比值，是一个与果实形状相关的指标，但比果实形状更具体并数值化。

**2. 测定方法与步骤**

我国国家标准GB/T 8210—2011中柑橘果实果形指数的测定方法如下。

1）取样：随机选取混合样品果10～20个。

2）仪器：游标卡尺（精确度0.05mm或0.1mm）等。

3）测定步骤：逐个用游标卡尺测定果实纵径（由果顶到蒂端）和横径（赤道线的切断面直径）。按公式（3.1）计算。

$$果形指数 = \frac{H}{D} \tag{3.1}$$

式中，$H$表示果实纵径（mm）；$D$表示果实横径（mm）。

## 3. 结果分析与评价

根据测定结果，分析评价果实的果形指数是否符合品种特征。

### 3.2.3 果实大小

**1. 概念**

果实大小准确地讲应当是单果重，指生长正常、大小中等的成熟果实的平均重量，计量单位为g（江东和龚桂芝，2006）。

**2. 测定方法与步骤**

在《柑橘种质资源描述规范和数据标准》中，柑橘果实大小的测定方法如下。

1）在果实成熟期，取树冠外围中部生长的大小均匀一致的有代表性的果实进行鉴定。

2）测定工具：电子天平。

3）步骤：取样品果10～20个，洗净，拭干，分别称取各果实的单果重（精确到0.1g），计算平均单果重。

**3. 结果分析与评价**

根据测定结果，计算果实平均单果重，并评价其品质。

### 3.2.4 果实整齐度

**1. 概念**

果实整齐度本质上应当包括果实形状、大小、颜色等性状的一致性。但在目前的实际工作中，评价整齐度通常是通过对果实的分级来控制大小的一致性。

**2. 分级方法**

我国农业行业标准NY/T 1190—2006介绍的柑橘果实分级的方法如下。柑橘果实可按横径分为2L、L、M、S、2S五组，各组应符合表3.1的规定。

表 3.1 柑橘鲜果大小分组规定 （单位：mm）

| 品种类型 | | 组别 | | | | | |
| --- | --- | --- | --- | --- | --- | --- | --- |
| | | 2L | L | M | S | 2S | 等外果 |
| 甜橙类 | 脐橙、锦橙 | 95～85 | <85～80 | <80～75 | <75～70 | <70～65 | <65或>95 |
| | 其他甜橙 | 85～80 | <80～75 | <75～70 | <70～65 | <65～55 | <55或>85 |

续表

| 品种类型 | | 2L | L | M | S | 2S | 等外果 |
|---|---|---|---|---|---|---|---|
| 宽皮柑橘类和橘橙类 | 椪柑类、橘橙类 | 85~75 | <75~70 | <70~65 | <65~60 | <60~55 | <55或>85 |
| | 温州蜜柑类、红橘、蕉柑、早橘、椪橘等 | 80~75 | <75~65 | <65~60 | <60~55 | <55~50 | <50或>80 |
| | 朱红橘、本地早、南丰蜜橘、砂糖橘、年橘、马水橘等 | 70~65 | <65~60 | <60~50 | <50~40 | <40~25 | <25或>70 |
| 柠檬来檬类 | | 80~70 | <70~63 | <63~56 | <56~50 | <50~45 | <45或>80 |
| 葡萄柚及橘柚类 | | <105~90 | <90~85 | <85~80 | <80~75 | <75~65 | <65或>105 |
| 柚 | | 185~155 | <155~145 | <145~135 | <135~120 | <120~100 | <100或>185 |
| 金柑类 | | 35~30 | <30~25 | <25~20 | <20~15 | <15~10 | <10或>35 |

**3. 结果分析与评价**

根据分级结果，计算不同级别果实的百分率，评价果实的整齐度。

## 3.2.5 果皮光滑度

**1. 概念**

成熟果实赤道部位果面的光滑程度（江东和龚桂芝，2006）。

**2. 评价方法**

在《柑橘种质资源描述规范和数据标准》中，有关果面光滑度的评价方法是，在果实成熟期，取树冠外围中部生长的大小均匀一致的有代表性的10个果实进行测定，要求果面光洁，基本上无损伤、无病虫斑、无机械伤疤等。目测和用手触摸果皮质地，根据果皮有无凹点、沟纹深浅、油胞大小、稀密及突出程度等综合评判，确定果实的果面光滑度。具体计分方法如下：光滑——1分，较光滑——3分，中等——5分，较粗糙——7分，粗糙——9分。

**3. 结果分析与评价**

根据评分结果，按照得分高低评价果实的果面光滑度。

## 3.2.6 果皮厚度与剥皮难易度

**1. 概念**

果皮厚度是指果实赤道部位果皮的厚度,单位为mm。剥皮难易度是指果实成熟时,徒手剥去果皮的难易程度(江东和龚桂芝,2006)。

**2. 评价方法**

在《柑橘种质资源描述规范和数据标准》中,有关果皮厚度与剥皮难易度的评价方法如下。

(1)果皮厚度

在果实成熟期,取树冠外围中部生长的大小均匀一致的有代表性的10个果实进行测定,要求果面光洁,基本上无损伤、无病虫斑、无机械损伤等。用刀沿果实最大横径处横剖,用直尺测量果皮厚度(包括白皮层在内),取平均值。果皮厚度单位为mm,精确到0.1mm。

(2)剥皮难易度

在果实成熟期,取树冠外围中部生长的大小均匀一致、有代表性的果实进行鉴定,从果顶处徒手剥离果皮,根据果皮与囊壁分离的难易程度,确定果实的剥皮难易度。具体计分方法如下:容易——1分,较容易——3分,中——5分,稍难——7分,难——9分。

**3. 结果分析与评价**

根据测定结果,对果皮厚度和剥皮难易度进行评价。

## 3.2.7 可食部分百分率

**1. 概念**

可食部分百分率是指果实中可食部分占整个果实的比例。

**2. 测定方法与步骤**

我国国家标准《柑桔鲜果检验方法》(GB/T 8210—2011)介绍了适用于柑橘可食部分百分率的检测方法。

1)仪器与用具:感量0.1g天平、不锈钢水果刀、白瓷盘、镊子等。

2)步骤:取样品果10~20个,洗净,拭干,称总果重(精确到0.1g),仔细将每个样品果的果皮(含白皮层)、囊瓣、种子等各部分分开,并分别称重(精确到0.1g)。按照公式(3.2)~公式(3.4),分别计算可食部分的百分率。

$$\text{甜橙、宽皮柑橘可食部分百分率} = \frac{W' - (W_1 + W_2)}{W'} \times 100\% \qquad (3.2)$$

$$\text{柠檬、金柑可食部分百分率} = \frac{W' - W_2}{W'} \times 100\% \qquad (3.3)$$

$$\text{柚可食部分百分率} = \frac{W' - (W_1 + W_2 + W_3)}{W'} \times 100\% \qquad (3.4)$$

式中，$W'$表示样品果总重量（g）；$W_1$表示样品果中果皮重量（g）；$W_2$表示样品果中种子重量（g）；$W_3$表示样品果中囊瓣皮重量（g）。

**3. 结果分析与评价**

根据测定结果，计算果实的可食率，对不同级别的果实可食部分百分率进行评价。

### 3.2.8 果实含水率

**1. 概念**

果实含水率是指果实中所含水分与果实总重之比。果实的含水率与水果新鲜度直接相关。

**2. 测定方法与步骤**

我国国家标准《食品安全国家标准 食品中水分的测定》（GB 5009.3—2016）介绍了可用于柑橘果实含水率的检测方法——直接干燥法。

（1）试剂和材料

除非另有说明，该方法所用试剂均为分析纯试剂，水为《分析实验室用水规格和试验方法》（GB/T 6682—2008）规定的三级水。

1）盐酸溶液（6mol/L）：量取50mL分析纯盐酸，加水稀释至100mL。

2）氢氧化钠溶液（6mol/L）：称取24g氢氧化钠，加水溶解并稀释至100mL。

3）海沙：取用水洗去泥土的海沙或河沙，先用6mol/L盐酸煮沸0.5h，用水冲洗至中性，再用6mol/L氢氧化钠溶液煮沸0.5h，用水冲洗至中性，经105℃干燥备用。

（2）仪器和设备

1）扁形铝制或玻璃制称量瓶。

2）电热恒温干燥箱。

3）干燥器：内附有效干燥剂。

4）天平：感量为0.1mg。

（3）分析步骤

1）固体样品：取洁净铝制或玻璃制的扁形称量瓶，置于101～105℃干燥箱中，瓶盖斜支于瓶边，加热1.0h，取出盖好，置于干燥器内冷却0.5h，称量，并重复干燥至恒量。称取2.0~10.0g切碎或磨细的样品，放入此称量瓶中，样品厚度约为5mm。加盖，精密称量后，置于101~105℃干燥箱中，瓶盖斜支于瓶边，干燥2~4h，盖好取出，放入干燥器内冷却0.5h后称量。然后再次放入101~105℃干燥箱中干燥1h左右，盖好取出，放入干燥器内冷却0.5h后再称量。至前后两次质量差不超过2mg，即为恒量。

2) 半固体或液体样品：取洁净的蒸发皿，内加10.0g海沙及一根小玻璃棒，置于101~105℃干燥箱中，干燥0.5~1.0h后取出，放入干燥器内冷却0.5h后称量，并重复干燥至恒量。然后精确称取5.0~10.0g样品，置于蒸发皿中，用小玻璃棒搅匀后放在沸水浴上蒸干，并不停搅拌，擦去皿底的水滴，置于101~105℃干燥箱中干燥4h后盖好取出，放入干燥器内冷却0.5h后称量。然后再放入101~105℃干燥箱中干燥1h左右，取出，放入干燥器内冷却0.5h后再称量。至前后两次质量差不超过2mg，即为恒量。

3) 试样的含水率，按照公式（3.5）进行计算。

$$X = \frac{m_1 - m_2}{m_1 - m_3} \times 100 \qquad (3.5)$$

式中，$X$表示试样的含水率（g/100g）；$m_1$表示称量瓶（或蒸发皿加海沙、玻璃棒）和试样的质量（g）；$m_2$表示称量瓶（或蒸发皿加海沙、玻璃棒）和试样干燥后的质量（g）；$m_3$表示称量瓶（或蒸发皿加海沙、玻璃棒）的质量（g）；"100"表示单位换算系数。

当含水率≥1g/100g时，计算结果保留3位有效数字；当含水率＜1g/100g时，计算结果保留两位有效数字。

4) 精密度：在重复性条件下，获得的两次独立测定结果的绝对差值不得超过算术平均值的10%。

**3. 结果分析与评价**

根据测定结果，分析评价果实的新鲜度。

## 3.2.9 果实出汁率

**1. 概念**

果实出汁率是指压榨得到的果汁质量与果实质量之比。

**2. 测定方法与步骤**

我国国家标准GB/T 8210—2011介绍了可用于柑橘出汁率的检测方法。

1) 仪器与用具：玻璃榨汁器、烧杯、漏斗、干燥纱布、不锈钢水果刀、感量0.1g的天平等。

2) 步骤：取样品果10~20个，洗净，拭干，称取总果重（准确到0.1g），样品果横切成两段，用玻璃榨汁器榨出果汁，经两层干净纱布过滤后盛于烧杯中，将榨汁后的囊瓣从果皮上扯下，取出种子，然后放入洁净纱布中，再将果汁全部压出，合并于烧杯中。称取果皮、种子、果渣（含囊瓣壁和汁胞壁）的重量（精确到0.1g）。按照公式（3.6）计算出汁率。

$$果实出汁率 = \frac{W' - (W_1 + W_2 + W_4)}{W'} \times 100\% \quad (3.6)$$

式中，$W'$表示样品果总重量（g）；$W_1$表示样品果中果皮重量（g）；$W_2$表示样品果中种子重量（g）；$W_4$表示样品果中果渣重量（g）。

**3. 结果分析与评价**

根据测定结果，评价果实出汁率的高低。

### 3.2.10 总糖

**1. 概念**

总糖主要指具有还原性的葡萄糖、果糖、戊糖、乳糖，在测定条件下能水解为还原性单糖的蔗糖（水解后为1分子葡萄糖和1分子果糖）、麦芽糖（水解后为2分子葡萄糖），以及可能部分水解的淀粉（水解后为2分子葡萄糖）。

**2. 测定方法与步骤**

我国商业行业标准《果汁通用试验方法》（SB/T 10203—1994）介绍了可用于柑橘总糖的检测方法——直接滴定法。

（1）原理

样品中原有的还原糖和水解后转化的还原糖，在加热条件下，直接滴定标定过的碱性酒石酸铜溶液，根据消耗样液量计算总糖。

（2）试剂

1）浓盐酸（密度为1.18g/mL）

2）30%氢氧化钠

3）0.1%甲基红指示剂

4）葡萄糖标准溶液

精确称取1.000g经过105℃烘干至恒重的葡萄糖，加水溶解后加入5mL盐酸，并用水稀释至1000mL的容量瓶中，摇匀，备用。

5）斐林氏溶液

甲液：称取15g硫酸铜（$CuSO_4 \cdot 5H_2O$）及0.05g次甲基蓝，用蒸馏水溶解。移入1000mL棕色容量瓶中，用蒸馏水定容。

乙液：称取50g酒石酸钾钠、75g氢氧化钠及4g亚铁氰化钾，用蒸馏水溶解，移入1000mL容量瓶中，用蒸馏水定容。

斐林氏溶液的标定：吸取斐林氏甲液、乙液各5mL，加入150mL三角瓶中，再加水10mL，从滴定管中滴加约9.5mL葡萄糖标准溶液，控制在2min内加热至沸腾，趁沸以1滴/2s的速度滴加葡萄糖标准溶液。滴定至蓝色褪尽为终点。记录消耗葡萄糖标准溶液的总体积。同时平行操作3份取平均值，按照公式（3.7）计算每10mL（甲液、乙液各5mL）斐林氏溶液相当于葡萄糖的质量（mg）。

$$A = \frac{W \times V}{1000} \quad (3.7)$$

式中，$A$ 表示10mL斐林氏溶液相当于葡萄糖的质量（g）；$W$ 表示称取葡萄糖的质量（g）；$V$ 表示滴定时所消耗葡萄糖标准溶液的总体积（mL）；"1000"表示葡萄糖的稀释倍数。

（3）测定步骤

称取适量匀样（根据含糖量而定，要求滴定消耗样品液体积约为10mL）。于250mL容量瓶中，加水100mL，加入盐酸5mL摇匀，将容量瓶置于温度为68～70℃恒温水中转化10min，取出置于流动水中迅速冷却至室温，加1%甲基红指示剂2滴，用30%氢氧化钠中和至中性，用蒸馏水稀释至刻度，摇匀，注入滴定管中备用。

预滴定：吸取斐林氏甲液、乙液各5mL，加入150mL三角瓶中，再加入10mL水，在电炉上加热至沸腾，从滴定管中滴入转化好的糖液至蓝色褪尽即为终点。记录滴定所耗试液的体积。

正式滴定：取斐林氏甲液、乙液各5mL于三角瓶中再加入10mL水，滴入转化糖液，较预滴定少1mL，加热沸腾1min，再以1滴/2s的速度滴加糖液至终点，记录所耗糖液的体积。平行试验3次。

（4）结果计算

按照公式（3.8）计算总糖含量。

$$X = \frac{A \times 250}{m \times V} \times 100 \quad (3.8)$$

式中，$X$ 表示果汁中总糖（以葡萄糖计）的含量（g/100g或g/100mL）；$A$ 表示10mL斐林氏溶液相当于转化糖的质量（g）；$m$ 表示样品的质量（g或mL）；$V$ 表示滴定时所耗糖液体积（mL）；"250"表示稀释倍数。

**3. 结果分析与评价**

根据测定结果，对果实的糖度品质进行分析评价。

### 3.2.11 总酸

**1. 概念**

总酸度是指所有酸性成分的总量。

**2. 测定方法与步骤**

我国国家标准《食品中总酸的测定》(GB/T 12456—2008)介绍了可用于柑橘果实总酸的测定方法——酸碱滴定法。

(1) 试剂和溶液

1) 试剂和分析用水：所有试剂均使用分析纯试剂；分析用水应符合二级水规格或使用蒸馏水，使用前应经煮沸、冷却。

2) 0.1mol/L氢氧化钠标准滴定溶液。

3) 0.01mol/L氢氧化钠标准滴定溶液：量取100mL 0.1mol/L氢氧化钠标准滴定溶液稀释至1000mL（用时稀释）。

4) 0.05mol/L氢氧化钠标准滴定溶液：量取100mL 0.1mol/L氢氧化钠标准滴定溶液稀释至200mL（用时稀释）。

5) 1%酚酞溶液：称取1g酚酞，溶于60mL 95%乙醇中，用水稀释至100mL。

(2) 仪器和设备

组织捣碎机、水浴锅、研钵、冷凝管等。

(3) 试样的制备

1) 液体样品的制备如下。

不含二氧化碳的样品：充分混合均匀，置于密闭玻璃容器内。

含二氧化碳的样品：至少取200g样品于500mL烧杯中，置于电炉上，边搅拌边加热至微沸腾，保持2min，称量，用煮沸过的水补充至煮沸前的质量，置于密闭玻璃容器内。

2) 固体样品：取有代表性的样品至少200g，置于研钵或组织捣碎机内捣碎，混匀后置于密闭玻璃容器内。

(4) 试液的制备

1) 总酸含量≤4g/kg的试样：将试样用快速滤纸过滤，收集滤液，用于测定。

2) 总酸含量>4g/kg的试样：称取10～50g试样，精确至0.001g，置于100mL烧杯中。用约80℃的煮沸过的水将烧杯中的内容物转移到250mL容量瓶中（总体积约150mL）。置于沸水浴中煮沸30min（摇动2～3次，使试样中的有机酸全部溶解于溶液中），取出，冷却至室温（约20℃），用煮沸过的水定容至250mL。用快速滤纸过滤，收集滤液，用于测定。

(5) 分析步骤

称取25.000~50.000g试样,使之含酸0.035~0.070g,置于250mL三角瓶中。加40~60mL水及0.2mL 1%酚酞指示剂,用0.1mol/L氢氧化钠标准滴定溶液(如样品酸度较低,可用0.01mol/L或0.05mol/L氢氧化钠标准滴定溶液)滴定至微红色30s不褪色。记录消耗0.1mol/L氢氧化钠标准滴定溶液的体积($V_1$)。同一被测样品应平行测定两次。

空白试验:用水代替试样,按上述步骤操作。记录消耗0.1mol/L氢氧化钠标准滴定溶液的体积($V_2$)。

(6) 结果计算

果品中总酸含量以质量分数$X$计,数值以g/kg表示,按公式(3.9)计算,计算结果精确到小数点后两位。

$$X = \frac{c \times (V_1 - V_2) \times K \times F}{m} \times 1000 \quad (3.9)$$

式中,$c$表示氢氧化钠标准滴定溶液浓度(mol/L);$V_1$表示滴定试液时消耗氢氧化钠标准滴定溶液的体积(mL);$V_2$表示空白试验时消耗氢氧化钠标准滴定溶液的体积(mL);$K$表示酸的换算系数,如苹果酸0.067、乙酸0.060、酒石酸0.075、柠檬酸0.064、柠檬酸0.070(含一分子结晶水)、乳酸0.090、盐酸0.036、磷酸0.049;$F$表示试液的稀释倍数;$m$表示试样的质量(g)。

**3. 结果分析与评价**

根据测定结果,分析评价果实酸度品质。

## 3.2.12 可溶性固形物

**1. 概念**

可溶性固形物是指液体或流体食品中所有溶解于水的化合物的总称,包括糖、酸、维生素、矿物质等。

**2. 测定方法与步骤**

《柑桔鲜果检验方法》(GB/T 8210—2011)规定了柑橘可溶性固形物的测定方法,包括阿贝折射仪和手持式糖量计两种检测方法。

(1) 方法Ⅰ——阿贝折射仪测定法(仲裁法)

1) 仪器及用具

阿贝折射仪(图3.2)、胶头滴管、玻璃棒、漏斗、玻璃榨汁器、恒温水浴锅、不锈钢水果刀、烧杯等。

图 3.2 阿贝折射仪

2）试液制备

取样品果 10～20 个，洗净，拭干，横切成两段，用玻璃榨汁器榨出果汁，经两层干净纱布过滤后盛于烧杯中，搅匀。亦可用 3.2.9 测定果实出汁率中榨出的果汁。

3）阿贝折射仪的校正

阿贝折射仪置于干净桌面上，装上温度计和电动恒温水浴流水管道。调节水温为（20±0.5）℃，分开阿贝折射仪的两面棱镜，用干燥脱脂棉蘸蒸馏水（必要时可蘸二甲苯或乙醚）拭净，然后用干净的脱脂棉（或擦镜纸）拭干。待棱镜完全干燥后，用洁净玻璃棒蘸取蒸馏水 1～2 滴，滴于棱镜上，迅速闭合，对准光源，由目镜观察，旋转手轮使标尺上的糖度恰好是 20℃ 的 0%，观察望远镜内明暗分界线是否在接物镜"×"线中间，若有偏差用附件方孔调节扳手转动示值调节螺丝，使明暗分界处调到"×"线中间。调整完毕后，在测定样品时，勿再动调节螺丝。

4）样液的测定

在测定前，先将棱镜擦洗干净，以免有其他物质影响样液测定结果。用玻璃棒蘸取或用干净滴管吸取样液 1～2 滴，滴于棱镜上，迅速闭合，静置数秒钟，待样液达 20℃，对准光源，由目镜观察并转动补偿器螺旋，使明暗分界线清晰，转动标尺指针螺旋使明暗分界线恰好在接物镜"×"线的交点上，读取标尺上的糖度值，同时记录温度。平行测定 2～3 次，取平均值。

（2）方法Ⅱ——手持式糖量计测定法（适用于货场检验）

1）仪器及用具

手持式糖量计（图 3.3 所示仅为其中一种）、胶头滴管、玻璃棒、漏斗、玻璃榨汁器、不锈钢水果刀、烧杯等。

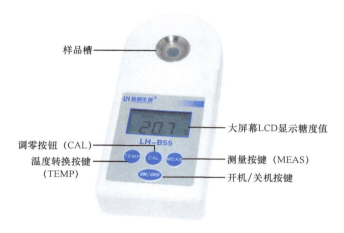

图 3.3 手持式糖量计

2）试液制备

取样品果10～20个，洗净，拭干，横切成两段，用玻璃榨汁器榨出果汁，经两层干净纱布过滤后盛于烧杯中，搅匀。亦可用3.2.9测定果实出汁率榨出的果汁。

3）直接测定法

打开棱镜盖板，用柔软的绒布或脱脂棉蘸取蒸馏水（必要时可蘸二甲苯或乙醚）将棱镜拭干，注意勿损镜面，待棱镜干燥后，用干燥洁净滴管吸蒸馏水2～3滴于镜面上，合上镜板，使其遍布棱镜的表面，将仪器平置，进光孔对向光源，调整目镜，使境内的刻度数字清晰，调节螺丝于视场内所见明暗分界处的读数为0点。在同样温度下，同样的方法将样液2～3滴滴于棱镜面上，调整目镜使境内视物分界明显，记录明暗分界处的读数。平行测定2～3次取平均值，即为果汁中可溶性固形物的百分率。

4）查表法

手持式糖量计使用前不用蒸馏水校正，按上法直接测定并记录测定时的温度，参照表3.2矫正。

表 3.2 可溶性固形物与温度的矫正表

| 温度/℃ | | 可溶性固形物/% | | | | | |
|---|---|---|---|---|---|---|---|
| | | 0 | 5 | 10 | 15 | 20 | 25 |
| 应减去之校正值 | 10 | | 0.54 | 0.58 | 0.61 | 0.64 | 0.66 |
| | 11 | 0.46 | 0.46 | 0.53 | 0.55 | 0.58 | 0.60 |
| | 12 | 0.42 | 0.45 | 0.48 | 0.50 | 0.52 | 0.54 |
| | 13 | 0.37 | 0.40 | 0.42 | 0.44 | 0.46 | 0.48 |

续表

| 温度/℃ | | 可溶性固形物/% | | | | | |
|---|---|---|---|---|---|---|---|
| | | 0 | 5 | 10 | 15 | 20 | 25 |
| 应减去之校正值 | 14 | 0.33 | 0.35 | 0.37 | 0.39 | 0.40 | 0.41 |
| | 15 | 0.27 | 0.29 | 0.31 | 0.33 | 0.34 | 0.34 |
| | 16 | 0.22 | 0.24 | 0.25 | 0.26 | 0.27 | 0.28 |
| | 17 | 0.17 | 0.18 | 0.19 | 0.20 | 0.21 | 0.21 |
| | 18 | 0.12 | 0.13 | 0.13 | 0.14 | 0.14 | 0.14 |
| | 19 | 0.06 | 0.06 | 0.06 | 0.07 | 0.07 | 0.07 |
| | 20 | 0 | 0 | 0 | 0 | 0 | 0 |
| 应加入之校正值 | 21 | 0.06 | 0.07 | 0.07 | 0.07 | 0.07 | 0.08 |
| | 22 | 0.13 | 0.13 | 0.14 | 0.14 | 0.15 | 0.15 |
| | 23 | 0.19 | 0.20 | 0.21 | 0.22 | 0.22 | 0.23 |
| | 24 | 0.26 | 0.27 | 0.28 | 0.29 | 0.30 | 0.30 |
| | 25 | 0.33 | 0.35 | 0.36 | 0.37 | 0.38 | 0.38 |
| | 26 | 0.40 | 0.42 | 0.43 | 0.44 | 0.45 | 0.46 |
| | 27 | 0.48 | 0.50 | 0.52 | 0.53 | 0.54 | 0.55 |
| | 28 | 0.56 | 0.57 | 0.60 | 0.61 | 0.62 | 0.63 |
| | 29 | 0.64 | 0.66 | 0.68 | 0.69 | 0.71 | 0.72 |
| | 30 | 0.73 | 0.74 | 0.77 | 0.78 | 0.79 | 0.80 |

**3. 结果分析与评价**

根据测定结果，对柑橘果实可溶性固形物（口感品质）进行分析评价。

### 3.2.13 种子数量

**1. 概念**

种子数量是指正常成熟的单个柑橘果实中发育正常的种子的数目或重量，数目单位为粒，重量单位为g。

**2. 测定方法**

在现有文献（包括标准）中没有检测柑橘果实种子数量的标准方法。但实践中的习惯做法是取正常成熟、基本商品品质指标正常的果实10个，从果肉中取出发育正常的种子，数出种子的粒数并记录。

**3. 结果分析与评价**

根据测定结果，按照不同品种对果实种子数量的要求，评价果实的品质。例如，无核品种种子数目应当限定在一定范围内，也可以计算单果种子重量占单果重的百分比。

## 3.3 柑橘果实基本商品品质的自动化无损检测技术

在上一节，我们介绍了柑橘果实基本商品品质的标准检测方法，但有关标准检测方法明显存在一定的局限性，如许多指标的标准检测方法都是针对少量代表性抽样进行的分析检测。而现实的情况是，消费者面对的是全部果实而不是抽样，如何做到对柑橘果实大批量样品的快速检测，并实现对全部果品质量的总体控制是目前我国柑橘果实基本商品品质评价中急需解决的问题。以鲜果生产为例，我国是世界上最大的柑橘生产国和消费国，柑橘产量占世界柑橘产量的20%以上，但我国在国际柑橘鲜果市场上的占有量仅为8.0%（伍佳文和祁春节，2014；陈晓明，2015），其中最重要的原因就是果品质量不稳定、果实外观分级与内在品质不一致等。这些问题不仅严重地影响了我国柑橘果品的市场声誉，同时还极大地限制了我国柑橘产业持续、稳定的发展（李娜等，2016）。特别是随着世界各国柑橘产量的增加，国内外柑橘市场的竞争也将变得日趋激烈，消费者对果品质量的要求也不断提高，对果品的商品品质要求已不是单一的"好吃"或"好看"，而是逐步转向要求果实的内外品质一致（吴龙国等，2013）。因此，柑橘果实基本商品品质的自动化检测已经成为未来果实基本商品品质评价必然的发展趋势。

果实自动化无损检测技术是指在不破坏待测果实原有外观和内在品质的前提下，根据待测果实的光、声和挥发特性等，利用可见光谱法或近红外光谱法、机器视觉法、电子鼻法、超声波法和激光诱导荧光法等技术（王平等，2013），获取与待测果实品质有关的数据信息，通过相应的分析软件对数据进行加工处理，进而对果实有关特性做出检测鉴定的方法。使用自动化无损检测技术，我们可以通过建立果实分级标准和无损伤糖酸度校正及验证模型，构建大批量、快速、无损伤在线监测系统，用以鉴别果实内在品质，分选出不同糖酸度的果品，从而根据不同消费者的需求对果品进行分级和质量控制，进而实现果实基本商品品质主要指标的自动化检测，为消费者提供新鲜、安全、高品质的果品。果实无损伤检测技术具有简单、快速、无损伤等优点，目前已在各种果品品质分析中得到广泛应用，其中用于柑橘果实自动化无损检测的技术主要有自动化分级技术、硬度和质地检测技术，以及糖酸自动化检测技术。

### 3.3.1 柑橘果实的自动化分级技术

**1. 原理**

光学特性是指光照射于物体后产生的反射、透射、吸收和散射等性质（Birth，1976）。可见光（visible light）波长在380~780nm，是人眼能够感知的光谱范围，人们对颜色、亮度的认识都是通过这部分光照射到物体后反射入人眼而实现的。许多果实是根据颜色分级的，基于颜色的描述，存在不同的分级体系如RBG等。目前应用的色差仪法测定果实颜色、光泽主要是基于这些颜色体系进行的。

利用机器视觉技术进行柑橘分级可以同时对多个指标，包括水果的大小、颜色、形状、表面缺陷等进行综合分级，其分级的客观性强、标准稳定、一致性好、效率高，而且非接触、无伤害。例如，Kondo等（2000）通过摄像机影像记录橙子颜色、形状和果面光滑度，与重量一同作为神经网络输入层，糖含量或pH作为输出层，得到数种可以预测果实糖、酸含量的神经网络模型。Blasco等（2003）利用机器视觉技术在线测定甜橙、桃和苹果品质，通过贝氏分析图像分割处理，对颜色的估计与比色计法测定值显著相关，对苹果在线测定时，瑕疵果的检测和果实大小的估计准确度分别达到86%和93%。

## 2. 设备

分级系统主要由水果输送翻转机构、机器视觉识别系统和分级机构组成，如图3.4所示。

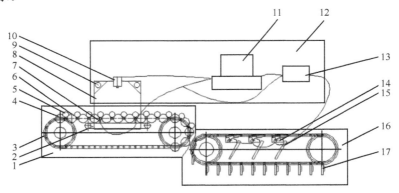

图3.4　分级系统结构示意图（安爱琴等，2008）

1. 水果输送翻转系统；2. 摩擦带；3. 链轮；4. 双锥式滚筒；5. 水果；6. 链条；7. 传感器；8. 光照箱；9. 灯；10. CCD摄像头；11. 微机；12. 计算机识别系统；13. 控制模块；14. 分级执行机构；15. 滑道；16. 分级系统；17. 料斗

水果输送翻转系统主要由双锥式滚筒、倾斜条和摩擦带等组成。该机构由链传动完成，双锥式滚筒通过水平轴装在链条上，并能随链条向前运动。装在双锥式滚筒下面的摩擦带由另一电动机驱动，调节摩擦带的速度可以控制双锥式滚筒的旋转速度，从而保证果实在向前运动的同时还具有翻转运动。倾斜条的作用是保证果实在输送过程中能自动单个成行进入每对双锥式滚筒中，输送翻转机构的速度可根据生产线工作的需要进行调整（应义斌等，1999）。

机器视觉识别系统主要由CCD摄像头、微机和光照箱等组成。CCD摄像头将摄取目标转换成图像信号，传送给专用的图像处理系统，根据像素分布和亮度、颜色等信息,转变成数字化信号,图像处理系统对这些信号进行各种运算来抽取目标的特征。

分级机构主要由控制模块、滑道和分级执行机构组成。当分级料斗输送带上的果实到达对应的分级口位置时,由分级控制模块发送指令,使分级执行机构动作,完成分级。

**3. 国内研究与应用情况**

我国的水果自动分级研究起步较晚,研究水平相对落后。我们能生产的水果分级设备基本还限于机械分级阶段,主要进行大小、重量的分级。例如,我国研制的6GF-1.0型水果大小分级机,采用先进的辊、带间隙分级原理,工作时分级辊做匀速转动,输送带做直线运动,当果实直径小于分级辊与输送带之间的间隙时,则顺着间隙掉入水果槽而实现分级(白菲和孟超英,2005)。另外,2004年浙江大学审核通过了一套水果品质智能化实时检测与分级生产线,该生产线是由浙江大学生物系统工程与食品科学学院应义斌等主持的课题组研制开发的。它可以按照不同水果的国家分级标准所需的外部特征信息进行分等、分级,生产率可达3~5t/h。这一生产线由计算机视觉系统、能完成水果的单列化并均匀翻转的水果输送系统、精确地实施分级的高速分级机构和自动控制系统等部分组成,实现了检测指标的多元化,以及果品大小、形状、色泽、果面缺陷等多项检测一次完成(振苏,2004)。

目前,柑橘果实自动化分级技术已经应用到甜橙、柠檬、柚等果实分级中(高海生,2014;王维等,2016)。

### 3.3.2 柑橘果实硬度检测技术

某种水果单位面积承受测力弹簧的压力时,将压力与单位面积的比值定义为果实硬度。测定鲜果硬度时常用硬度计,但目前常用的无损检测方法则多为基于超声技术和力学原理的检测技术。下面我们简要介绍基于声波和超声技术及力学原理的柑橘果实硬度检测技术。

#### 3.3.2.1 基于声波和超声技术测定柑橘果实硬度

**1. 原理**

振动波包括声波(0.02~15kHz)和超声波(>20kHz)。声波和超声波测试是无形变的检测方式。振动波脉冲施加于果实后产生音频响应,如共振等,与果实弹性、内部摩擦或衰减、形状、大小和密度等有关。因此,振动波的测定结果可以代表整个果实的机械特性(Lu and Abbott,1996)。

## 2. 仪器

超声波硬度计（图3.5）由手持式PDA和CUI测量探头两个部分组成，两者之间通过线缆连接。手持式PDA是带软件的，基于Windows的主机，可以通过USB、蓝牙、WLAN等方式进行数据传输和远程控制。CUI测量探头与被测果实接触，在均匀的接触压力下，探测头的谐振频率随硬度变化而改变，通过计量该频率的变化达到测量硬度的目的。

图 3.5　超声波硬度计

## 3. 使用方法

TIME5610超声波硬度计的使用方法非常简单，具体如下。

a. 将手持式PDA与CUI测量探头用线缆连接好，然后点击开机键。

b. 当探针接触待测果表面时，仪器显示出接触指示符号。

c. 保持探针与待测果的接触，施加探头与待测果表面垂直方向的压力，如图3.6所示。

d. 仪器显示出读数，并保持读数结果。

图 3.6　探针使用示意图

**4. 应用情况**

声波和超声技术在食品无损检测中占20%,在果品中主要用于硬度和质地的测定(Guo et al.,1994)。声学测定为跟踪单个果实的变化研究提供了非常好的方法,同时也适合于测定许多果实的平均值。但由于果蔬的结构和空隙因素,往往很难有足够的振动波穿透果实而得到有用的信息,因此在生产应用中受到限制(弓成林等,2002)。

### 3.3.2.2 基于力学原理测定柑橘果实硬度

**1. 原理**

基于力学特性的无损检测技术主要是用撞击测试的方法。撞击会使被测试样品发生很小的形变,在测试时对样品被撞击后产生的弹性和振动(声波)等特性进行测定分析,即可计算样品的硬度(王瑞庆等,2012)。例如,用小橡胶锤敲击果实表面后产生机械振动,通过振动仪或激光振动计直接测定振动信号,或者通过扬声器捕捉声波间接测定。计算机与测试装置相连,通过时域信号傅立叶变换来计算频率响应波谱。硬度指标通过公式(3.10)计算。

$$S = f^2 m^{2/3} \tag{3.10}$$

式中,$S$为果实硬度;$f$为一级共振频率(Hz);$m$为果实质量(kg)。

**2. 设备**

图3.7展示了正弦交变应力应变的试验装置简图。该装置主要由静态力传感器、动态力传感器、试样、加速度传感器、激振器、信号发生器、功率放大器、电荷放大器、静态电荷放大器、数据采集仪及计算机构成。

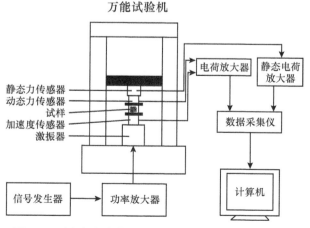

图 3.7　正弦交变应力应变装置简图(杨晨升,2006)

其中，功率放大器负责将由信号发生器发出的信号放大，驱动激振器，激振器与加速度传感器相连。为了防止试样松动，将两个轻质薄片分别放在试样上下，并在每次试验前加一定的预载荷。试样的上方分别为动、静态力传感器。传感器通过产生电信号并由电荷放大器放大后经过数据采集仪进入计算机成为被处理数据。

**3. 使用方法**

在此，以UTM5305电子万能试验机（图3.8）的使用方法来说明操作步骤，具体如下。

图3.8 UTM5305电子万能试验机

1）打开试验机的电源开关，然后打开计算机，最后打开打印机。在计算机上运行与试验机配套的软件，进入程序。

2）点击新建试验，选择所需要的类型、试验、组号等。然后，点击确定。

3）输入试样尺寸和原始标距等数据后按回车键，并输入本批试样根数。在此界面中，还可以选择废除本次试验按键退出。

4）上试样，先夹上钳口，夹好后载荷清零，再夹紧下钳口，如有引伸计，上伸计取下插销，此时需选择位移计算，并把引伸计清零。如选用大变形则采用变形计算，注意与主机相连的数据线不要接反，并选择变形切换。在上引伸计和大变形时，要把电源先关掉，等把数据线连上之后再打开电源。

5）点击运行，界面会自动跳入试验过程界面（即试验开始，当过屈服点后，点取引伸计后，马上快速取下引伸计）直到拉断。

6）试验拉断后马上取下试样，选择试样参数，将断后直径、标距输入后按回车键（自动计算断后面积、伸长率）。把按钮打向快退，将油缸降至最低后，再打回加荷状态。

7）查看结果，点击 结果处理 选择试验时间或其他处打勾，再点击 查询记录 。双击所需要查看的组号，结果数据会显示在下方，在数据处双击或点击 读取数据 则自动进入试样分析。在此界面中可以分析参数点、试验前和试验后的数据，还可以更改参数。

8）若报告内没有所需的参数，则在主菜单中选择 标准设置 ，在标准列表中找到所用的标准，点击 添加参数 ，自主添加用户参数或结果参数后点击 保存 ，再在编辑方案用户参数中找到该参数名称并点击 添加 ，再点击 保存 ，之后在报告预览中找到相对应的模板（标准号），在报告表头信息和细节信息中选择后点击 添加 ，再点击 保存 。

**4. 应用情况**

力学特性无损检测技术有利于判断果品的适宜采收期，按照成熟度对果品进行分级、贮藏，并根据对果品内部的检测结果确定保鲜期和贮存期。该项技术尽管有比较坚实的实践基础和应用历史，但是由于果品品质与物理参数之间复杂的关系，该技术要在果品生产中实际应用还有一个过程。基于振动的硬度指标，倾向于人手按压果实后感觉的硬度，与测试者甚至信号转换系统无关，仅与果实的弹性力学有关。基于振动的无损检测结果与果实外层果肉硬度相关性相对较高，但不能很好地反映果实内层果肉硬度的状况。一些果实在成熟衰老过程中，外层果肉与内层果肉硬度差别较大，振动测试不适于此类果实的无损检测。

Magness-Taylor（MT）硬度计测定结合了弹性、剪切、破碎等力的作用，与细胞壁和胞间层的机械强度相关，因此撞击测试法与MT硬度计测试原理有根本的区别。人们发明了许多基于轻微形变、振动、喷气冲击和橡胶球撞击的无损伤测试方法，但目前还没有可以很好预测MT硬度的方法。

### 3.3.3 柑橘果实糖酸自动化检测系统

糖类又称为碳水化合物（carbohydrate），由C、H、O三种元素组成，可分为单糖、二糖和多糖等（汪忠，2014）。糖类是自然界中分布广泛的一类重要的有机化合物。日常食用的蔗糖、水果中的果糖，以及人体血液中的葡萄糖等均属于糖类。糖类在生命活动过程中起着重要的作用，是一切生命体维持生命活动所需能量的主要来源。

酸（acerbity/acid）：化学上是指在水溶液中电离时产生的阳离子都是氢离子的化合物（艾伯茨等，2017）。酸碱质子理论认为能释放出质子的物质总称为酸。酸可大体分为无机酸和有机酸两类，但路易斯酸碱理论认为亲电试剂或电子受体都是路易斯酸。所有存在于天然食物中的有机酸都是弱酸。

果实中含有的糖类和酸产生的甜味及酸味能有效刺激人的味蕾，从而形成风味价值，因此糖类和酸是柑橘果实中重要的风味物质。合理的糖酸比是柑橘果实拥有良好风味品质的最重要的因素（李明娟，2012）。

可用于柑橘果实糖酸检测的方法有很多，但各种方法大同小异，常见的有滴定法和分光光度计法。目前，最主要的糖酸无损检测方法是基于近红外（near infrared，NIR）和核磁共振（nuclear magnetic resonance，NMR）的糖酸无损检测方法。

#### 3.3.3.1 基于近红外的柑橘果实糖酸无损检测技术

基于近红外的果实糖酸无损检测技术是利用近红外光谱技术分析样品，具有方便、快速、高效、准确和成本较低、不破坏样品、不消耗化学试剂、不污染环境等优点。

**1. 原理**

美国材料与试验协会（ASTM）对近红外（NIR）的定义为波长在780～2526nm的电磁波（徐广通等，2000）。

当分子受到红外线照射时，被激发产生共振，同时光的能量一部分被吸收，测量其吸收光，可以得到表示被测物质特征的谱图（王多加等，2004）。近红外谱区的吸收主要是分子或原子振动基频在2000$cm^{-1}$以上的倍频、合频吸收，所以有机物近红外光谱主要包括C—H、N—H、O—H等含氢基团的倍频与合频吸收带。这些含氢基团的吸收频率特征性强，受分子内外环境的影响小，而且在近红外谱区比中红外谱区的样品光谱特性更稳定，这些是在近红外谱区进行复杂天然物品质分析的前提（陈文杰等，2002）。红外线照射果实后，光谱特征曲线随反射、散射、吸收特性变化而改变，这种变化与果实糖、酸等内部成分有关，也与微观结构、质地等指标相关。

**2. 设备**

红外光谱仪是利用物质对不同波长的红外辐射的吸收特性，进行分子结构和化学组成分析的仪器。日本Kubota近红外水果品质检测仪是目前世界上最先进的商业化近红外水果检测仪器之一，其便携式（K-BA100R）可用于田间野外作业，同时满足实验室分析，如图3.9所示。该仪器配备光纤采集附件，采用CCD检测器，有内置卤素光源，出射光经光纤后成一环形光束，受光光纤接收器位于环形光束的中心。

**3. 使用方法**

在此，以K-BA100R便携式水果无损检测仪（图3.9）的使用方法来说明操作步骤，具体如下。

1）开机：按下主机上的 电源 按钮，使仪器进入准备状态。

2）打开仪器自带的采集软件K-SupportV10R。

3）扫描和输出红外光谱，测试红外光谱图时，先扫描空光路背景信号（Collect→Background）。

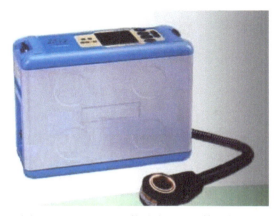

图 3.9　K-BA100R便携式水果无损检测仪

4）扫描样品文件信号（Collect→Sample）时，将样品放置于检测仪的测定部位并点击 测定 2秒即可。

5）试样测试完成后，首先应退出软件，然后关闭主机电源。

**4. 应用情况**

近红外光谱检测技术作为一种高效的现代分析技术，具有操作简单、稳定好、无损伤、无污染、多组分同时分析、便于实现在线检测等特点，成为近年来发展较快、引人注目的光谱分析技术之一。它综合运用了计算机技术、光谱技术和化学计量学等多个学科的最新研究成果，以其独特的优势在多个领域得到了日益广泛的应用，并已逐渐得到大众的普遍接受和官方的认可。

目前，NIR技术主要用于无损测定果实糖分或可溶性固形物含量（Nicolaibm et al.，2007），在其他方面如干物质、硬度等检测中也有应用。NIR技术是目前果实无损伤检测最成熟的技术之一，测定装置已经商业化生产，并应用于果品生产线。例如，意大利Sacmi公司制造了检测西瓜、甜瓜等大型水果和橘子、苹果等中型水果果实糖分的质量控制系统，并应用于商业化检测。该系统利用NIR透射原理，通过预测糖、酸含量对不同成熟度、玻璃质和内部缺陷的果实进行分级，每分钟可以检测18个果实。其他公司如Aweta（https://www.aweta.com）、Greefa（https://www.greefa.com）等也设计了相关的测试仪器。

但是，近红外光谱检测技术在具体应用中还存在一些问题，值得探讨。其中最主要的问题是建模难度大，定标模型的选择范围和基础数据的准确性（即选择计量学方法的合理性）都直接影响最终的分析结果，建模方法不同会导致模型的过适应或欠适应，并且模型的传递性差；参与定标样品的数量，实验人员素质和实验条件的差异及其设计，也直接影响定标模型预测的准确度；近红外仪器自身受温度等环境因素的影响较大，且温度影响不呈规律性（李桂峰，2007）。

### 3.3.3.2 基于核磁共振的柑橘果实糖酸无损检测技术

核磁共振（nuclear magnetic resonance，NMR）是原子核的磁矩在恒定磁场和高频磁场同时作用，且满足一定条件时所发生的共振吸收现象，是一种利用原子核在磁场中的能量变化来获得关于核信息的技术。由于核磁共振的信号强度直接与被测样品中原子核（氢核）数量有关，且水果中的氢原子主要来源于水分子和糖类等物质，所以质子核磁共振技术常用于水果品质的非破坏性检测（李云飞等，2005）。

**1. 原理**

一些原子核置于高频磁场中时，经特定音频激发，会吸收音频共振能量，使磁矩旋转，当音源取消后，弛豫现象产生的诱导信号可以被接收器感知，不同介质会产生特征弛豫时间。根据磁场梯度差异可以呈现二维或三维图像。

针对不同的研究对象，调节回波时间（echo time，TE）和重复时间（repetition time，TR）两个参数。根据检测部位不同，核磁共振配备了不同内径的回波线圈，根据试验对象选择合适的回波线圈即可。通过调节成像厚度与扫描间隔参数，可以得到水果不同层面的图像。

**2. 设备**

核磁共振波谱仪一般包括5个主要部分：射频发射系统、探头、磁场系统、信号接收系统，以及信号处理与控制系统。射频发射系统的主要功能是将一个稳定的、已知频率的石英振荡器产生的电磁波，经频率综合器精确地合成欲观测的通道上所需的射频源。射频源发射的射频脉冲通过探头上的发射圈照射到样品上。探头是整个仪器的心脏，固定在磁极间隙中间，磁体提供一定强度的磁场，使核磁矩发生空间量子化。信号接收系统和射频发射系统实际上用的是同一组线圈，负责接收信号。而信号处理与控制系统负责控制和协调各系统有条不紊地工作，并对接收的信号进行累加和处理等。

**3. 使用方法**

在此，以苏州纽迈分析仪器股份有限公司的核磁共振成像分析仪（图3.10）的使用方法来说明操作步骤，简易操作步骤如下。

1）分别将仪器与计算机按开机键开机。
2）将样品放入磁体箱中。
3）双击桌面上自带的核磁共振分析应用软件，进入主界面。
4）选择系统设置菜单，单击 设备参数 按钮，会出现参数设置窗口。
5）可以使用默认值，或按需求进行设置，单击 确定采集 。

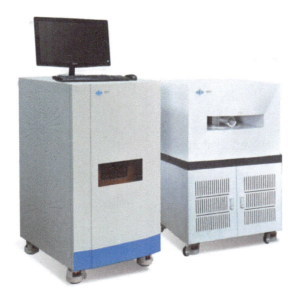

图 3.10 核磁共振成像分析仪（型号 NMI20-060H-I）

6）软件会自动将结果记录在数据库中，无需额外保存。

7）关机程序：关掉软件再依次使仪器和计算机关机即可。

## 4. 应用情况

NMR 技术是可以监测果实内部缺陷、生理和结构变化的无损伤测试技术。在食品材料中，1H 核磁共振应用研究最广泛。由于氢原子核对磁场反应灵敏，因此核磁共振可用来测定水分含量和分布。Hernández-Sánchez 等（2006）在线测定了柑橘内的种子和冻伤。通过对轴向图像分析，可以 50mm/s 和 100mm/s 的速度监测橙果实是否含种子及种子数量。磁共振成像（magnetic resonance imaging，MRI）技术可应用于质地变化（Taglienti et al.，2009）、成熟衰老（Ribeiro et al.，2010）、在线分级等（Khoshroo et al.，2009）。

针对其他水果，Wang 等（1988）利用 MRI 检测红星苹果水心病。利用自由水在果实内的不均匀分布和 NMR 弛豫时间产生特殊信号，重建果实切面图像，从图像中信号强度的变化，可以获得果实内的详细信息，包括维管束、内果皮、种子等，正常组织和水心病组织在图像中也可以清晰地区分（Wang et al.，1988）。

不足的是，核磁共振仪的造价和运转费用都很高，而水果价格较低；NMR 检测和成像的速度较慢，有时成像甚至需要几分钟，而水果则往往量大，需要快速检测（庞林江等，2006）。

## 3.4 我国柑橘进出口商品品质检验检疫方法

尽管柑橘进出口商品品质检测基本上是市场行为,而且进出口柑橘品质检测的主要对象是检疫性病虫害,同时国家也没有明确的品质指标检测规定。但因柑橘是我国最重要的进出口园艺产品之一,为了强调进出口柑橘品质检测的重要性,在这里我们介绍《出境柑橘鲜果检疫规程》(SN/T 1806—2006)作为商检行业推荐性标准,供相关研究人员、监督检查人员参考。

### 3.4.1 范围

该标准规定了出境柑橘鲜果的检疫抽样、现场检疫、实验室检验方法及结果判定。

该标准适用于各品种柑橘鲜果的出口植物检疫。

### 3.4.2 检疫依据

1)进境国家或地区的植物检疫要求。
2)政府间双边植物检疫协定、协议、议定书和备忘录。
3)中国出境植物检疫的有关法律规定和要求。
4)贸易合同、信用证中订明的植物检疫要求。

### 3.4.3 检疫准备

1)审核报检所附单证资料是否齐全有效,报检单填写是否完整、真实,与所提供的贸易合同(或信用证)、装箱单、发票等资料内容是否相符。
2)查阅进口国有关法律法规和技术资料,确定检疫依据及检疫要求。

### 3.4.4 现场检疫

**1. 检疫器具**

镊子、放大镜、解剖刀、指形管、白瓷盘、毛笔、样品袋、样品标识单、抽/采凭单、记号笔、检疫记录单等。

**2. 检疫方法**

(1)货证核查

现场核对货物有关证单、核查货物生产批号、唛头标记、件数、质量、规格,以及生产加工单位、原料来源地等情况;核查种植园(场)病虫害发生情况记录;必要时做好现场有关记录。

（2）堆货场所检查

仔细检查货物堆放场所四周墙角、地面，以及覆盖货物的篷布、铺垫货物等，是否有被害虫感染的痕迹或有害虫发生。

（3）包装物检查

从货垛表面及4个侧面直接检查外包装物及所含小件样内包装物表面是否被有害生物感染，是否受感染、有无霉变、破损等情况，有无进口国禁止进境物，如土壤、稻草等。

打开包装将货物取出，仔细检查包装内表面及夹缝是否有检疫性有害生物和其他检疫物，如动物尸体、杂质等。

（4）运输工具检疫

对装载出境货物的集装箱、汽车和船舶、飞机的货舱在装货前要进行检疫，不得有害虫、霉菌等有害生物感染，不得有泥土和动植物性残留物。

（5）货物检查

打开包装，将货物取出放在白瓷盘里检查柑橘鲜果上是否有病斑、杂质、害虫、螨及残体、土粒等，并收集有可疑症状样品。

## 3. 抽查与送检

（1）抽查件数

抽查件数依据表3.3进行。

表3.3 抽查比例

| 总件数 | 抽查比例/% | 备注 |
| --- | --- | --- |
| 100以下 | 10 | |
| 101～300 | 10～5 | |
| 301～500 | 5～4 | 每批抽查件数不少于10件，10件以下的全部抽查。加工日期长、原料来源地多的货物或发现可疑疫情的，可增加3%～5%的抽查比例 |
| 501～1000 | 4～3 | |
| 1001～2000 | 3～2 | |
| 2001～5000 | 2～1 | |
| 5001以上 | 1～0.2 | |

（2）样品送检

结合现场检疫，将有害生物和可疑样品放入干净塑料扦样袋中，做好标记，送实验室检验。

### 3.4.5 实验室内检验

**1. 病害检验**

对可疑样品进行病原菌检验与鉴定。

**2. 害虫检验**

将样品摊放在白瓷盘中，逐一检查有无害虫；将检获的害虫置于解剖镜或显微镜下镜检鉴定；难以直接鉴定的幼虫、虫卵、蛹置于害虫饲养箱中进行饲养获得成虫，并进行鉴定。

**3. 螨类检验**

在放大镜下用毛笔刷取螨类或用螨类分离器对拍击落下物进行螨类分离、计数与鉴定。

**4. 杂草检验**

将检获的杂草籽置于解剖镜下检验与鉴定。

### 3.4.6 结果评定与处置

**1. 评定**

经检疫，符合检疫规定的，评定该检疫批为合格。

**2. 不合格的评定**

经检疫，发现检疫性有害生物或进口国禁止进境物，评定该检疫批为不合格。

**3. 不合格的处置**

1）经有效除害处理或重新加工，复检合格后，可以放行出境；复检不合格的，不准出境。

2）无有效除害处理方法的，不准出境。

## 3.5 柑橘果实基本商品品质分析评价方法

检测柑橘果实不同商品品质指标的目的是对质量进行分析和评价，进而指导生产和消费。在前文3.2～3.4，我们分别介绍了柑橘果实基本商品品质评价的标准方法、自动化无损检测技术和进出口检验检疫方法，但如何利用相关的检测数据，对柑橘果实的基本商品品质进行科学的分析和评价，这是本节要讨论的问题。目前，国内外文献中有关柑橘果实基本商品品质的分析评价方法还很不完善，也不能完全满足品质分析评价的需要。但为了讨论问题，下面我们简要介绍层次分析（analytic hierarchy process，AHP）、灰色关联分析（grey correlation analysis，GRA）、聚类分析（cluster analysis，CA）和主成分分析（principal component analysis，PCA）等常见数学统计分析法及其在柑橘（果品）基本商品品质分析评价中的应用情况，为今后的研究提供参考。

### 3.5.1 层次分析

#### 3.5.1.1 概念

层次分析（AHP）是20世纪70年代初，美国运筹学家、匹茨堡大学萨蒂教授在为美国国防部研究"根据各个工业部门对国家福利的贡献大小而进行电力分配"课题时，在网络系统理论和多目标综合评价方法基础上提出的一种层次权重决策分析方法。AHP方法是将与决策总是有关的元素分解成目标、准则、方案等层次，在其基础上再进行定性和定量分析的一种决策方法（邓雪等，2012）。AHP方法具有系统、灵活、简洁的优点。

#### 3.5.1.2 原理

AHP方法的基本思想是通过将复杂问题分解为若干层次和若干因素，再对两两指标之间的重要程度进行比较判断，建立判断矩阵，然后通过计算判断矩阵的最大特征值及对应特征向量，进而得出对不同方案重要性程度的权重，最后为最佳方案的选择提供依据（郭金玉等，2008）。AHP方法比较适合于具有分层交错评价指标的目标系统，而且目标值又难以定量描述的决策问题。

#### 3.5.1.3 方法和步骤

**1. 方法**

AHP的基本做法是，将决策问题按总目标、各层子目标、评价准则直至具体的备择方案的顺序分解为不同的层次结构，然后用求解判断矩阵特征向量的办法，求得每一层次的各元素对上一层次某元素的优先权重，最后再以加权和的方法递阶归并各备择方案对总目标的最终权重，以最终权重最大者即为最优方案。这里所谓"优先权重"是一种相对的量度，它是各备择方案在某一特点的评价准则或在子目标下优越程度的相对量度，以及各子目标对上一层目标而言重要程度的相对量度。AHP包括：①建立递阶层次结构模型，②构造出各层次中的所有判断矩阵，③层次单排序及一致性检验，④层次总排序及一致性检验等关键步骤，具体说明如下。

（1）建立递阶层次结构模型

应用AHP分析决策问题时，首先要把问题条理化、层次化，构造出一个有层次的结构模型。这些层次可以分为三类：最高层（目的层）、中间层（准则层）、最底层（方案层）。递阶层次结构中的层次数与问题的复杂程度及需要分析的详尽程度有关，一般层次数不受限制，但每一层次中各元素所支配的元素一般不要超过9个。例如，图3.11是我们用柑橘果实基本商品品质指标构建的一个递阶层次结构模型，供理解参考。

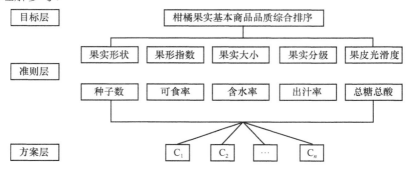

图 3.11　柑橘果实基本商品品质指标构建的一个递阶层次结构模型
$C_1$、$C_2$、…、$C_n$代表柑橘品种

（2）构造出各层次中的所有判断矩阵

准则层中的各准则在目标权衡中所占的比重并不一定相同，在决策者的心目中，它们各占有一定的比例。引用数字1～9及其倒数作为标度（汪应洛，2003）来定义判断矩阵。

$$A=(a_{ij})_{n\times n} \tag{3.11}$$

将不同因素两两作比获得的值$a_{ij}$填入矩阵$i$行$j$列的位置，则构造了所谓的比较矩阵，对角线上都是1。要确定$a_{ij}$的值，我们常用1～9及其倒数作为$a_{ij}$的取值范围的量化尺度，如表3.4所示。

表 3.4　判断矩阵标度定义

| 标度 | 含义 |
| --- | --- |
| 1 | 表示两个因素相比，具有相同重要性 |
| 3 | 表示两个因素相比，前者比后者稍重要 |
| 5 | 表示两个因素相比，前者比后者明显重要 |
| 7 | 表示两个因素相比，前者比后者强烈重要 |
| 9 | 表示两个因素相比，前者比后者极端重要 |
| 2，4，6，8 | 表示上述相邻判断的中间值 |
| 倒数 | 若因素$i$与因素$j$的重要性之比为$a_{ij}$，那么因素$j$与因素$i$重要性之比为$a_{ji}=1/a_{ij}$ |

（3）层次单排序及一致性检验

1）根据公式（3.12）计算一致性指标（consistency index，CI）。

$$CI = \frac{\lambda_{max} - n}{n-1} \tag{3.12}$$

式中，$\lambda_{max}$ 为判断矩阵 $A$ 对应的最大特征值；$n$ 为柑橘品种数。

2）参照表3.5，查找随机一致性指标（random index，RI）。

表 3.5　随机一致性指标

| $n$ | 1 | 2 | 3 | 4 | 5 | 6 | 7 | 8 | 9 | 10 | 11 | 12 | 13 | 14 |
|---|---|---|---|---|---|---|---|---|---|---|---|---|---|---|
| RI | 0 | 0 | 0.52 | 0.89 | 1.12 | 1.24 | 1.36 | 1.41 | 1.46 | 1.49 | 1.52 | 1.54 | 1.56 | 1.58 |

3）根据公式（3.13）计算一致性比例（consistency ratio，CR）。

$$CR = \frac{CI}{RI} \tag{3.13}$$

当 CR＜0.10 时，认为判断矩阵的一致性是可以接受的；否则，应对判断矩阵作适当修正。

（4）层次总排序及一致性检验

AHP 分析最终要得到各元素，特别是最低层中各方案对目标的排序权重，从而进行方案选择。因此对层次总排序也需作一致性检验，计算各层要素对系统总目标的合成权重，并对各被选方案排序。

**2. Yaahp软件层次分析简介**

Yaahp 是一款层次分析法辅助软件，为使用层次分析法的决策过程提供模型构造、计算和分析等方面的帮助。使用 Yaahp 绘制层次模型非常直观方便，用户能够把注意力集中在决策问题上。通过便捷的模型编辑功能，用户可以方便地更改层次模型，为思路的整理提供帮助。如果需要撰写文档或报告讲解，还可以直接将层次模型导出，不需要再使用其他软件重新绘制层次结构图。下面以假想的买车决策为例，对使用 Yaahp 软件进行层次分析完成决策的过程进行说明。

（1）层次模型绘制

首先，打开 Yaahp，选择 主页 工具条，如图3.12所示；然后在 层次模型 工具组中选择 决策目标 工具；点击"层次结构模型"画布适当位置，在画布中放置一个决策目标，双击 决策目标，编辑决策目标文本，点击画布其他位置确认修改决策目标文本；在 层次模型 工具组中选择 中间层要素 工具；按下 Ctrl 键，并在画布适当位置点击多次，放置多个中间层要素；对各个中间层要素，通过双击并输入文字，修改其文本；在 层次模型 工具组中选择 备选方案 工具，按下 Ctrl 键，并在画布适当位置点击多次，放置多个备选方案，然后修改备选方案文本；在 层次模型 工具组中选择 备注 工具，点击"层次结构模型"画布适当位置，在画布中放置一个备注，双击 备注 修改备注文字。

图 3.12　Yaahp 工具条界面

在画布适当位置按下鼠标左键并拖动鼠标，将显示选择框，拖动鼠标选择框使其覆盖多个备选方案，释放鼠标左键将弹出要素操作工具窗口；在要素操作工具窗口中选择最左边的连接选中要素到一个上层要素工具，出现从选中要素到当前鼠标指针位置的连接线，使用类似的操作完成其他要素的连接。

（2）判断矩阵生成及两两比较数据输入

确定层次结构模型后，软件将据此进行解析并生成判断矩阵。切换到"判断矩阵"页面，在左侧"层次结构"树中选择买车节点，右侧将显示"买车"对应判断矩阵的输入界面。在右侧网格中选择价格—性能单元格，拖动网格右上方滑动条，将"价格—性能"格中数值调整为"5"，对所有判断矩阵做类似操作，录入所有判断矩阵数据，如图 3.13 所示。

图 3.13　判断矩阵界面

（3）灵敏度分析

判断矩阵数据录入完成后，在主页工具条的分析/计算工具组中点击灵敏度工具，打开灵敏度分析窗口。在灵敏度分析窗口左上角区域的列表中选择买车。其他4个区域分别显示"权重设定""备选方案对选中的分析目标的权重""某个要素权重从0到1变化时备选方案权重的变化曲线""备选方案对选定决策目标及其直接影响因素的权重对比变化图"，如图 3.14 所示。

第 3 章　柑橘果实基本商品品质评价方法

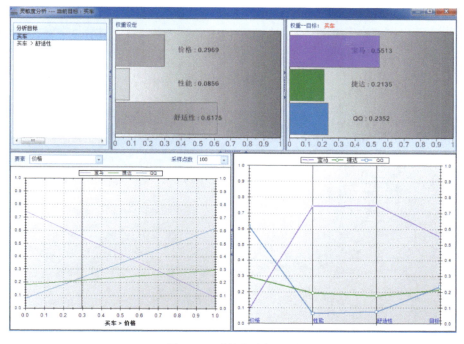

图 3.14　灵敏度分析界面

（4）计算结果

首先关闭一致性检测。在 计算选项 工具条的 一致性检测 工具组中，设定 检测次序一致性 和 检测基本一致性 为未勾选状态，如图3.15所示。

图 3.15　设置不进行一致性检测

查看总排序权重。选择"计算结果"页面，显示总排序权重，如图3.16所示。

图 3.16　计算结果界面

查看子目标排序权重。查看子目标的排序权重可以采用两种操作方式：一是在"判断矩阵"页面右下方的"层次结构"树中选择一个节点，然后点击鼠标右键，在弹出的上下文菜单中选择关于此项的权重排序，自动切换到"计算结果"页面；二是在主页工具条的分析/计算工具组中点击子目标工具，自动切换到"计算结果"页面，如图3.17所示。

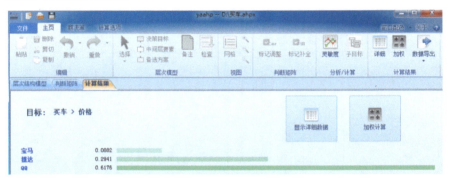

图 3.17　子目标排序权重界面

（5）数据导出

可以将计算结果导出为PDF、RTF、HTML、TXT、Excel格式的文件。

切换到"计算结果"页面，主页工具条中计算结果工具组中的数据导出工具变为可用状态；点击数据导出按钮将启动数据导出为PDF格式文件的步骤，导出设定完成后点击确定按钮，打开文件保存位置对话框，选择希望保存的文件系统位置及文件名，点击保存按钮完成数据导出。

如果希望导出其他格式的文件，点击数据导出工具按钮下的箭头部分，在拉出的菜单中选择导出文件类型，将启动数据导出为对应格式文件的步骤。

（6）自动一致性调整和残缺判断矩阵补全

如果残缺判断矩阵不满足可接受性，那么就无法进行排序权重的计算，必须对残缺判断矩阵的数据进行补全。如果使用人工补全的方式处理残缺判断矩阵，会对已有的专家决策数据造成影响，而且如果判断矩阵中缺失项比较多时，人工补全的盲目性很大。Yaahp提供了残缺判断矩阵自动补全功能，只要满足补全条件，软件能够在最大程度地反映专家决策信息的基础上完成补全工作。标记需要补全的残缺判断矩阵，整个补全过程自动完成。

打开一致性检测。在计算选项工具条的一致性检测工具组中，设定检测基本一致性为勾选状态，如图3.18所示。

图 3.18 设置检测基本一致性

自动调整不一致判断矩阵。在"判断矩阵"页面,调整判断矩阵中的两两比较数值,使至少一个判断矩阵不满足一致性比例要求。

标记判断矩阵为自动调整有以下两种操作方式。

1)在"层次结构"树上,对各个不一致判断矩阵对应的节点,鼠标右键打开上下文菜单并选择 自动调整一致性 ,标记自动调整判断矩阵。

2)点击 主页 工具条中 判断矩阵 工具组中的 标记调整 工具,标记对所有不一致判断矩阵进行一致性调整。

标记自动调整后,计算排序权重时,将首先对不一致的判断矩阵进行自动调整,然后再计算排序权重。

残缺判断矩阵自动补全。在"判断矩阵"页面,将判断矩阵中的一个两两比较的数值设定为 不能确定 ,使至少一个判断矩阵数据不完整。

标记自动补全残缺判断矩阵有以下两种操作方式。

1)在"层次结构"树上,对各个残缺判断矩阵对应的节点,鼠标右键打开上下文菜单并选择 自动补全残缺矩阵 ,标记自动补全判断矩阵。

2)点击 主页 工具条中 判断矩阵 工具组中的 标记补全 工具,标记对所有残缺判断矩阵进行补全。

### 3.5.1.4 层次分析法在果品基本商品品质分析中的应用实例

刘遵春等(2006)运用层次分析法,对金花梨及其12个变异单系果实的糖酸比、总糖、总酸、可溶性固形物、维生素C、果形指数、单果重等7个品质指标进行了综合评判,希望能筛选出综合性状表现优良的金花梨变异单系,为新品种的筛选提供依据。

**1. 数据采集**

每个单系随机取10个果实测定各指标。可溶性固形物(total soluble solid,TSS)含量用手持折光仪测定,总糖含量用斐林试剂滴定法测定,维生素C含量用2,6-二氯靛酚(2,6-D)法测定,总酸含量用NaOH中和滴定法测定,糖酸比为果实总糖含量与总酸含量之比,果形指数为果实纵横径之比。将数据进行整理,如表3.6所示。

表 3.6　金花梨各变异单系果实品质指标的平均值

| 单系 | 糖酸比 | 总糖含量/<br>(g/kg) | 总酸含量/<br>(g/kg) | 可溶性固形<br>物含量/<br>(g/kg) | 维生素C<br>含量/<br>(mg/kg) | 果形指数 | 单果重/g |
|---|---|---|---|---|---|---|---|
| $J_1$ | 75.54 | 71.0 | 0.94 | 88.1 | 12.2 | 1.12 | 311.3 |
| $J_3$ | 71.52 | 70.8 | 0.99 | 84.5 | 13.4 | 1.16 | 286.3 |
| $J_4$ | 80.45 | 71.5 | 0.89 | 89.0 | 13.8 | 1.13 | 313.7 |
| $J_5$ | 66.45 | 71.1 | 1.07 | 82.9 | 11.0 | 1.13 | 288.7 |
| $J_6$ | 77.17 | 71.0 | 0.96 | 77.7 | 12.6 | 1.17 | 294.5 |
| $J_8$ | 64.55 | 71.0 | 1.10 | 87.8 | 10.7 | 1.07 | 261.0 |
| $J_{10}$ | 69.33 | 74.1 | 1.04 | 87.4 | 10.5 | 1.14 | 286.3 |
| $J_{13}$ | 77.83 | 71.6 | 0.92 | 85.9 | 12.1 | 1.15 | 293.5 |
| $J_{14}$ | 83.72 | 74.0 | 0.86 | 86.9 | 10.3 | 1.16 | 273.5 |
| $J_{15}$ | 53.33 | 67.2 | 1.26 | 76.7 | 9.8 | 1.14 | 264.9 |
| $J_{16}$ | 73.29 | 68.9 | 0.94 | 74.7 | 13.1 | 1.21 | 274.2 |
| $J_{18}$ | 76.56 | 71.2 | 0.93 | 93.6 | 13.9 | 1.18 | 263.0 |
| CK | 69.70 | 73.8 | 1.03 | 87.9 | 12.6 | 1.14 | 276.9 |

**2. 综合评价模型结构的建立**

按照3.5.1.3介绍的操作步骤对数据进行分析处理。根据金花梨果实品质指标的基本性质、指标之间的相互关联影响及层次隶属关系，建立金花梨变异单系综合评价模型结构图（图3.19）。该试验的层次结构分为3层：第1层目标层（$O$），为果实品质综合排序；第2层准则层（$C$），为影响果实品质的$m$个因子，记为$C=(c_1, c_2, \cdots, c_m)=$（糖酸比, 总糖含量, 总酸含量, TSS含量, 维生素C含量, 果形指数, 单果重），$m=7$；第3层方案层（$P$），为$n$个品种，记为$P=(p_1, p_2, \cdots, p_n)=(J_1, J_3, J_4, J_5, J_6, J_8, J_{10}, J_{13}, J_{14}, J_{15}, J_{16}, J_{18}, CK)$，$n=13$。

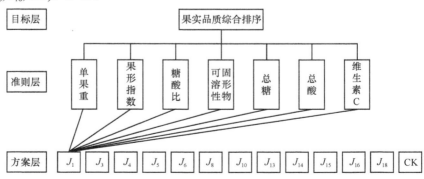

图 3.19　金花梨变异单系综合评价递阶层次结构

## 3. 判断矩阵的构造及一致性检验

根据层次分析法理论及园艺专家对影响果实品质各因素之间重要性的定性评价，运用1～9比例标度法建立判断矩阵（表3.7），计算矩阵最大的特征根$\lambda_{max}$及相应的特征向量$T=(t_1, t_2, \cdots, t_i)$，$i=1, 2, \cdots, 7$；对判断矩阵进行一致性检验，求得一致性指标CI=$(\lambda_{max}-7)/(7-1)$=0.004 283，因有7个指标，查随机一致性标准值RI=1.32，CR=CI/RI=0.0032＜0.10，由CR＜0.10知一致性检验是可接受的，说明建立的判断矩阵是合理的。然后对特征向量 $T$ 进行归一化处理，求出7个决定因素的权重$W=(w_1, \cdots, w_i)$，其中 $w_i = t_i \sum_{i=1}^{7} t_i$，见表3.7。

表3.7　判断矩阵 $O$-$C$ 及一致性检验

| | $c_1$ | $c_2$ | $c_3$ | $c_4$ | $c_5$ | $c_6$ | $c_7$ | $t_i$ | $w_i$ |
|---|---|---|---|---|---|---|---|---|---|
| $c_1$ | 1 | 2 | 2 | 3 | 3 | 5 | 5 | 0.720 | 0.318 |
| $c_2$ | 1/2 | 1 | 1 | 2 | 2 | 3 | 3 | 0.412 | 0.181 |
| $c_3$ | 1/2 | 1 | 1 | 2 | 2 | 3 | 3 | 0.412 | 0.181 |
| $c_4$ | 1/3 | 1/2 | 1/2 | 1 | 1 | 2 | 2 | 0.232 | 0.103 |
| $c_5$ | 1/3 | 1/2 | 1/2 | 1 | 1 | 2 | 2 | 0.232 | 0.103 |
| $c_6$ | 1/5 | 1/3 | 1/3 | 1/2 | 1/2 | 1 | 1 | 0.130 | 0.057 |
| $c_7$ | 1/5 | 1/3 | 1/3 | 1/2 | 1/2 | 1 | 1 | 0.130 | 0.057 |

$\lambda_{max}$=7.025 7，CI=0.004 283，RI=1.32，CR=0.003 2＜0.10

比例标度9个数字的含义：1表示 $i$ 因素与 $j$ 因素的影响相同；3表示 $i$ 因素比 $j$ 因素的影响稍强；5表示 $i$ 因素比 $j$ 因素的影响强；7表示 $i$ 因素比 $j$ 因素的影响明显强；9表示 $i$ 因素比 $j$ 因素的影响绝对强；2, 4, 6, 8表示 $i$ 因素与 $j$ 因素的影响之比在上述2个相邻等级之间；1/2, 1/3, $\cdots$, 1/9表示 $j$ 因素与 $i$ 因素的影响之比为 $a_{ji}$，$a_{ji}$=1/$a_{ij}$。

## 4. 结果分析

（1）各变异单系果实品质指标无量纲化处理及综合评分

为排除由于各指标的单位不同及其数值数量级间的悬殊差别所带来的影响，避免不合理现象的发生，需要对各指标数值作无量纲化处理。处理方法如下：$d_{ij}$=$b_{ij}$/max($b_{1j}, b_{2j}, \cdots, b_{nj}$)。式中，$d_{ij}$表示第 $i$ 品种 $C_j$ 个因子无量纲化的标准测定值，$b_{ij}$表示第 $i$ 个品种 $C_j$ 个因子的测定值。将标准化处理后的指标测定值代入公式 $y_i = \sum_{j=1}^{7} w_j d_{ij}$（$j$=1, 2, $\cdots$, 7；$i$=1, 2, $\cdots$, 13)计算各指标的综合得分。式中，$y_i$为第 $i$ 个品种的综合得分；$w_j$是与评价指标 $d_{ij}$ 相应的权重系数。各指标值无量纲化结果和综合得分见表3.8。

表 3.8　金花梨各变异单系果实品质指标的无量纲化结果与综合得分

| 单系 | $w_j$ | | | | | | | 综合得分 |
| --- | --- | --- | --- | --- | --- | --- | --- | --- |
| | $C_1$ 0.318 | $C_2$ 0.181 | $C_3$ 0.181 | $C_4$ 0.103 | $C_5$ 0.103 | $C_6$ 0.057 | $C_7$ 0.057 | |
| $J_1$ | 0.092 | 0.958 | 0.915 | 0.941 | 0.878 | 0.926 | 0.992 | 0.979 |
| $J_3$ | 0.854 | 0.955 | 0.869 | 0.903 | 0.964 | 0.959 | 0.913 | 0.955 |
| $J_4$ | 0.960 | 0.965 | 0.966 | 0.951 | 0.993 | 0.934 | 1 | 1.026 |
| $J_5$ | 0.794 | 0.960 | 0.804 | 0.886 | 0.791 | 0.934 | 0.920 | 0.900 |
| $J_6$ | 0.922 | 0.958 | 0.896 | 0.830 | 0.906 | 0.967 | 0.939 | 0.974 |
| $J_8$ | 0.771 | 0.958 | 0.782 | 0.938 | 0.770 | 0.884 | 0.832 | 0.882 |
| $J_{10}$ | 0.828 | 1 | 0.827 | 0.934 | 0.755 | 0.942 | 0.913 | 0.926 |
| $J_{13}$ | 0.930 | 0.966 | 0.935 | 0.918 | 0.871 | 0.950 | 0.936 | 0.990 |
| $J_{14}$ | 1 | 0.999 | 1 | 0.928 | 0.741 | 0.959 | 0.872 | 1.019 |
| $J_{15}$ | 0.637 | 0.907 | 0.683 | 0.819 | 0.705 | 0.942 | 0.844 | 0.789 |
| $J_{16}$ | 0.875 | 0.930 | 0.915 | 0.798 | 0.942 | 1 | 0.874 | 0.953 |
| $J_{18}$ | 0.913 | 0.961 | 0.925 | 1 | 1 | 0.975 | 0.838 | 0.999 |
| CK | 0.833 | 0.996 | 0.835 | 0.939 | 0.906 | 0.942 | 0.883 | 0.943 |

（2）各变异单系果实品质指标综合排序

由表3.8中综合得分对金花梨各变异单系进行排序，结果见表3.9。由表3.9可知，各单系按综合得分排序为$J_4>J_{14}>J_{18}>J_{13}>J_1>J_6>J_3>J_{16}>$CK$>J_{10}>J_5>J_8>J_{15}$。其中，$J_4$、$J_{14}$、$J_{18}$和$J_{13}$表现优良，具有较高的经济价值；而$J_{10}$、$J_5$、$J_8$和$J_{15}$表现较差，建议淘汰或作为授粉树。

表 3.9　金花梨各变异单系果实品质指标综合排序

| 单系 | $J_4$ | $J_{14}$ | $J_{18}$ | $J_{13}$ | $J_1$ | $J_6$ | $J_3$ | $J_{16}$ | CK | $J_{10}$ | $J_5$ | $J_8$ | $J_{15}$ |
| --- | --- | --- | --- | --- | --- | --- | --- | --- | --- | --- | --- | --- | --- |
| 得分 | 1.03 | 1.02 | 1.00 | 0.99 | 0.98 | 0.97 | 0.96 | 0.95 | 0.94 | 0.93 | 0.90 | 0.88 | 0.79 |
| 排序 | 1 | 2 | 3 | 4 | 5 | 6 | 7 | 8 | 9 | 10 | 11 | 12 | 13 |

## 3.5.2　灰色关联分析

### 3.5.2.1　概念

灰色关联分析（grey correlation analysis，GRA）是利用几何形状的相似程度（灰色关联度）来分析系统因素影响大小的一种多因素统计分析方法（田凯波，2010）。对任何两个系统之间的因素，它们相互间随时间或不同对象而变化的关联性大小的量度，称为关联度。灰色关联分析能对一个系统的发展变化态势进行定量描述并进行比较分析。

## 3.5.2.2 原理

灰色关联分析（GRA）主要是通过灰色关联度来分析和确定系统因素间的相互影响程度或因素对系统主行为的贡献程度。GRA方法的基本思想是通过确定参考数列和若干个比较数列的几何形状相似程度来判断其联系是否紧密，它分析的是曲线间的关联程度。在系统发展过程中，若两个因素变化的趋势具有一致性，即同步变化程度较高，即可谓二者关联程度较高；反之，则较低。因此，GRA方法是根据因素之间发展趋势的相似或相异程度，亦即"灰色关联度"，作为衡量因素间关联程度的一种方法，它是对一个系统发展变化态势的量化比较（Guo et al.，1994）。灰色关联分析法克服了传统的相关分析法不适于非线性模型的缺点，是相关分析法的补充和发展（弓成林等，2002）。

## 3.5.2.3 方法和步骤

**1. 方法**

灰色关联分析方法包括：①参考数列和比较数列的确定；②无量纲化处理参考数列和比较数列；③求参考数列与比较数列的灰色关联系数$\xi(X_i)$；④求关联度$r_i$；⑤排关联序等步骤。具体介绍如下。

（1）参考数列和比较数列的确定

参考数列——反映系统行为特征的数据序列；比较数列——影响系统行为的因素组成的数据序列。

（2）无量纲化处理参考数列和比较数列

①初值化——矩阵中的每个数均除以第一个数得到的新矩阵；②均值化——矩阵中的每个数均除以用矩阵所有元素的平均值得到的新矩阵；③区间相对值化。

（3）求参考数列与比较数列的灰色关联系数$\xi(X_i)$

参考数列$X_0$，比较数列$X_1$、$X_2$、$X_3$、…，比较数列相对于参考数列在曲线各点的关联系数$\xi(X_i)$。

$$\xi(X_i) = \frac{\min_i\left(\min_k |X_0(k)-X_i(k)|\right) + \rho \max_i\left(\max_k |X_0(k)-X_i(k)|\right)}{|X_0(k)-X_i(k)| + \rho \max_i\left(\max_k |X_0(k)-X_i(k)|\right)} \quad (3.14)$$

式中，$\rho$称为分辨系数，$\rho \in (0,1)$，常取0.5。实数第二级最小差，记为$\Delta_{\min}$。两级最大差，记为$\Delta_{\max}$。各比较数列$X_i$曲线上的每一个点与参考数列$X_0$曲线上的每一个点的绝对差值，记为$\Delta_{0i}(k)$。所以关联系数$\xi(X_i)$也可简化为公式（3.15）。

$$\xi_{0i} = \frac{\Delta_{\min} + \rho \Delta_{\max}}{\Delta_{0i}(k) + \rho \Delta_{\max}} \quad (3.15)$$

(4) 求关联度$r_i$

关联系数——比较数列与参考数列在各个时刻（即曲线中的各点）的关联程度值，所以它的数不止一个，而信息过于分散不便于进行整体性比较。因此，有必要将各个时刻（即曲线中的各点）的关联系数集中为一个值，即求其平均值，作为比较数列与参考数列间关联程度的数量表示。按照公式（3.16）计算关联度$r_i$。

$$r_i = \frac{1}{N}\sum_{k=1}^{N}\xi_i(k) \tag{3.16}$$

(5) 排关联序

因素间的关联程度，主要是用关联度的大小次序来描述，而不仅是关联度的大小。将$m$个子序列对同一母序列的关联度按大小顺序排列起来，便组成了关联序，记为$\{x\}$，它反映了对于母序列各子序列的"优劣"关系。若$r_{0i}>r_{0j}$，则称$\{x_i\}$对同一母序列$\{x_0\}$优于$\{x_j\}$，记为$\{x_i\}>\{x_j\}$；$r_{0i}$表示第$i$个子序列对母序列的特征值。

## 2. DPS软件灰色关联分析

DPS（data processing system）是一套通用的多功能数据处理、数值计算、统计分析和模型建立软件，与目前流行的同类软件比较，具有较强的统计分析和数学模型模拟分析功能。下面我们以DPS软件（9.50标准版）为例说明灰色关联分析的计算机操作步骤。

(1) 数据导入

在DPS中导入均值化的数据，注意导入的数据包括子序列和母序列，并且母序列要排在所有子序列之后。打开后的DPS主界面如图3.20所示。

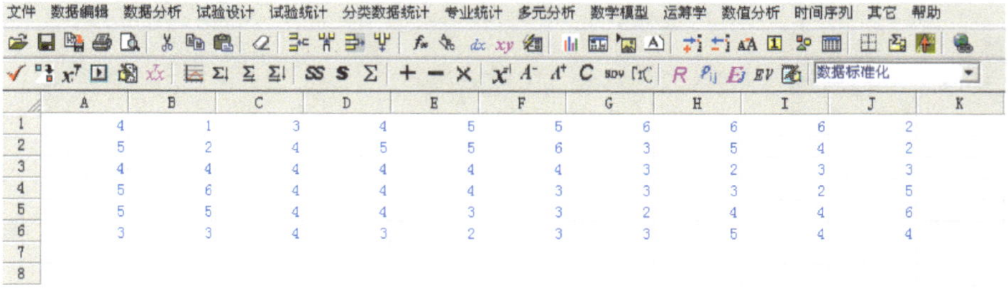

图3.20 DPS软件数据导入界面

(2) 灰色关联参数选择

选中所有的数据，然后在主菜单中选择 其他 → 灰色系统方法 → 关联度分析，如图3.21所示。

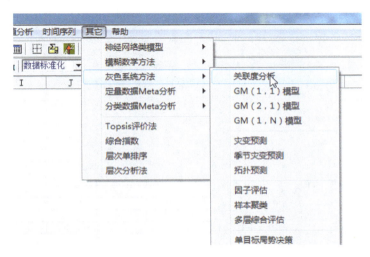

图 3.21　灰色关联参数选择界面

（3）设置参数

灰色关联分析主要涉及2个参数：分辨系数和$\Delta_{min}$（图3.22），其中分辨系数是关键，灰色关联本质上是一种距离判别，多个子序列和母序列之间存在极强的关联很正常，况且子序列之间或许本身就存在包含关系。灰色关联分析数据量不需要太大，但可以通过距离大致地判定两者的关联度，一般设定分辨系数为0.5，而$\Delta_{min}$一般设为0。

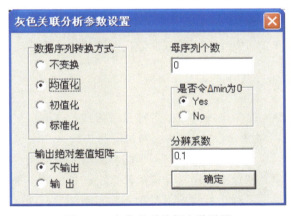

图 3.22　灰色关联分析参数设置

其实关联度绝对值不是关键，一般0.75以上效果就很不错了，关键在于多个子序列之间的相对值，哪个指标与母序列的关联更大，更值得细分析（趋势分析、拐点分析等）。灰色关联分析要想使用得好，关键在于对方法本身适用的数据对象形式有较好的把握，对参数值使用范围有较好的把握，若对参数使用有较高要求可采用一定范围的连续计算，根据分布图线和平均值选择适用当前问题最好的分辨系数。

#### 3.5.2.4 灰色关联分析法在果品基本商品品质分析评价中的应用实例

王轩等（2013）应用灰色关联分析法，对来自全国9个不同产地的红富士苹果的8个品质指标进行了综合评价。

**1. 数据采集**

对新疆、甘肃、辽宁、陕西、山东、河南、河北、山西、江苏共9个不同产地的红富士苹果的单果体积、果皮和果肉颜色、淀粉、可滴定酸、可溶性固形物、蛋白质、硬度和出汁率等8个品质指标进行了综合评价。

单果体积采用英国Stable Micro System Volscan Profiler食品体积自动测定仪测定。

果皮、果肉颜色采用美国HunterLab-D25LT色差计测定$L^*$、$a^*$、$b^*$值，分别将果皮、果肉置于测量容器内，以完全遮盖透光孔为标准，铺盖底层有机玻璃板，盖上黑色容器盖，使白色标线对准测定指示点开始读取数据，分别读取3次。

淀粉含量的测定参照《原淀粉 淀粉含量的测定 旋光法》（GB/T 20378—2006），可滴定酸的测定参照《食品中总酸的测定》（GB/T 12456—2008），可溶性固形物含量的测定参照《水果、蔬菜制品 可溶性固形物含量的测定——折射仪法》（GB/T 12295—1990），蛋白质含量的测定参照《食品中蛋白质的测定》（GB 5009.5—2010）。

果实硬度采用英国Stable Micro System Ta.XT2i/50型质构分析仪测定，选取9个具有代表性的苹果，在果实阴阳面和两个侧面4个位置分别进行测定，9个苹果的平均值即为该果实的果实硬度。

出汁率的计算方法为果汁质量/鲜果质量；固酸比的计算方法为可溶性固形物/可滴定酸。

**2. 统计分析**

按照3.5.2.3介绍的操作步骤对数据进行分析处理。苹果品质的综合评价参考晏孝皋（1998）的灰色关联分析法，把9个参试品种作为一个灰色系统，每一个品种即是系统中的一个因素，根据曲线几何形状的相似程度来判断关联度。参考优质品质果实、相关文献和专家意见，通过设定所筛选出的指标数值来构建一个"理想品种"，设"理想品种"各项指标构成的数列为参考数列$X_0$，供试品种各项品质指标构成的数列为比较数列$X_i$（$i=1, 2, \cdots, n$，$n$为供试品种数目），由下列公式计算各参试品种与"理想品种"的关联度。

$$\xi_i(k) = \frac{\min_i \min_k \Delta_i(k) + \rho \max_i \max_k \Delta_i(k)}{\Delta_i(k) + \rho \max_i \max_k \Delta_i(k)} \quad (3.17)$$

$$r_i = \frac{1}{N}\sum_1^N \xi_i(k) \quad (3.18)$$

$$r_i^* = \sum_1^N w_i \xi_i(k) \quad (3.19)$$

式中，$\xi_i(k)$为关联系数；$\rho$为分辨系数，$\rho \in (0,1)$，一般取0.5；$\Delta_i(k)=|X_i(k)-X_0(k)|$，表示$X_i$数列与$X_0$数列在$k$点的绝对差值，其中$\min\Delta_i(k)$和$\max\Delta_i(k)$称为一级最小差值和一级最大差值，表示找出$X_i$数列与$X_0$数列对应点的差值中的最小值和最大值；$\min_i\min_k\Delta_i(k)$和$\max_i\max_k\Delta_i(k)$称为二级最小差值和二级最大差值，表示在第一级最小差值和最大差值的基础上再找出其中的最小差和最大差；$r_i$为被比较数列$X_i$对参考数列$X_0$的等权关联度；$r_i^*$为比较数列$X_i$对参考数列$X_0$的加权关联度；$w_i$表示各性状的权重系数。

### 3. 求关联系数

首先求出$Y_0 \sim Y_9$各对应点的绝对差值，即计算$\Delta Y(k)=|Y_0(k)-Y_i(k)|(i=1, 2, \cdots, 9; k=1, 2, \cdots, 9)$，然后求出两个层次差，结果列于表3.10。从表3.10看出二级最小差值$\min_i\min_k\Delta_i(k)=0$，二级最大差值$\max_i\max_k\Delta_i(k)=1$，则关联系数$\xi_i(k)=0.5/[\Delta_i(k)+0.5]$。将表3.10中各数列相应的$\Delta_i(k)$数值代入上式，即可求出$Y_0$对各$Y_i$各性状的关联系数$\xi_i(k)$，结果见表3.11。

表 3.10 无量纲化处理结果

| 产地 | $C_1$ | $C_2$ | $C_3$ | $C_4$ | $C_5$ | $C_6$ | $C_7$ | $C_8$ |
| --- | --- | --- | --- | --- | --- | --- | --- | --- |
| $Y_0$ | 1 | 1 | 1 | 1 | 1 | 1 | 1 | 1 |
| $Y_1$ | 0.9813 | 0.7323 | 0 | 0.8898 | 0.9689 | 0.6727 | 0.5617 | 0.1017 |
| $Y_2$ | 0.0267 | 0.5985 | 0.4782 | 0.5847 | 0 | 0.5387 | 0.9861 | 0.6441 |
| $Y_3$ | 0.1643 | 0.8279 | 0.3273 | 0.6779 | 0.6037 | 0 | 0.4791 | 0.3389 |
| $Y_4$ | 0.9929 | 0 | 0.5218 | 0.5593 | 0.3239 | 0.6859 | 0.9533 | 0 |
| $Y_5$ | 0 | 0.7381 | 0.4000 | 0.4322 | 0.7098 | 0.8722 | 0.4394 | 0.1356 |
| $Y_6$ | 0.5349 | 0.5966 | 1 | | 0.404 | 0.9876 | 0.4394 | 0.3729 |
| $Y_7$ | 0.6794 | 0.8145 | 0.1091 | 0.8729 | 0.8752 | 0.4280 | 0 | 0.6102 |
| $Y_8$ | 0.8485 | 0.7763 | 0.1818 | 0 | 0.4021 | 0.7230 | 0.9037 | 0.2712 |
| $Y_9$ | 0.6666 | 0.1491 | 0.8364 | 0.9576 | 0.7059 | 0.2081 | 1 | 0.9831 |

注：$Y_0$为理想品种，其8个指标根据实际情况、《鲜苹果》（GB 10651—2008）指标要求及园艺专家意见确定；$Y_1 \sim Y_9$代表产地，依次对应新疆、山西、陕西、河北、河南、甘肃、山东、江苏、辽宁，$C_1 \sim C_8$代表品质指标，依次对应单果体积（mL）、果皮颜色$b^*$值、果肉颜色$a^*$值、淀粉含量（%）、出汁率（%）、固酸比、果实硬度（g）、蛋白质含量（g/100g）；下同

表 3.11　各指标的两极差值

| 产地 | $C_1$ | $C_2$ | $C_3$ | $C_4$ | $C_5$ | $C_6$ | $C_7$ | $C_8$ |
|---|---|---|---|---|---|---|---|---|
| $\Delta Y_0$ | 1 | 0 | 0 | 0 | 0 | 0 | 0 | 0 |
| $\Delta Y_1$ | 0.0187 | 0.2677 | 1 | 0.1102 | 0.0311 | 0.3273 | 0.4383 | 0.8983 |
| $\Delta Y_2$ | 0.9733 | 0.4015 | 0.5218 | 0.4153 | 1 | 0.4613 | 0.0139 | 0.3559 |
| $\Delta Y_3$ | 0.8357 | 0.1721 | 0.6727 | 0.3221 | 0.3963 | 1 | 0.5209 | 0.6611 |
| $\Delta Y_4$ | 0.0071 | 1 | 0.4782 | 0.4407 | 0.6761 | 0.3141 | 0.0467 | 1 |
| $\Delta Y_5$ | 1 | 0.2619 | 0.6000 | 0.5678 | 0.2902 | 0.1278 | 0.5606 | 0.8644 |
| $\Delta Y_6$ | 0.4651 | 0.4034 | 0 | 1 | 0.5960 | 0.0124 | 0.5606 | 0.6271 |
| $\Delta Y_7$ | 0.3206 | 0.1855 | 0.8909 | 0.1271 | 0.1248 | 0.5720 | 1 | 0.3898 |
| $\Delta Y_8$ | 0.1515 | 0.2237 | 0.8182 | 1 | 0.5979 | 0.2770 | 0.0963 | 0.7288 |
| $\Delta Y_9$ | 0.3334 | 0.8509 | 0.1636 | 0.0424 | 0.2941 | 0.7919 | 0 | 0.0169 |

注：此表由原表修改，但未联系上原文献作者核实

### 4. 关联分析

利用表中关联系数值 $\xi_i(k)$ 与式（3.18）和式（3.19）分别计算不同产地红富士苹果品质的等权关联度 $r_i$ 和加权关联度 $r_i^*$。按灰色关联分析原则，关联度大的数列与参考数列最为接近，即该品种越接近"理想品种"，关联度排序结果见表3.12，感官评价排序见表3.13。其中，新疆红富士苹果与"理想品种"最为接近（$r_1^*$=0.6887），综合品质最好，其次是辽宁红富士苹果（$r_9^*$=0.6739），江苏红富士苹果的关联度与"理想品种"相差最大（$r_8^*$=0.4930），综合品质最差，其余产地红富士苹果的综合品质居中。

表 3.12　供试品种与"理想品种"的关联系数

| 关联系数 | $C_1$ | $C_2$ | $C_3$ | $C_4$ | $C_5$ | $C_6$ | $C_7$ | $C_8$ | $r_i$ | $r_i^*$ |
|---|---|---|---|---|---|---|---|---|---|---|
| $\xi_1$ | 0.9640 | 0.6513 | 0.3333 | 0.8194 | 0.9416 | 0.6044 | 1 | 0.3576 | 0.7089 | 0.6887 |
| $\xi_2$ | 0.3394 | 0.5546 | 0.4893 | 0.54623 | 0.3333 | 0.5201 | 0.5329 | 0.5842 | 0.4875 | 0.5101 |
| $\xi_3$ | 0.3743 | 0.7439 | 0.4263 | 0.6082 | 0.5579 | 0.3333 | 0.9730 | 0.4307 | 0.5559 | 0.5803 |
| $\xi_4$ | 0.9861 | 0.3333 | 0.5112 | 0.5315 | 0.4251 | 0.6142 | 0.4898 | 0.3333 | 0.5281 | 0.5194 |
| $\xi_5$ | 0.3333 | 0.6562 | 0.4545 | 0.4683 | 0.6327 | 0.7964 | 0.9146 | 0.3665 | 0.5778 | 0.6077 |
| $\xi_6$ | 0.5181 | 0.5534 | 1 | 0.3333 | 0.4562 | 0.9759 | 0.4714 | 0.4436 | 0.5940 | 0.6286 |
| $\xi_7$ | 0.6093 | 0.7294 | 0.3595 | 0.7973 | 0.8003 | 0.4664 | 0.4714 | 0.5619 | 0.5994 | 0.5776 |
| $\xi_8$ | 0.7675 | 0.6909 | 0.3793 | 0.3333 | 0.4554 | 0.6435 | 0.3333 | 0.4069 | 0.5013 | 0.4930 |
| $\xi_9$ | 0.5999 | 0.3701 | 0.7535 | 0.9219 | 0.6296 | 0.3870 | 0.8385 | 0.9672 | 0.6835 | 0.6739 |
| $w_i$ | 0.0800 | 0.1600 | 0.1600 | 0.1600 | 0.0400 | 0.1600 | 0.1600 | 0.0800 | | |

表 3.13 关联度排序

| 关联度 | $Y_1$ | $Y_9$ | $Y_6$ | $Y_3$ | $Y_7$ | $Y_5$ | $Y_4$ | $Y_2$ | $Y_8$ |
| --- | --- | --- | --- | --- | --- | --- | --- | --- | --- |
| 等权关联度 | 1 | 2 | 4 | 6 | 3 | 5 | 7 | 9 | 8 |
| 加权关联度 | 1 | 2 | 3 | 5 | 6 | 4 | 7 | 8 | 9 |
| 感官评价 | 1 | 2 | 3 | 4 | 5 | 6 | 7 | 8 | 9 |
| 秩相关数 | | | | $r(1,2)=0.8830^{**}$ | | $r(1,3)=0.9000^{**}$ | | $r(2,3)=0.9500^{**}$ | |

由加权关联度和等权关联度得出的排序基本一致,两种关联度排序的秩相关系数达$r(1,2)=0.8830^{**}$,二者的排序中部分优选产地略有出入,主要是由于各品质指标的重要程度不同。

对不同产地红富士苹果品质进行灰色关联分析,综合品质表现优异的是新疆、辽宁、甘肃红富士苹果,河北、山西、江苏红富士苹果综合品质相对较差,这一结论与感官评价结果基本一致,二者秩相关系数达$r(2,3)=0.9500^{**}$($P<0.05$)。

### 3.5.3 聚类分析

#### 3.5.3.1 概念

聚类分析(cluster analysis,CA)是一种常见的多元统计分析方法,它是根据研究对象的相似/相异程度将其分为不同群组(cluster)的一种统计分析技术。CA的主要依据是聚到同一个数据集中的样本应该彼此相似,而属于不同组的样本应该足够不相似(李云晋,2005)。因CA最初主要用于分类学的物种识别、名称鉴定、物种演化过程和趋势分析等,它采用多变量的统计值,考虑对象多因素的联系和主导作用,定量地确定各因素相互之间的亲疏关系,按它们亲疏差异程度进行归类,使分类更客观实际并能反映事物的内在必然联系。但聚类有别于分类,聚类所要求划分的类通常是未知的,聚类只是将数据分到不同类的一个过程,要求同一类中的样本(对象)有很强的相似性,而不同类之间的样本(对象)有很大的差异性(郭晓霞,2015)。聚类分析应用于果实品质评价时,主要是依据实验数据本身所具有的定性或定量的特征来对大量的数据进行分组归类以了解数据集的内在结构,并对每一个数据集进行描述的过程。

#### 3.5.3.2 原理

聚类分析的基本原理是根据所研究的样本/变量在观测数据上表现的不同亲疏程度,采用不同的聚类方法将亲疏程度最大的样本/变量聚合为一类,然后再把另外一些亲疏程度较大的样本/变量聚合为一类,直到把所有的样本/变量都聚合完毕,形成一个由小到大的分类系统。亲疏程度的判定可以采用距离或相似系数。距离聚类是将每一个样本看作$p$维空间的一个点,并用某种度量方法测量点与点之间的距离,距离较近的点归为一类，距离较远的点应属于不同的类。而相似系数聚类是指性质越接近的样本/变量，它们的相似系数越接近于1或–1，而彼此无关的样本/变量的相似系数则越接近于0，相似性高的为一类，不相似的为不同类。

### 3.5.3.3 方法和步骤

**1. 方法**

聚类分析的方法包括：①数据预处理；②计算聚类统计量；③聚类分析；④聚类结果的分类等关键步骤。具体介绍如下。

（1）数据预处理

首先是变量的选择与聚类分析的目的密切相关，所选变量须反映要分类变量的特征；不同研究对象上的值有明显的差异且变量之间不能高度相关。为消除各指标量纲的影响，需对原始数据进行必要的变换处理。

（2）计算聚类统计量

聚类统计量是根据变换以后的数据计算得到的一个新数据，用于表明各样本或变量间关系的密切程度，常用的统计量有距离和相似系数两大类。

（3）聚类分析

选择聚类的方法，确定形成的类数。

（4）聚类结果的分类

结果的解释是希望对各个类的特征进行准确的描述，给每类起一个合适的名称，通常的做法是计算各类在各聚类变量上的均值，之后对均值进行比较。

**2. SPSS软件的聚类分析**

SPSS（statistical product and service solutions）是一个统计功能非常完善的软件，集数据录入、资料编辑、数据管理、统计分析、报表制作、图形绘制为一体。下面我们以SPSS软件为例介绍聚类分析方法。

（1）数据预处理（标准化）

打开SPSS录入数据后，依次选择 Analyze → Classify → Hierarchical Cluster Analysis → Method，如图3.23所示。

图 3.23 SPSS软件标准化界面

然后从 Transform Values 框中点击向下箭头（图3.24），此为标准化方法，将出现如下可选项，从中选一即可。

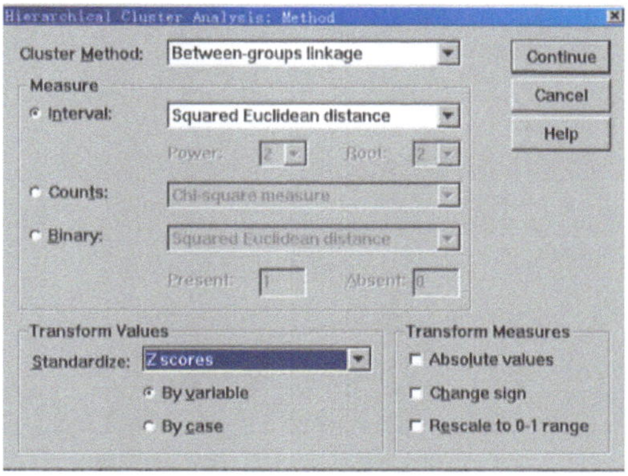

图 3.24 标准化方法界面

标准化方法解释：None为不进行标准化，这是系统默认值；Z Scores为标准化变换；Range −1 to 1为极差标准化变换（变换后的数据均值为0，极差为1，且$|x_{ij}^*|<1$，消去了量纲的影响；在以后的分析计算中可以减少误差的产生）；Range 0 to 1（极差正规化变换/规格化变换）。

（2）构造关系矩阵

在SPSS中选择测度（相似性统计量）：依次选择 Analyze → Classify → Hierarchical Cluster Analysis → Method，然后从对话框（图3.25）中进行如下选择。

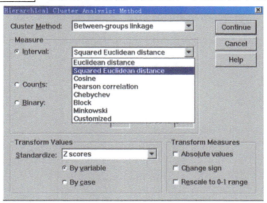

图 3.25 构造关系矩阵方法界面

常用测度（选项说明）：Euclidean distance为欧氏距离（二阶Minkowski距离），用途为聚类分析中用得最广泛的距离；Squared Euclidean distance为平方欧氏距离；Cosine为夹角余弦（相似性测度）；Pearson correlation为皮尔逊相关系数。

（3）选择聚类方法

常用系统聚类方法如下。

1）组间平均距离连接法（Between-groups linkage）

聚类依据：合并两类的结果使所有的两两项对之间的平均距离最小，特点是非最大距离，也非最小距离。

2）组内平均距离连接法（Within-groups linkage）

聚类依据：两类合并为一类后，合并后的类中所有项之间的平均距离最小。

3）最近邻法（最短距离法）（Nearest neighbor）

聚类依据：用两类之间最近点的距离代表两类之间的距离，也称之为单连接法。

4）最远邻法（最长距离法）（Furthest neighbor）

聚类依据：用两类之间最远点的距离代表两类之间的距离，也称之为完全连接法。

5）重心聚类法（Centroid clustering）

聚类依据：两类之间的距离定义为两类重心之间的距离，对样品分类而言，每一类重心就是该类样品的均值。特点是该距离随聚类的进行不断缩小，计算较麻烦。

6）中位数法（Median clustering）

聚类依据：两类之间的距离既不采用两类之间的最近距离，也不采用最远距离，而采用介于两者之间的距离。特点是图形将出现递转，聚类结果图很难跟踪，因而这个方法很少被人们采用。

7）离差平方和法（Ward's method）（图3.26）

聚类依据：基于方差分析思想，如果分类合理，则同类样品之间离差平方和应当较小，类与类之间离差平方和应当较大。特点是要求样品之间的距离必须是欧氏距离，在实际应用中分类效果较好，应用较广。

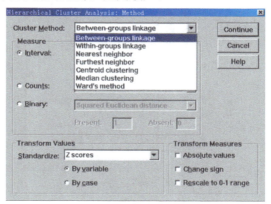

图 3.26　Ward's method 离差平方和法界面

(4）聚类结果的分类

经过系统聚类后得到树状聚类结果图，可根据研究的目的，依据一定的原则对聚类的结果进行适当的分类。常见的原则如下。

1）任何类都必须在邻近各类中是突出的，即各类重心间的距离必须极大。
2）确定的类中，各类所包含的元素都不要过分的多。
3）分类的数目必须符合实用目的。
4）若采用几种不同的聚类方法处理，则在各自的聚类图中应发现相同的类。

#### 3.5.3.4 聚类分析法在果品基本商品品质分析评价中的应用实例

雷莹等（2008）为科学地简化柑橘果实品质的评价指标，以湖北秭归地区的6个夏橙品种为材料，对测得的果实单果重、出汁率、可溶性固形物含量、可滴定酸含量、抗坏血酸含量、果皮着色强度、果肉着色强度等18项常规指标进行了聚类分析，做法如下。

**1. 数据采集**

6个夏橙品种分别为奥林达夏橙（Olinda Valencia Orange）、伏令夏橙（Valencia Orange）、无核夏橙（Seedless Valencia Orange）、红夏橙（Rhode Red Valencia Orange）、康贝尔夏橙（Campbell Valencia Orange）、蜜奈夏橙（Midnight Valencia Orange）。

果实着色品质的检测：着色性状包括果皮和果肉的色差值，测定仪器为日本产MINOLTA CR-300型色彩色差计。选果实的赤道部位测定果皮色差，沿果实赤道部位横切后测定果肉色差，每果观测2次。

果实常规品质的测定：用电子天平测定单果质量，游标卡尺测定果实的纵径和赤道部位的横径并计算出果形指数，测量果实赤道部位的果皮厚度，观察并记录囊瓣数。

采用手动榨汁机榨取果汁，果汁质量与相应果实质量的比值即为出汁率。利用蒽酮比色法测定总可溶性糖含量。取混合果汁，用手持式折光仪（WYT型）测定可溶性固形物（TSS）含量，采用NaOH中和滴定法测可滴定酸（TA）含量；2,6-二氯靛酚滴定法测维生素C含量。整理结果如表3.14所示。

表3.14 6个夏橙品种的常规品质分析结果

| 测定指标 | 奥林达夏橙 | 伏令夏橙 | 无核夏橙 | 红夏橙 | 康贝尔夏橙 | 蜜奈夏橙 |
| --- | --- | --- | --- | --- | --- | --- |
| 单果质量 /g | 149.71±15.46bc | 162.69±14.37b | 160.42±14.61b | 153.13±11.23bc | 182.14±12.40a | 138.52±10.69c |
| 横径 /cm | 6.58±0.29bc | 6.69±0.18ab | 6.71±0.19ab | 6.58±0.21bc | 6.91±0.16a | 6.34±0.09c |
| 纵径 /cm | 6.39±0.12bc | 6.50±0.25b | 6.52±0.37b | 6.42±0.25b | 6.98±0.19a | 6.10±0.17c |

| 测定指标 | 奥林达夏橙 | 伏令夏橙 | 无核夏橙 | 红夏橙 | 康贝尔夏橙 | 蜜奈夏橙 |
| --- | --- | --- | --- | --- | --- | --- |
| 果形指数 | 0.97±0.03a | 0.97±0.03a | 0.97±0.04a | 0.98±0.03a | 1.01±0.01a | 0.96±0.01a |
| 果皮厚度/cm | 0.43±0.07a | 0.38±0.05a | 0.45±0.06a | 0.44±0.07a | 0.49±0.07a | 0.38±0.04a |
| 囊瓣数 | 11.3±0.47a | 10.9±1.12a | 10.7±0.47a | 10.9±0.99a | 10.3±1.09a | 10.8±0.69a |
| 出汁率/% | 49.45±0.05a | 45.84±1.06a | 48.76±0.26a | 49.90±1.10a | 44.41±0.39a | 45.44±0.24a |
| 可溶性固形物含量/% | 11.0 | 12.0 | 11.0 | 12.0 | 12.0 | 11.5 |
| 可滴定酸含量/% | 1.10 | 0.98 | 1.10 | 1.22 | 1.07 | 1.28 |
| 抗坏血酸含量/% | 51.36 | 48.24 | 49.90 | 61.13 | 42.21 | 46.78 |
| 总可溶性糖含量/% | 0.10±0.01a | 0.10±0.02a | 0.13±0.02a | 0.11±0.01a | 0.11±0.02a | 0.09±0.01a |
| 口感风味 | 化渣较好，风味较好 | 化渣一般，无粒化 | 化渣一般，风味平淡 | 化渣较好，风味好 | 粒化 | 化渣一般，无粒化，较酸 |
| 化渣程度 | 3 | 2 | 2 | 3 | 1 | 2 |

## 2. 夏橙品质指标的主成分聚类分析

本实验首先对秭归夏橙的品质因素进行了主成分分析（表3.15），4个主成分的累计贡献率达到100%，其中前2个主成分囊括了所检测的18项指标，累计贡献率达到83.47%。决定4个主成分的主要品质指标如表3.15所示，第1主成分贡献率为51.75%，主要反映果实的外观品质及化渣程度，第2主成分贡献率31.72%，主要反映果肉的着色状况、果皮光滑度及酸含量，第3和第4主成分的贡献率分别为9.49%、7.04%，贡献率相对较小。

根据主成分分析的结果，按照3.5.3.3介绍的方法再对上述4个主成分中的18个品质指标的特征向量进行系统聚类分析，其中同聚为一类的果实品质因素之间具有密切的相关性或偏相关性，可选用1个因素代表同一类中的其余因素，予以简化；单独为一类的品质因素具有相对独立性。结果表明，在最大距离为1.0时上述指标可划分为6类（图3.27）：①单果质量、横径、纵径、果形指数、果肉亮度和果肉着色强度为一类；②可溶性固形物含量为一类；③果皮厚度、囊瓣数、果皮亮度和果皮着色强度为一类；④出汁率、可滴定酸含量、抗坏血酸含量和化渣程度为一类；⑤果皮色调角和果肉色调角为一类；⑥总可溶性糖含量为一类。因柑橘果实品质的组成因素较多，不同的品质因素之间存在着不同程度的相关性和相对独立性。聚类分析法反映了品质或指标之间相关或偏相关程度的大小。因此，上述18个品质指标的聚类分析结果可由上述6个类别中的指标所代表，从而进行指标简化。

表 3.15　4个主成分的特征向量、贡献率及累计贡献率

| 主成分 | 主要特征向量 | 主要特征向量的系数（>0.25） | 品质类别 | 贡献率/% | 累计贡献率/% |
| --- | --- | --- | --- | --- | --- |
| 第1主成分 | 单果重 | 0.29 | 果实外观（含着色）品质及化渣程度 | 51.75 | 51.75 |
|  | 横径 | 0.29 |  |  |  |
|  | 纵径 | 0.31 |  |  |  |
|  | 果形指数 | 0.30 |  |  |  |
|  | 果皮厚度 | 0.28 |  |  |  |
|  | 囊瓣数 | -0.29 |  |  |  |
|  | 化渣程度 | -0.27 |  |  |  |
|  | 果皮着色强度 | 0.27 |  |  |  |
|  | 果皮色调角 | -0.28 |  |  |  |
| 第2主成分 | 出汁率 | 0.33 | 果肉着色状况、果皮亮度（光滑度）及酸含量 | 31.72 | 83.47 |
|  | 可滴定酸含量 | 0.38 |  |  |  |
|  | 抗坏血酸含量 | 0.26 |  |  |  |
|  | 果皮亮度 | 0.33 |  |  |  |
|  | 果肉亮度 | 0.34 |  |  |  |
|  | 果肉色调角 | -0.35 |  |  |  |
| 第3主成分 | 可溶性固形物含量 | 0.64 | 以可溶性固形物为主的果实内在品质 | 9.49 | 92.96 |
|  | 可滴定酸含量 | 0.31 |  |  |  |
|  | 抗坏血酸含量 | 0.36 |  |  |  |
|  | 总可溶性糖含量 | -0.33 |  |  |  |
|  | 果皮亮度 | -0.31 |  |  |  |
| 第4主成分 | 囊瓣数 | -0.34 | 以总可溶性糖为主的内在品质 | 7.04 | 100.00 |
|  | 总可溶性糖含量 | 0.61 |  |  |  |
|  | 果皮色调角 | 0.41 |  |  |  |
|  | 果肉着色强度 | 0.28 |  |  |  |

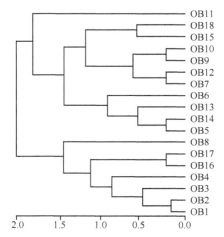

图 3.27　夏橙果实品质评价因素的聚类分析结果

OB1. 单果质量；OB2. 横径；OB3. 纵径；OB4. 果形指数；OB5. 果皮厚度；OB6. 囊瓣数；OB7. 出汁率；OB8. 可溶性固形物含量；OB9. 可滴定酸含量；OB10. 抗坏血酸含量；OB11. 总可溶性糖含量；OB12. 化渣程度；OB13. 果皮亮度值；OB14. 果皮着色强度；OB15. 果皮色调角；OB16. 果肉亮度值；OB17. 果肉着色强度；OB18. 果肉色调角

### 3.5.4　主成分分析

#### 3.5.4.1　概念

主成分分析（principal component analysis，PCA）是一种使用正交变换把可能相关的变量转化为不相关的新变量的数学分析方法。其中，由原始变量的线性组合形成的新的不相关的变量就被称为主成分。

#### 3.5.4.2　原理

PCA的核心思想是通过正交变换将原来众多具有一定相关性（如$P$个指标）的指标，重新组合成一组新的互相无关的综合指标（主成分）来代替原来的指标。所谓正交变换是指保持图形形状和大小不变的几何变换，包含旋转、轴对称及上述变换的复合。通过正交变换，利用较少的几个不相关的新变量来替换原始变量，其中这几个新变量是原始的多个变量线性组合；同时所做的替换对原始变量的离散信息量损失应尽可能最小，也就是要求被替换后的变量累计方差能充分反映原始变量的离散信息（郭晓霞，2015）。PCA方法要求，尽管主成分变量较原始变量少，但所包含的信息量要占原始信息量的85%以上，所以即使用少数的几个新变量，可信度也很高，而且可以有效地解释问题（Zhang and Yao，2005）。

#### 3.5.4.3　方法和步骤

**1. PCA方法的主要步骤**

PCA方法的主要步骤如下面框线图所示。

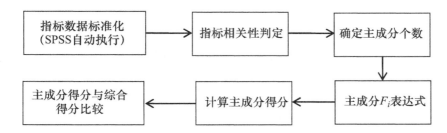

关键步骤说明如下。

(1) 假设样本观测数据矩阵

$$X = \begin{pmatrix} x_{11} & x_{12} & \cdots & x_{1p} \\ x_{21} & x_{22} & \cdots & x_{2p} \\ \vdots & \vdots & & \vdots \\ x_{n1} & x_{n2} & \cdots & x_{np} \end{pmatrix}$$

(2) 对原始数据进行标准化处理

$$x_{ij}^* = \frac{x_{ij} - \bar{x}_j}{\sqrt{\text{var}(x_j)}} \quad (i=1,2,\cdots,n; \ j=1,2,\cdots,p) \tag{3.20}$$

其中

$$\bar{x}_j = \frac{1}{n}\sum_{i=1}^{n} x_{ij} \tag{3.21}$$

$$\text{var}(x_j) = \frac{1}{n-1}\sum_{i=1}^{n}(x_{ij} - \bar{x}_j)^2 \quad (j=1,2,\cdots,p) \tag{3.22}$$

(3) 计算样本相关系数矩阵

$$R = \begin{pmatrix} r_{11} & r_{12} & \cdots & r_{1p} \\ r_{21} & r_{22} & \cdots & r_{2p} \\ \vdots & \vdots & & \vdots \\ r_{p1} & r_{p2} & \cdots & r_{pp} \end{pmatrix}$$

为方便计算,原始数据标准化后仍用 $X$ 表示,则经标准化处理后的数据的相关系数为

$$r_{ij} = \frac{1}{n-1}\sum_{i=1}^{n} x_{ii} x_{ij} \quad (i,j=1,2,\cdots,p) \tag{3.23}$$

(4) 确定主成分个数

用雅可比方法求相关系数矩阵 $R$ 的特征值 ($\lambda_1, \lambda_2, \cdots, \lambda_p$) 和相应的特征向量 $a_i = (a_{i1}, a_{i2}, \cdots, a_{ip})$, $i=1, 2, \cdots, p$。

(5) 选择重要的主成分，并写出主成分表达式

PCA可以得到$p$个主成分，但是，由于各个主成分的方差是递减的，包含的信息量也是递减的，所以实际分析时，一般不是选取$p$个主成分，而是根据各个主成分累计贡献率的大小选取前$k$个主成分。这里贡献率就是指某个主成分的方差占全部方差的比例，实际也就是某个特征值占全部特征值的比例。即

$$贡献率 = \frac{\lambda_i}{\sum_{i=1}^{p} \lambda_i} \tag{3.24}$$

贡献率越大，说明该主成分所包含的原始变量的信息越多。主成分个数$k$，主要由主成分的累计贡献率来决定，即一般要求累计贡献率达到85%以上，这样才能保证综合变量能包括原始变量的绝大多数信息。

另外，在实际应用中，选择了重要的主成分之后，还要注意主成分实际含义的解释。PCA中一个很关键的问题是如何给主成分赋予新的意义、给出合理的解释。一般而言，这个解释是根据主成分表达式的系数结合定性分析来进行的。主成分是原始变量的线性组合，在这个线性组合中各变量的系数有大有小，有正有负，因而不能简单地认为这个主成分是某个原变量的属性的作用。线性组合中各变量系数的绝对值大表明该主成分主要综合了绝对值大的变量，有几个变量系数大小相当时应认为这一主成分是这几个变量的总和，这几个变量综合在一起应赋予怎样的实际意义，这要结合具体实际问题和专业，给出恰当的解释，进而才能达到深刻分析的目的。

(6) 计算主成分得分

根据标准化的原始数据，按照各个样品，分别代入主成分表达式，就可以得到各主成分下的各个样品的新数据，即为主成分得分。具体形式如下。

$$\begin{pmatrix} F_{11} & F_{12} & \cdots & F_{1k} \\ F_{21} & F_{22} & \cdots & F_{2k} \\ \vdots & \vdots & & \vdots \\ F_{n1} & F_{n2} & \cdots & F_{nk} \end{pmatrix}$$

(7) 主成分得分与综合得分比较

依据主成分得分的数据，则可以进行进一步的统计分析。其中，常见的应用有主成分回归、变量子集合的选择、综合评价等。

## 2. SPSS软件的主成分分析

利用SPSS软件，可以进行主成分分析。对SPSS 19.0进行PCA的步骤简介如下。

(1) 指标数据标准化

首先，将数据录入Excel或SPSS，表3.16是河南省18个城市不同经济指标的数据，来源于《河南统计年鉴2011》和《中国城市统计年鉴2011年》。

表 3.16 河南省18个地级市不同经济指标

| 城市 | $X_1$ | $X_2$ | $X_3$ | $X_4$ | $X_5$ | $X_6$ | $X_7$ | $X_8$ | $X_9$ | $X_{10}$ | $X_{11}$ |
|---|---|---|---|---|---|---|---|---|---|---|---|
| 郑州 | 4040 | 386 | 7990 | 2757 | 1678 | 2269 | 1646 | 1996 | 35 | 17 | 476 |
| 开封 | 927 | 37 | 681 | 506 | 364 | 400 | 307 | 368 | 2 | 1 | 197 |
| 洛阳 | 2320 | 142 | 2096 | 1768 | 808 | 1396 | 736 | 1243 | 11 | 5 | 357 |
| 平顶山 | 1310 | 80 | 1137 | 712 | 349 | 869 | 326 | 821 | 3 | 2 | 264 |
| 安阳 | 1315 | 65 | 995 | 894 | 345 | 809 | 347 | 731 | 4 | 12 | 253 |
| 鹤壁 | 429 | 22 | 285 | 356 | 93 | 301 | 78 | 283 | 1 | 0 | 285 |
| 新乡 | 1189 | 70 | 1144 | 1211 | 388 | 686 | 346 | 602 | 7 | 4 | 212 |
| 焦作 | 1245 | 63 | 748 | 970 | 321 | 855 | 289 | 804 | 11 | 7 | 357 |
| 濮阳 | 775 | 30 | 588 | 532 | 230 | 515 | 152 | 476 | 4 | 1 | 217 |
| 许昌 | 1317 | 57 | 830 | 829 | 349 | 901 | 264 | 847 | 11 | 2 | 305 |
| 漯河 | 680 | 26 | 421 | 403 | 216 | 474 | 119 | 452 | 2 | 2 | 269 |
| 三门峡 | 847 | 49 | 625 | 677 | 202 | 599 | 205 | 562 | 1 | 1 | 391 |
| 南阳 | 1935 | 69 | 147 | 1389 | 789 | 1017 | 535 | 910 | 6 | 6 | 191 |
| 商丘 | 1143 | 43 | 901 | 845 | 399 | 532 | 312 | 464 | 1 | 0 | 150 |
| 信阳 | 1091 | 34 | 1054 | 1031 | 432 | 460 | 342 | 376 | 1 | 3 | 169 |
| 周口 | 1228 | 38 | 930 | 813 | 483 | 557 | 304 | 492 | 2 | 2 | 129 |
| 驻马店 | 1053 | 36 | 969 | 668 | 376 | 441 | 321 | 393 | 2 | 1 | 141 |
| 济源 | 343 | 22 | 108 | 224 | 69 | 259 | 67 | 246 | 3 | 12 | 504 |

注：$X_1$表示GDP总量（亿元），$X_2$表示财政收入（亿元），$X_3$表示当年储蓄余额（亿元），$X_4$表示固定资产投资总额（亿元），$X_5$表示社会零售品销售总额（亿元），$X_6$表示第二产业增加值（亿元），$X_7$表示第三产业增加值（亿元），$X_8$表示工业增加值（亿元），$X_9$表示出口总额（亿美元），$X_{10}$表示进口总额（亿美元），$X_{11}$表示人均GDP（百元）。

然后将数据标准化。打开数据后选择 分析→描述统计→描述，对数据进行标准化，选中 将标准化得分另存为变量，结果见表3.17。

表 3.17 数据标准化后的结果

| $Z(X_1)$ | $Z(X_2)$ | $Z(X_3)$ | $Z(X_4)$ | $Z(X_5)$ | $Z(X_6)$ | $Z(X_7)$ | $Z(X_8)$ | $Z(X_9)$ | $Z(X_{10})$ | $Z(X_{11})$ |
|---|---|---|---|---|---|---|---|---|---|---|
| 3.30750 | 3.766876 | 3.87133 | 3.09065 | 3.40380 | 3.21735 | 3.59092 | 3.16656 | 3.61000 | 2.66270 | 1.86057 |
| −0.43614 | −0.39997 | −0.29758 | −0.69940 | −0.20426 | −0.71830 | −0.18321 | −0.72217 | −0.50044 | −0.78465 | −0.66410 |
| 1.23609 | 0.85366 | 0.50951 | 1.42545 | 1.01490 | 1.37903 | 1.02598 | 1.36790 | 0.58651 | 0.13464 | 0.78374 |
| 0.02445 | 0.11342 | −0.03749 | −0.35255 | −0.24545 | 0.26930 | −0.12966 | 0.35989 | −0.37551 | −0.42947 | −0.05781 |
| 0.03047 | −0.06567 | −0.11848 | −0.04612 | −0.25643 | 0.14296 | −0.07047 | 0.14491 | −0.17561 | 1.51358 | −0.15735 |
| −1.03502 | −0.57906 | −0.52345 | −0.95195 | −0.94839 | −0.92676 | −0.82867 | −0.92521 | −0.57541 | −0.84733 | 0.13222 |

续表

| $Z(X_1)$ | $Z(X_2)$ | $Z(X_3)$ | $Z(X_4)$ | $Z(X_5)$ | $Z(X_6)$ | $Z(X_7)$ | $Z(X_8)$ | $Z(X_9)$ | $Z(X_{10})$ | $Z(X_{11})$ |
|---|---|---|---|---|---|---|---|---|---|---|
| −0.121 06 | −0.005 97 | −0.033 49 | 0.487 62 | −0.138 36 | −0.116 05 | −0.073 28 | −0.163 22 | 0.136 74 | 0.030 18 | −0.528 36 |
| −0.053 72 | −0.089 54 | −0.259 36 | 0.081 85 | −0.322 33 | 0.239 82 | −0.233 95 | 0.319 28 | 0.586 51 | 0.552 50 | 0.783 74 |
| −0.618 93 | −0.483 54 | −0.350 63 | −0.655 62 | −0.572 21 | −0.476 13 | −0.620 10 | −0.464 20 | −0.213 09 | −0.742 86 | −0.483 12 |
| 0.032 87 | −0.161 18 | −0.212 59 | −0.155 56 | −0.245 45 | 0.336 69 | −0.330 441 | 0.422 00 | 0.623 99 | −0.471 25 | 0.313 20 |
| −0.733 17 | −0.531 30 | −0.445 88 | −0.872 82 | −0.610 65 | −0.562 47 | −0.713 11 | −0.521 52 | −0.537 93 | −0.387 68 | −0.012 57 |
| −0.499 87 | −0.256 70 | −0.329 52 | −0.411 48 | −0.649 09 | −0.299 25 | −0.470 71 | −0.258 77 | −0.600 39 | −0.763 76 | 1.091 41 |
| 0.776 07 | −0.017 91 | −0.602 16 | 0.787 32 | 0.962 73 | 0.580 95 | 0.459 43 | 0.572 48 | 0.074 27 | 0.385 36 | −0.718 39 |
| −0.176 38 | −0.328 33 | −0.172 10 | −0.128 62 | −0.108 16 | −0.440 34 | −0.169 12 | −0.492 86 | −0.600 39 | −0.826 44 | −1.089 40 |
| −0.238 91 | −0.435 79 | −0.084 83 | 0.184 55 | −0.017 54 | −0.591 95 | −0.081 23 | −0.703 06 | −0.600 39 | −0.366 79 | −0.917 47 |
| −0.074 16 | −0.388 03 | −0.155 56 | −0.182 50 | 0.122 50 | −0.387 69 | −0.191 67 | −0.425 98 | −0.512 94 | −0.450 35 | −1.279 43 |
| −0.284 61 | −0.411 91 | −0.133 31 | −0.426 63 | −0.171 31 | −0.631 96 | −0.143 75 | −0.662 45 | −0.512 94 | −0.784 65 | −1.170 84 |
| −1.138 44 | −0.579 06 | −0.624 41 | −1.174 20 | −1.014 29 | −1.015 21 | −0.859 68 | −1.013 59 | −0.412 99 | 1.576 26 | 2.113 94 |

（2）指标相关性判定

选择 分析 → 降维 → 因子分析 ，如图3.28所示。

图 3.28　因子分析界面

设置 描述 、 抽取 、 得分 和 选项 ，操作如下（图3.29）。

图 3.29　因子分析中相关选项界面

（3）确定主成分个数

相关性分析表明，各项指标之间具有强相关性（表3.18）。例如，指标GDP总量与财政收入、固定资产投资总额、第二产业增加值、第三产业增加值、工业增加值的相关系数较大。这说明它们之间指标信息之间存在重叠，适合采用主成分分析法（表3.18非完整呈现）。

表 3.18　相关性分析

|        | $Z(X_1)$ | $Z(X_2)$ | $Z(X_3)$ | $Z(X_4)$ | $Z(X_5)$ | $Z(X_6)$ | $Z(X_7)$ | $Z(X_8)$ | $Z(X_9)$ | $Z(X_{10})$ | $Z(X_{11})$ |
|--------|-------|-------|-------|-------|-------|-------|-------|-------|-------|--------|--------|
| $Z(X_1)$ | 1.000 | 0.945 | 0.892 | 0.971 | 0.982 | 0.973 | 0.981 | 0.961 | 0.896 | 0.606 | 0.291 |
| $Z(X_2)$ | 0.945 | 1.000 | 0.975 | 0.908 | 0.928 | 0.945 | 0.972 | 0.936 | 0.947 | 0.682 | 0.485 |
| $Z(X_3)$ | 0.892 | 0.975 | 1.000 | 0.854 | 0.894 | 0.869 | 0.945 | 0.854 | 0.912 | 0.627 | 0.415 |
| $Z(X_4)$ | 0.971 | 0.908 | 0.854 | 1.000 | 0.955 | 0.939 | 0.954 | 0.922 | 0.866 | 0.291 | 0.266 |

（4）选择重要的主成分，并写出主成分表达式

由主成分特征根和贡献率（表3.19）可知，特征根$\lambda_1$=9.092，特征根$\lambda_2$=1.150，前两个主成分的累计方差贡献率达93.107%，即涵盖了大部分信息。这表明前两个主成分能够代表最初的11个指标来分析河南各个城市经济综合实力的发展水平，故提取前两个指标即可，主成分分别记作$F_1$、$F_2$。

表 3.19　主成分分析初始特征值和平方载荷提取总和

| 组分 | 初始特征值 | | | 平方载荷提取总和 | | |
|---|---|---|---|---|---|---|
| | 特征值 | 方差贡献率 /% | 累计方差贡献率 /% | 特征值 | 方差贡献率 /% | 累计方差贡献率 /% |
| 1 | 9.092 | 82.651 | 82.651 | 9.092 | 82.651 | 82.651 |
| 2 | 1.150 | 10.456 | 93.107 | 1.150 | 10.456 | 93.107 |
| 3 | 0.331 | 3.010 | 96.117 | | | |

续表

| 组分 | 初始特征值 | | | 平方载荷提取总和 | | |
|---|---|---|---|---|---|---|
| | 特征值 | 方差贡献率 /% | 累计方差贡献率 /% | 特征值 | 方差贡献率 /% | 累计方差贡献率 /% |
| 4 | 0.231 | 2.096 | 98.213 | | | |
| 5 | 0.095 | 0.867 | 99.080 | | | |
| 6 | 0.056 | 0.510 | 99.590 | | | |
| 7 | 0.037 | 0.334 | 99.923 | | | |
| 8 | 0.004 | 0.041 | 99.964 | | | |
| 9 | 0.003 | 0.031 | 99.995 | | | |
| 10 | 0.001 | 0.005 | 99.999 | | | |
| 11 | 6.431E-005 | 0.001 | 100.000 | | | |

如表3.20所示,指标$X_1$、$X_2$、$X_3$、$X_4$、$X_5$、$X_6$、$X_7$、$X_8$、$X_9$、$X_{10}$在第一主成分上有较高载荷,相关性较强。第一主成分集中反映了总体的经济总量。$X_{11}$在第二主成分上有较高载荷,相关性较强。第二主成分反映了人均的经济量水平。但是要注意,这个主成分载荷矩阵并不是主成分的特征向量,也就是说并不是主成分1和主成分2的系数。主成分系数的求法是,各主成分载荷向量除以各主成分特征值的算术平方根。

表 3.20 主成分矩阵

| 指标 | 主成分 | | $Y_1$ | $Y_2$ |
|---|---|---|---|---|
| | 1 | 2 | | |
| $X_1$ | 0.975 | -0.197 | 0.32 | 8.46 |
| $X_2$ | 0.986 | 0.018 | 0.33 | 0.02 |
| $X_3$ | 0.940 | -0.038 | 0.31 | -0.02 |
| $X_4$ | 0.948 | -0.213 | 0.31 | -0.20 |
| $X_5$ | 0.952 | -0.251 | 0.32 | -0.23 |
| $X_6$ | 0.975 | -0.048 | 0.32 | -0.04 |
| $X_7$ | 0.979 | -0.150 | 0.32 | -0.15 |
| $X_8$ | 0.965 | -0.027 | 0.32 | -0.02 |
| $X_9$ | 0.957 | 0.110 | 0.32 | 0.10 |
| $X_{10}$ | 0.716 | 0.506 | 0.21 | 0.47 |
| $X_{11}$ | 0.465 | 0.841 | 0.15 | 0.78 |

（5）计算主成分得分

主成分得分系数矩阵（因子得分系数）列出了前两个特征根对应的特征向量（表3.20），即各主成分解析表达式中的标准化变量的系数，故各主成分解析表达式分别为

FAC1_1=0.32$ZX_{11}$+0.33$ZX_{12}$+0.31$ZX_{13}$+0.31$ZX_{14}$+0.32$ZX_{15}$+0.32$ZX_{16}$+0.32$ZX_{17}$
       +0.32$ZX_{18}$+0.32$ZX_{19}$+0.21$ZX_{110}$+0.15$ZX_{111}$

FAC2_1=8.46$ZX_{21}$+0.02$ZX_{22}$−0.02$ZX_{23}$−0.20$ZX_{24}$−0.23$ZX_{25}$−0.04$ZX_{26}$−0.15$ZX_{27}$
       −0.02$ZX_{28}$+0.10$ZX_{29}$+0.47$ZX_{210}$+0.78$ZX_{211}$

根据上述解析表达式，求得各城市主成分得分，如表3.21所示。

表 3.21 主成分得分

| 城市 | $X_1$ | $X_2$ | $X_3$ | $X_4$ | $X_5$ | $X_6$ | $X_7$ | $X_8$ | $X_9$ | $X_{10}$ | $X_{11}$ | FAC1_1 | FAC2_1 |
|---|---|---|---|---|---|---|---|---|---|---|---|---|---|
| 郑州 | 4040 | 386 | 7990 | 2757 | 1678 | 2269 | 1646 | 1996 | 35 | 17 | 476 | 3.59386 | 0.2911 |
| 开封 | 927 | 37 | 681 | 506 | 364 | 400 | 307 | 368 | 2 | 1 | 197 | −0.53698 | −0.55904 |
| 洛阳 | 2320 | 142 | 2096 | 1768 | 808 | 1396 | 736 | 1243 | 11 | 5 | 357 | 1.04875 | −0.23062 |
| 平顶山 | 1310 | 80 | 1137 | 712 | 349 | 869 | 326 | 821 | 3 | 2 | 264 | −0.07456 | −0.15294 |
| 安阳 | 1315 | 65 | 995 | 894 | 345 | 809 | 347 | 731 | 4 | 12 | 253 | 0.06810 | 0.59514 |
| 鹤壁 | 429 | 22 | 285 | 356 | 93 | 301 | 78 | 283 | 1 | 0 | 285 | −0.83365 | 0.40049 |
| 新乡 | 1189 | 70 | 1144 | 1211 | 388 | 686 | 346 | 602 | 7 | 4 | 212 | −0.02867 | −0.38041 |
| 焦作 | 1245 | 63 | 748 | 970 | 321 | 855 | 289 | 804 | 11 | 7 | 357 | 0.11226 | 0.95482 |
| 濮阳 | 775 | 30 | 588 | 532 | 230 | 515 | 152 | 476 | 4 | 1 | 217 | −0.55597 | −0.23649 |
| 许昌 | 1317 | 57 | 830 | 829 | 349 | 901 | 264 | 847 | 11 | 2 | 305 | 0.01485 | 0.17633 |
| 漯河 | 680 | 26 | 421 | 403 | 216 | 474 | 119 | 452 | 2 | 2 | 269 | −0.61738 | 0.31955 |
| 三门峡 | 847 | 49 | 625 | 677 | 202 | 599 | 205 | 562 | 1 | 1 | 391 | −0.40405 | 0.79152 |
| 南阳 | 1935 | 69 | 147 | 1389 | 789 | 1017 | 535 | 910 | 6 | 6 | 191 | 0.37582 | −0.92165 |
| 商丘 | 1143 | 43 | 901 | 845 | 399 | 532 | 312 | 646 | 1 | 0 | 150 | −0.38975 | −1.08987 |
| 信阳 | 1091 | 34 | 1054 | 1031 | 432 | 460 | 342 | 376 | 1 | 3 | 169 | −0.35042 | −0.83224 |
| 周口 | 1228 | 38 | 930 | 813 | 483 | 557 | 304 | 492 | 2 | 2 | 129 | −0.33459 | −1.11502 |
| 驻马店 | 1053 | 36 | 969 | 668 | 376 | 441 | 321 | 393 | 2 | 1 | 141 | −0.48056 | −1.02868 |
| 济源 | 343 | 22 | 108 | 224 | 69 | 259 | 67 | 246 | 3 | 12 | 504 | −0.59806 | 3.01798 |

（6）主成分与综合得分比较

主成分的得分是相应的因子得分乘以相应的方差的算术平方根。主成分1得分=因子1（FAC1_1）得分乘以9.092的算术平方根，主成分2得分=因子2（FAC2_1）得分乘以1.150的算术平方根。

例如，郑州主成分1的得分=FAC1_1的得分（3.593 86）乘以$\sqrt{9.092}$，即$3.59386\times\sqrt{9.092}\approx10.83$。照此，将各指标的标准化数据代入各主成分解析表达式中，分别计算出2个主成分得分（$F_1$、$F_2$），再以各主成分的贡献率为权重对主成分得分进行加权平均，即$H=(82.672F_1+10.497F_2)/93.124$，求得主成分综合得分（表3.22）。

表 3.22　主成分与综合得分比较

| 城市 | $F_1$ | $F_1$排名 | $F_2$ | $F_2$排名 | 综合得分 | 综合排名 |
|---|---|---|---|---|---|---|
| 郑州 | 10.83 | 1 | 0.32 | 7 | 9.65 | 1 |
| 洛阳 | 3.16 | 2 | -0.25 | 10 | 2.78 | 2 |
| 南阳 | 1.13 | 3 | -0.99 | 15 | 0.90 | 3 |
| 焦作 | 0.34 | 4 | 1.03 | 2 | 0.42 | 4 |
| 安阳 | 0.21 | 5 | 0.64 | 4 | 0.26 | 5 |
| 许昌 | 0.05 | 6 | 0.19 | 8 | 0.06 | 6 |
| ⋮ | ⋮ | ⋮ | ⋮ | ⋮ | ⋮ | ⋮ |
| 濮阳 | -1.67 | 15 | -0.25 | 11 | -1.51 | 16 |
| 漯河 | -1.86 | 17 | 0.34 | 6 | -1.61 | 17 |
| 鹤壁 | -2.51 | 18 | 0.43 | 5 | -2.18 | 18 |

### 3.5.4.4　主成分分析法在果品基本商品品质分析评价中的应用实例

白沙沙等（2012）以国家苹果种质资源圃中53个中早熟品种苹果为材料，检测了可溶性固形物含量、果皮硬度、单果质量和可食率等20个指标，根据相关指标对有关材料的品质性状及分布进行了分析，并利用主成分分析法建立了综合评价模型，对品质进行了综合评价。

**1. 数据采集**

选择苹果种质资源圃的53个苹果品种，测定20个品质性状。研究同一栽培管理水平条件下品种间品质性状的差异。

粗纤维含量参照标准《植物类食品中粗纤维的测定》（GB/T 5009.10—2003）进行测定；钾、钙、镁含量分别参照食品安全国家标准中的《食品中镁的测定》（GB 5009.241—2017）、《食品中钾、钠的测定》（GB/T 5009.91—2003）和《食品中钙的测定》（GB/T 5009.92—2003）；可溶性固形物含量参照《水果、蔬菜制品　可溶性固形物含量的测定——折射仪法》（GB/T 12295—1990）；酸含量以苹果酸的含量代替，采用离子色谱法；维生素C含量参照《食品安全国家标准　食品中抗坏血酸的测定》（GB 5009.86—2016）；单果质量采用直接测量法；可食率采用去皮去核后可食部分质量与完整果质量之比；果肉褐变度采用美国HunterLab Color Quest XT

测色仪测定果肉颜色随时间的变化率;果心大小采用果心/果实半径;水分含量采用德国Sartorius微波快速水分测定仪测定;果皮和果肉硬度采用英国Stable Micro System Ta.XT2i/50质构分析仪测定;体积采用英国Stable Micro System Volscan Profiler食品体积自动测定仪测定;果形指数为最大纵径/最大横径;果皮颜色采用美国HunterLab-D25LT色差计测定$L^*$、$a^*$、$b^*$值。

有关数据整理见表3.23。

表 3.23 苹果品质性状及分布

| 品质指标 | 平均值 | 变幅 | 极差 | 标准差 | 变异系数 |
| --- | --- | --- | --- | --- | --- |
| 果肉褐变度 | 0.52 | 0.15～0.90 | 0.75 | 0.18 | 35.33% |
| 果心大小 | 0.38 | 0.31～0.46 | 0.15 | 0.04 | 10.94% |
| 粗纤维含量 /（g/100g） | 1.34 | 0.54～2.40 | 1.86 | 0.47 | 35.35% |
| 钾含量 /（mg/kg） | 968.52 | 598.01～1550.00 | 951.99 | 181.43 | 18.73% |
| 钙含量 /（mg/kg） | 72.95 | 35.52～124.13 | 88.61 | 19.46 | 26.68% |
| 镁含量 /（mg/kg） | 53.76 | 31.51～74.94 | 43.43 | 9.56 | 17.78% |
| 水分含量 /% | 87.20 | 83.34～89.76 | 6.42 | 1.43 | 1.64% |
| 可溶性固形物含量 /% | 9.83 | 7.96～12.36 | 4.40 | 0.90 | 9.12% |
| 可滴定酸含量 /% | 0.64 | 0.23～1.15 | 0.92 | 0.21 | 33.56% |
| 固酸比 | 17.61 | 9.01～46.33 | 37.32 | 7.85 | 44.60% |
| 维生素 C 含量 /(mg/100g) | 3.93 | 0.79～11.32 | 10.53 | 2.28 | 57.99% |
| 果皮硬度 /g | 770.45 | 427.73～1112.34 | 684.61 | 167.71 | 21.77% |
| 果实硬度 /g | 203.18 | 103.65～325.94 | 222.29 | 52.23 | 25.71% |
| 单果质量 /g | 106.11 | 38.43～196.76 | 158.33 | 30.18 | 28.44% |
| 体积 /mL | 131.98 | 46.33～249.67 | 203.34 | 39.02 | 29.57% |
| 可食率 /% | 71.00 | 53.55～79.18 | 25.63 | 4.92 | 6.93% |
| 果形指数 | 0.82 | 0.70～1.05 | 0.35 | 0.07 | 8.03% |
| $L^*$ | 46.58 | 34.17～57.51 | 23.34 | 5.23 | 11.23% |
| $a^*$ | -2.29 | -11.12～18.23 | 29.35 | 6.82 | -297.38% |
| $b^*$ | 19.25 | 11.22～26.39 | 15.17 | 3.23 | 16.80% |

## 2. 数据标准化

20个品质性状有不同的量纲和数量级,为了避免量纲和数量级的影响,对指标数据进行标准化处理,将各指标数据转化成均值为0、标准差为1的无量纲数据。标准化方法为每一变量值与其平均值之差除以该变量的标准差:

$$z(x_i) = \frac{x_i - \overline{x}}{\sigma}$$

## 3. 主成分分析

按照3.5.4.3介绍的操作步骤对数据进行分析处理。主成分分析求出各主成分的特征值$\lambda_j$、方差贡献率和相应的特征向量$e_j$，结果见表3.24和表3.25。由表3.24结果选取特征值$\lambda > 1$的前6个主成分，其累计方差贡献率达到75.147%，说明前6个主成分能够代表原20个品质性状的大部分（75.147%）信息。因此，可将苹果20个品质性状综合成6个主成分。

**表 3.24 相关系数矩阵的特征值、方差贡献率和累计方差贡献率**

| 成分 | 初始特征值 | | | 提取平方和载入 | | |
| --- | --- | --- | --- | --- | --- | --- |
| | 合计 | 方差的 /% | 累计的 /% | 合计 | 方差的 /% | 累计的 /% |
| 1 | 3.900 | 19.500 | 19.500 | 3.900 | 19.500 | 19.500 |
| 2 | 2.979 | 14.893 | 34.393 | 2.979 | 14.893 | 34.393 |
| 3 | 2.717 | 13.583 | 47.976 | 2.717 | 13.583 | 47.976 |
| 4 | 2.557 | 12.786 | 60.762 | 2.557 | 12.786 | 60.762 |
| 5 | 1.572 | 7.858 | 68.620 | 1.572 | 7.858 | 68.620 |
| 6 | 1.305 | 6.527 | 75.147 | 1.305 | 6.527 | 75.147 |

**表 3.25 保留主成分对应的载荷矩阵**

| 品质指标 | 主成分 1 | 主成分 2 | 主成分 3 | 主成分 4 | 主成分 5 | 主成分 6 |
| --- | --- | --- | --- | --- | --- | --- |
| 果肉褐变度 | 0.114 | 0.287 | -0.114 | 0.440 | -0.343 | 0.405 |
| 果心大小 | -0.128 | 0.265 | 0.176 | 0.101 | 0.046 | 0.798 |
| 粗纤维含量 | 0.084 | -0.090 | -0.557 | 0.382 | 0.036 | 0.188 |
| 钾含量 | -0.534 | 0.630 | 0.017 | 0.042 | -0.189 | -0.028 |
| 钙含量 | -0.554 | -0.164 | 0.254 | -0.017 | 0.364 | 0.171 |
| 镁含量 | -0.608 | 0.458 | 0.219 | 0.016 | -0.020 | -0.056 |
| 水分含量 | 0.484 | -0.664 | -0.162 | -0.164 | 0.195 | 0.074 |
| 可溶性固形物含量 | -0.392 | 0.544 | 0.320 | 0.186 | -0.260 | -0.209 |
| 可滴定酸含量 | 0.090 | 0.614 | -0.494 | -0.023 | 0.465 | -0.218 |
| 固酸比 | -0.087 | -0.430 | 0.477 | 0.182 | -0.620 | 0.127 |
| 维生素 C 含量 | -0.091 | 0.473 | 0.107 | 0.201 | 0.362 | 0.033 |
| 果皮硬度 | 0.085 | -0.050 | -0.732 | 0.507 | -0.245 | -0.084 |
| 果实硬度 | -0.007 | 0.111 | -0.474 | 0.744 | -0.108 | -0.071 |

续表

| 品质指标 | 主成分 1 | 主成分 2 | 主成分 3 | 主成分 4 | 主成分 5 | 主成分 6 |
|---|---|---|---|---|---|---|
| 单果质量 | 0.760 | 0.480 | -0.028 | -0.316 | -0.065 | 0.075 |
| 体积 | 0.711 | 0.554 | 0.006 | -0.318 | -0.118 | 0.094 |
| 可食率 | 0.713 | 0.323 | 0.020 | -0.417 | -0.280 | 0.098 |
| 果形指数 | 0.238 | -0.008 | 0.166 | 0.382 | 0.480 | 0.416 |
| $L^*$ | 0.461 | 0.064 | 0.648 | 0.447 | 0.116 | -0.128 |
| $a^*$ | -0.655 | 0.018 | -0.169 | -0.530 | 0.034 | 0.165 |
| $b^*$ | 0.438 | 0.040 | 0.633 | 0.508 | 0.181 | -0.264 |

由各主成分载荷与标准化品质性状数据，按照公式（3.25）分别计算53个苹果品种前6个主成分的得分（$F_j$）。

$$F_j = \sum_{i=1}^{20}\left[e_{ji}z(x_i)\right] \qquad (3.25)$$

### 4. 苹果品质性状综合评价

以各个主成分对应的方差贡献率作为权重，由主成分得分和对应的权重线性加权求和得到综合评价函数，$Z$为每个苹果品种的综合评价值。

$$Z = \sum_{j=1}^{6}\left(F_j\lambda_j\right) \qquad (3.26)$$

建立苹果品质的综合评价模型：$Z=0.195F_1+0.149F_2+0.136F_3+0.128F_4+0.079F_5+0.065F_6$，得出53个品种苹果的综合得分和排序，结果见表3.26。综合评价得出53个苹果品种中较好的苹果品种为老笃、克鲁斯和黄魁。

表 3.26  53个品种苹果品质综合评价结果

| 品种代号 | 品种名 | 综合得分 | 排序 | 品种代号 | 品种名 | 综合得分 | 排序 |
|---|---|---|---|---|---|---|---|
| JG-018 | 老笃 | 2.8039 | 1 | JG-062 | 仑巴瑞 | 0.9314 | 10 |
| JG-001 | 克鲁斯 | 2.3101 | 2 | JG-010 | 甜黄魁 | 0.9288 | 11 |
| JG-009 | 黄魁 | 2.0132 | 3 | JG-043 | 约斯基 | 0.8893 | 12 |
| JG-029 | 优异玫瑰 | 1.2821 | 4 | JG-048 | 梨形果 | 0.7295 | 13 |
| JG-024 | 吉早红 | 1.2502 | 5 | JG-015 | 中国彩苹 | 0.7218 | 14 |
| JG-051 | 战寒香 | 1.1730 | 6 | JG-052 | 早黄 | 0.7140 | 15 |
| JG-013 | 百福高 | 1.1300 | 7 | JG-017 | 伏锦 | 0.7021 | 16 |
| JG-011 | 辽伏 | 1.0664 | 8 | JG-038 | 岱绿 | 0.4786 | 17 |
| JG-060 | 克龙谢尔透明 | 1.0588 | 9 | JG-032 | 伏花皮 | 0.4538 | 18 |

续表

| 品种代号 | 品种名 | 综合得分 | 排序 | 品种代号 | 品种名 | 综合得分 | 排序 |
|---|---|---|---|---|---|---|---|
| JG-063 | 美尔巴 | 0.4230 | 19 | JG-004 | 早捷 | -0.4331 | 37 |
| JG-026 | 巴布斯基诺 | 0.3832 | 20 | JG-054 | 乔雅尔 | -0.6498 | 38 |
| JG-027 | Romas3 | 0.2966 | 21 | JG-041 | 萌 | -0.7564 | 39 |
| JG-065 | 新红皇 | 0.0350 | 22 | JG-056 | 金12 | -0.9142 | 40 |
| JG-034 | 藤牧一号 | -0.0122 | 23 | JG-031 | 金塔干 | -0.9347 | 41 |
| JG-039 | 早金冠 | -0.0606 | 24 | JG-008 | 维斯塔贝拉 | -0.9373 | 42 |
| JG-046 | 花道 | -0.1205 | 25 | JG-014 | 杰西麦克 | -0.9517 | 43 |
| JG-021 | 甜安东诺卡夫 | -0.1775 | 26 | JG-016 | 春香 | -0.9540 | 44 |
| JG-019 | 早生旭 | -0.1823 | 27 | JG-035 | 112-10 | -0.9661 | 45 |
| JG-040 | 瑞光 | -0.1867 | 28 | JG-028 | 褐色凤梨 | -0.9915 | 46 |
| JG-055 | 女游击队员 | -0.2271 | 29 | JG-059 | 考特德兰 | -1.0708 | 47 |
| JG-057 | 花嫁 | -0.2425 | 30 | JG-007 | 19-12 | -1.0728 | 48 |
| JG-037 | 红露 | -0.2846 | 31 | JG-030 | 西伯利亚白点 | -1.0954 | 49 |
| JG-047 | 紫香蕉 | -0.3499 | 32 | JG-042 | 丰艳 | -1.1848 | 50 |
| JG-058 | 秋金星 | -0.3700 | 33 | JG-061 | 发现 | -1.5986 | 51 |
| JG-023 | 诺达 | -0.3887 | 34 | JG-050 | 紫云 | -1.8350 | 52 |
| JG-053 | 冬甜 | -0.4155 | 35 | JG-033 | 伏红 | -1.9880 | 53 |
| JG-025 | 甜伊萨耶娃 | -0.4225 | 36 | | | | |

# 第4章 柑橘果实风味品质评价方法

风味（flavor）是指摄入口腔的食物使人的感觉器官（主要是口和鼻）产生的一种感觉，它是食物特性使人产生的多种感觉包括味觉、嗅觉、痛觉、触觉和温觉等的总和。风味品质也许是食物品质中最复杂的一种，因为它不仅组成成分复杂，而且影响风味的因素也很多。以柑橘果实为例，柑果的风味至少由基本风味（basic taste）、香味（aroma）和口感（mouth-feel）3个部分组成（Tietel et al.，2011），而且无论是基本风味、香味还是口感，它们都受品种特性、气候因素、环境条件、土壤状况、栽培措施和采后贮藏保鲜处理等各种因素的影响（松本和夫和陈力耕，1981）。

柑橘果实的风味是柑橘果品最重要的商品品质之一，也是传统果实品质研究的重要内容。在现有的国内外文献中，柑橘果实风味品质的研究主要涉及不同品种（Zheng et al.，2016）、不同栽培区域（Contreras-Oliva et al.，2012）、不同成熟期（Raithore et al.，2016；Ummarat et al.，2015）和不同贮藏条件（Tietel et al.，2010；Khalid et al.，2016）等对果实风味品质的影响分析，果实风味成分的定性、定量分析检测（Kelebek et al.，2009；Raithore et al.，2015；Phat et al.，2016），以及主要风味成分的变化对果实风味品质的影响（王立娟，2011；Raithore et al.，2016）等多个方面。随着消费者对柑橘果实风味品质要求的提高，以及柑橘鲜果销售市场竞争日趋激烈，有关柑橘果实风味品质变化及其质量评价的研究受到愈来愈多国内外研究者的关注（Obenland et al.，2008；Lado et al.，2018）。但迄今在国内外文献中仍然找不到一种可以对柑橘果实整体风味品质进行全面、系统、规范和数值化的评价方法。

针对上述问题，在这一章我们专门讨论柑橘果实风味品质评价方法。本章内容包括：柑橘果实的风味及其主要决定成分、柑橘果实基本风味成分的分析检测方法、柑橘果实香味成分的分析检测方法、柑橘果实口感品质的评价方法、柑橘果实的风味特征及其主要决定成分的识别分析方法、柑橘果实风味品质的评价方法。本章的主要内容是柑橘果实不同风味成分的分析检测方法，对每一种方法我们尽量同时介绍现有的标准方法、相应的快速检测方法和最新文献报道的方法，以求全面、系统和实用。同时，我们重点介绍了柑橘果实风味特征及其主要决定成分的识别分析方法，这对进一步分析柑橘果实风味品质变化极其重要。我们还特别介绍了柑橘果实风味品质"三度"（3D）评价法。鉴于问题的复杂性及我们知识的局限性，尽管柑橘果实风味3D品质的提法可以商榷，但它是科学地评价柑橘果实风味品质的一种新尝试，"三度"评价法使果实风味品质的全面、系统、规范和数值化评价成为可能。

## 4.1 柑橘果实的风味及其主要决定成分

Tietel等（2011）指出，柑橘果实的风味主要由基本风味（basic taste）、香味（aroma）和口感（mouth-feel）3部分组成。就食物而言，公认的基本风味有5种，即甜（sweet）、酸（sour）、苦（bitter）、咸（salty）和鲜（umami或savory）（Ghirri and Bignetti，2012；龚骏等，2014）。尽管在某些饮食文化中，辛辣（pungency）和油腻（oleogustus或fattiness）也是最基本的风味（Ninomiya，2002），但对水果而言，基本风味不涉及咸味和油腻，同时辛辣味也基本不存在，仅在某些水果中存在涩味问题。因此，柑橘果实的风味主要是由甜味、酸味、苦味和鲜味组成的基本风味，以及香味和口感等部分组成。由于不同类型的柑橘果实风味明显不同，为了系统地评价柑橘果实的风味品质，我们根据现有文献将有关柑橘果实不同风味及其主要的决定成分汇总于表4.1。

表 4.1 柑橘果实风味的主要决定成分

| 果实风味 | | 主要决定成分 | 主要参考文献 |
| --- | --- | --- | --- |
| 基本风味 | 酸味 | 柠檬酸、苹果酸、酒石酸、草酸、奎宁酸和丙二酸等 | 曾祥国，2005 |
| | 甜味 | 蔗糖、果糖和葡萄糖等 | 曾祥国，2005 |
| | 苦味 | 类柠檬苦素（如柠檬苦素）和类黄酮物质（如柚皮苷）等 | 孙志高等，2005 |
| | 鲜味 | 谷氨酸、天冬氨酸、精氨酸、丙氨酸和甘氨酸等 | Zhang et al.，2013 |
| | 香味 | 酯类、醇、醛、酮、萜类和烷烃等 | Rouseff et al.，2009 |
| 口感 | | 果肉汁胞的软硬、囊壁质地及其组织纤维 | 江东等，2006 |

从表4.1可以看出，柑橘果实的甜味主要取决于果糖、蔗糖和葡萄糖等糖类物质，其中以果糖最甜，蔗糖次之，但葡萄糖口感最好（曾祥国，2005）。

柑橘果实的酸味主要是由果实中丰富的有机酸决定，其中含量最丰富的是柠檬酸、苹果酸、酒石酸、草酸、奎宁酸和丙二酸等（曾祥国，2005）。在这些有机酸中，人的口腔对柠檬酸的感知先于苹果酸，柠檬酸的酸度比苹果酸高，但其酸性持续的时间短（Souty and Andre，1975）。因此，有报道认为柑橘果实的酸度主要取决于果实中柠檬酸和苹果酸的含量（Esti et al.，1997）。至于，其他有机酸及其含量和比例对柑橘果实酸味品质的影响，目前研究报道相对较少。

柑橘果实的苦味主要是由果实中的柠檬苦素和柚皮苷的种类与含量决定的（孙志高等，2005），此外，橙皮苷、新橙皮苷和枸橘苷等成分也有苦味（丁帆，2009）。由于柑橘果实的苦味物质主要存在于未成熟果实的果肉、成熟果实的果皮和种子中，且正常情况下柑橘果实的苦味随成熟度增加而下降，因此柑橘果实的苦味对果实整体风味的评价研究较少。

柑橘果实的鲜味主要由鲜味氨基酸决定，尽管食物的鲜味是由氨基酸、核苷酸、肽和有机酸等多种不同类型的物质决定（Zhang et al.，2017b）。常见的鲜味氨基酸主要有谷氨酸、天冬氨酸、精氨酸、丙氨酸和甘氨酸5种（吴娜等，2014）。典型的例子是谷氨酸、天冬氨酸与氯化钠反应生成谷氨酸钠（味精）、天冬氨酸钠，也就是我们食物中最主要的鲜味物质。虽然酸、甜、苦、鲜都是柑橘果实的基本风味，但糖和酸的种类、含量及比例在很大程度上决定了柑橘果实的基本风味，因此对柑橘果实的风味品质影响最大。因此，在现有的研究中柑橘果实的鲜味研究相对较少，它对果实整体风味品质的影响也少有报道。

柑橘果实的香味（aroma），很容易把它与香气（fragrance）混用甚至混淆。其实，柑橘果实的香气主要是指果皮的香气，而我们这里讲的香味是指柑橘果肉的香味，是由果肉中的香气物质如酯类、醇、醛、酮、萜类和烷烃等决定的（Rouseff et al.，2009；张涵等，2017；Zhang et al.，2017a）。尽管柑橘果实的果肉和果皮的"贡香物质"可能基本相同，而且果肉中的含量可能还少得多（范刚等，2007；艾沙江·买买提等，2014；郑洁等，2015），但是果肉的香味与果皮的香气在决定柑橘果实风味品质时都具有非常重要的作用。同时，由于现有的研究大多集中在柑橘果皮的香气或挥发性成分分析方面，有关柑橘果肉香味的研究报道并不多，为此，我们在本章专门介绍柑橘果肉香味的分析检测方法，以示强调。

果实的口感主要受果肉质地（texture）的影响。现有的研究表明，果肉的质地主要取决于果肉硬度（hardness）及其细胞壁的内部结构，如果肉细胞壁中果胶物质的组成及其含量的变化对果肉的质地影响很大（曾秀丽，2003；郑杨等，2009）。柑橘果肉的质地主要与果肉汁胞的软硬、囊壁质地及其组织纤维有关（江东和龚桂芝，2006）。在现有的国内外文献中，有关柑橘果实质地的研究报道相对较少，因此很少有研究报道将其纳入果实风味品质的整体评价研究中。

## 4.2　柑橘果实基本风味成分的分析检测方法

柑橘果实的基本风味包括酸味、甜味、苦味和鲜味，根据现有研究文献报道，对有关成分的标准、快速和最新的分析检测方法介绍如下。

### 4.2.1　柑橘果实酸味成分的分析检测方法

柑橘果实的酸味主要由柠檬酸、苹果酸、酒石酸和草酸等有机酸的组成、含量及相互间的比例关系决定（曾祥国，2005）。在现有国内外文献中没有专门针对柑橘果实酸味物质的标准分析检测方法，在此，我们参考食品安全国家标准《食品中有机酸的测定》（GB 5009.157—2016）介绍柑橘酸味成分的标准分析检测法。同时，根据Uckoo等（2010）的报道，介绍一种使用高效液相色谱（high performance liquid chromatography，HPLC）的柑橘有机酸快速检测方法；根据Zaky等（2017）的报道，介绍一种测定柑橘酸味成分的高效液相色谱新方法。

#### 4.2.1.1 柑橘果实有机酸的标准测定方法

**1. 范围**

《食品中有机酸的测定》（GB 5009.157—2016）介绍了食品中酒石酸、乳酸、苹果酸、柠檬酸、丁二酸、富马酸和己二酸的测定方法。该方法适用于柑橘果汁及果汁饮料、碳酸饮料、固体饮料、胶基糖果、饼干、糕点、果冻、水果罐头、生湿面制品和烘焙食品馅料中7种有机酸的测定。

**2. 原理**

试样直接用水稀释或用水提取后，经强阴离子交换固相萃取柱净化，经反相色谱柱分离，以保留时间定性，外标法定量。

**3. 材料、试剂、仪器与设备**

（1）材料

强阴离子固相萃取柱（SAX）：1000mg，6mL。使用前依次用5mL甲醇、5mL水活化。

（2）试剂

甲醇（$CH_3OH$）（色谱纯），无水乙醇（$CH_3CH_2OH$）（色谱纯），磷酸（$H_3PO_4$）。除非另有说明，该方法所用试剂均为分析纯，水为《分析实验室用水规格和试验方法》（GB/T 6682—2008）规定的一级水。

（3）标准品

乳酸标准品（$C_3H_6O_3$），纯度≥99%；酒石酸标准品（$C_4H_6O_6$），纯度≥99%；苹果酸标准品（$C_4H_6O_5$），纯度≥99%；柠檬酸标准品（$C_6H_8N_7$），纯度≥99%；丁二酸标准品（$C_4H_6N_4$），纯度≥99%；富马酸标准品（$C_4H_4O_4$），纯度≥99%；己二酸标准品（$C_6H_{10}N_4$），纯度≥99%。

（4）仪器和设备

高效液相色谱仪，带二极管阵列检测器或紫外检测器；天平（感量为0.01mg和0.01g）；高速均质器；高速粉碎机；固相萃取装置；水相型微孔滤膜（孔径0.45μm）。

**4. 检测方法**

（1）试剂配制

磷酸溶液（0.1%）：量取磷酸0.1mL，加水至100mL，混匀。磷酸-甲醇溶液（2%）：量取磷酸2mL，加甲醇至100mL，混匀。

(2)标准溶液配制

1)酒石酸、苹果酸、乳酸、柠檬酸、丁二酸和富马酸混合标准储备溶液:分别称取酒石酸1.25g、苹果酸2.5g、乳酸2.5g、柠檬酸2.5g、丁二酸6.25g(精确至0.01g)和富马酸2.5mg(精确至0.01mg)于50mL小烧杯中,加水溶解,用水转移到50mL容量瓶中,定容,混匀,于4℃保存,其中酒石酸质量浓度为25mg/mL、苹果酸为50mg/mL、乳酸为50mg/mL、柠檬酸为50mg/mL、丁二酸为125mg/mL和富马酸为50μg/mL。

2)酒石酸、苹果酸、乳酸、柠檬酸、丁二酸、富马酸混合标准曲线工作液:分别吸取混合标准储备溶液0.50mL、1.00mL、2.00mL、5.00mL、10.00mL于25mL容量瓶中,用磷酸溶液定容,混匀,于4℃保存。

3)己二酸标准储备溶液(500μg/mL):准确称取按其纯度折算为100%质量的己二酸12.5mg,置于25mL容量瓶中,加水定容,混匀,于4℃保存。

4)己二酸标准曲线工作液:分别吸取标准储备溶液0.50mL、1.00mL、2.00mL、5.00mL、10.00mL于25mL容量瓶中,用磷酸溶液定容,混匀,于4℃保存。

(3)样品制备

取可食部分匀浆,搅拌均匀,分装,密闭冷藏或冷冻保存。称取10g(精确至0.01g)均匀试样,放入50mL塑料离心管中,向其中加入20mL水后在15 000r/min的转速下均质提取2min,4000r/min离心5min,取上层提取液至50mL容量瓶中,残留物再用20mL水重复提取一次,合并提取液于同一容量瓶中,并用水定容,经0.45μm水相型微孔滤膜过滤,注入高效液相色谱仪进行分析。

(4)仪器参考条件

1)酒石酸、苹果酸、乳酸、柠檬酸、丁二酸和富马酸的测定

色谱柱:CAPECELL PAK MG $S_5$ $C_{18}$柱(4.6mm×250mm,5μm)或同等性能的色谱柱;流动相:用0.1%磷酸-甲醇(体积比97.5:2.5)溶液等度洗脱10min,然后用较短的时间梯度让甲醇相达到100%并平衡5min,再将流动相调整为0.1%磷酸-甲醇(体积比97.5:2.5)溶液的比例,平衡5min;柱温:40℃;进样量:20μL;检测波长:210nm。

2)己二酸的测定

色谱柱:CAPECELL PAK MG $S_5$ $C_{18}$柱(4.6mm×250mm,5μm)或同等性能的色谱柱;流动相:用0.1%磷酸-甲醇(体积比75:25)溶液等度洗脱10min;柱温:40℃;进样量:20μL;检测波长:210nm。

## 5. 数据采集

(1)标准曲线的制作

将标准系列工作液分别注入高效液相色谱仪,测定相应的色谱峰高或峰面积,

如图4.1所示。以标准工作液的浓度为横坐标,以色谱峰高或峰面积为纵坐标,绘制标准曲线。

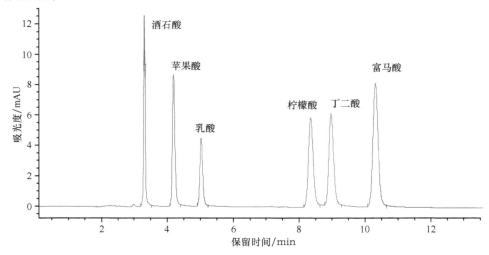

图 4.1　柠檬酸等6种有机酸的标准色谱图

图中有机酸及其浓度依次对应为酒石酸50mg/L、苹果酸100mg/L、乳酸50mg/L、柠檬酸50mg/L、丁二酸250mg/L、富马酸0.25mg/L

（2）试样溶液的测定

将试样溶液注入高效液相色谱仪中,得到峰高或峰面积,根据标准曲线得到待测液中有机酸的浓度。

**6. 结果计算**

试样中有机酸的含量按式（4.1）计算。

$$X = \frac{C \times V \times 1000}{m \times 1000 \times 1000} \quad (4.1)$$

式中,$X$为试样中有机酸的含量（g/kg）；$C$为由标准曲线求得试样溶液中某有机酸的浓度（μg/mL）；$V$为样品溶液定容体积（mL）；$m$为最终样液代表的试样质量（g）；"1000"为换算系数。

计算结果以重复性条件下获得的两次独立测定结果的算术平均值表示,结果保留两位有效数字。

### 4.2.1.2　柑橘果实酸味成分的快速分析检测方法

Uckoo等（2010）报道了一种使用高效液相色谱同时检测柑橘果实中的有机酸和胺类物质的快速检测方法,在此我们简要介绍如下,以供柑橘果实有机酸快速分析参考。

## 1. 范围

该方法适用于柑橘果汁中有机酸成分的检测。

## 2. 原理

试样经提取后,用3%的偏磷酸可同时萃取有机酸和胺,采用二极管阵列检测器测定,以保留时间定性,外标法定量。

## 3. 试剂与标品

柠檬酸,HPLC级磷酸,抗坏血酸,纯水。

## 4. 仪器与设备

高效液相色谱仪,带二极管阵列检测器;色谱柱:Xbridge $C_{18}$(4.6mm×150mm,3.5μm)来自Waters(Milford,MA,USA);Gemini $C_{18}$(4.6mm×250mm,5μm)来自Phenomenex(Torrance,CA,USA);Luna $C_{18}$(4.6mm×250mm,5μm)来自Phenomenex(Torrance,CA,USA)。进样量为10μL,流速为1.0mL/min。

## 5. 检测方法与步骤

(1)样品制备

首先对样品进行去皮,混合3min,并用匀质机将样品均匀化30s。利用水和3%的偏磷酸两种溶剂对有机酸的提取效率进行优化。在离心管中,用30mL的水稀释10mL的匀浆样品,并混合搅拌15min。用0.45μm膜过滤器将3mL稀释后的样品进行真空过滤。用1mL溶剂重新提取滤渣,过滤。每次使用1mL溶剂,重复两次。从所有萃取液中提取滤液,并将10μL注射到HPLC进行分析。上述提取是在4℃、冰浴下完成,以防止抗坏血酸的降解。样本提取后存储在-80℃直到分析。

(2)回收率和重复性

为了验证样品的制备过程,通过添加有机酸的标准混合物到样品中,进行了回收率的研究。样品中添加120mg的柠檬酸和0.25mg的抗坏血酸,在对各自的果汁样品添加到标准量后,通过添加3%的偏磷酸,利用合成优化的提取工艺提取出40mL,用高效液相色谱法进行分析。这一分析是在不同的一天使用一组不同的样本进行的。将重复性作为相对标准偏差(%RSD)表示,并通过重复提取过程和分析确定5次。

(3)质谱分析

从HPLC中收集各个峰,并进行质谱分析。在MDS-Sciex QSTAR脉冲四极杆-飞行时间质谱(QqTOF)仪中,对章鱼胺、辛弗林和柠檬酸进行了分析。在以下条件下进行分析。碰撞气体:氮气;帘式气体:20psi;离子喷射电压:4500V;去簇合电位:10V;聚焦电位:220V;第二分解电位:10V;离子释放延迟:11μs;

离子释放宽度：10μs；分辨率离子能量：1V；检测器（MCP）：2150V；注射泵流量：7μL/min。在LCQTM Deca（Thermoscientific）离子阱质谱仪上进行酪胺和抗坏血酸的质谱分析。使用大气压化学电离（APCI）源进行电离。源加热器温度设定在450℃，鞘气流量保持在80单位，辅助气体流量设定为10单位，放电电流为4.5μA，毛细管温度为150℃，帽状电压为46V，管透镜偏移为10V。通过阳性模式分析胺和抗坏血酸，并以负模式分析柠檬酸。

#### 4.2.1.3 柑橘酸味成分的最新检测方法

Zaky等（2017）报道了一种新的HPLC方法，可同时检测食品中氯化物、糖、有机酸和醇类物质。这个方法因能同时分析检测食品中与有机酸性质不同的物质，而优于现有其他方法，可供建立柑橘酸味成分检测新方法参考。

**1. 范围**

该方法适用于柑橘果汁中有机酸成分的检测。

**2. 原理**

采用折射率（refractive index，RI）检测器测定，以保留时间定性，外标法定量。

**3. 材料与试剂**

本研究中使用的化学品和溶剂均为HPLC级或分析纯等级。

**4. 仪器与设备**

HPLC系统由JASCO AS-2055智能自动进样器（日本东京JASCO）和JASCO PU-1580智能HPLC泵（JASCO）组成，Hi-Plex H色谱柱，JASCO RI-2031智能折射率检测器。

**5. 方法与步骤**

（1）样品制备

使用0.45mm注射过滤器（Millipore，UK）过滤液体样品（1~10）。将每个4g固体样品（11~15）放入50mL的猎鹰管中。然后，向每个猎鹰管中加入40mL热去离子水（85℃）。旋转猎鹰管将样品溶解5min。之后将猎鹰管在85℃的水浴中孵育10min，涡旋1min。使用玻璃微纤维过滤器（孔径1.2mm；Whatman）过滤悬浮液，再使用0.45mm注射过滤器（Millipore，UK）再次过滤悬浮液。在盐提取前，将干酪样品（11和12）捣碎在瓷砂浆中。

（2）色谱分析

本研究中，在35℃下，使用Hi-Plex H色谱柱（7.7mm×300mm，8μm）（Agilent Technologies，Inc.，UK），对氯化钠（NaCl）和所研究的所有其他组分（有机盐、

无机盐、糖、有机酸、醇）用JASCO RI-2031智能折射率检测器进行色谱分离。流动相为0.005mol/L $H_2SO_4$，流速为0.4mL/min。流动相溶液也用于冲洗自动进样器的注射器。注射体积为10μL。在12min内完成的分析就仅用于氯离子盐的测定，16min用于测定氯离子盐、糖，32min则用于包括有机酸、乙醇的测定。使用空白的蒸馏水样品来验证用作溶剂的水的纯度。通过目视检查和相关系数，以及内部和内部的精度和精度值评估各种校准模型的拟合优度。

## 4.2.2 柑橘果实甜味成分的分析检测方法

柑橘果实甜味的主要决定成分是果糖、葡萄糖和蔗糖。由于这3种糖的甜度和口感各不相同，它们在果实发育过程中的含量及其比例变化决定了柑橘果实特有的甜度和风味（曾祥国，2005）。国内外现有文献没有报道专门针对柑橘果实甜味物质的标准分析检测方法，在此，我们参照国家标准《食品中果糖、葡萄糖、蔗糖、麦芽糖、乳糖的测定 高效液相色谱法》（GB 5009.8—2016），介绍柑橘果实甜味成分的标准分析检测方法。同时，参考Koh等（2018）的报道，介绍一种柑橘甜味成分的快速检测法；根据Zaky等（2017）的报道，介绍一种测定柑橘果实甜味物质的HPLC新方法。

### 4.2.2.1 甜味成分的标准分析检测方法

**1. 范围**

标准《食品中果糖、葡萄糖、蔗糖、麦芽糖、乳糖的测定 高效液相色谱法》（GB 5009.8—2016）规定了食品中果糖、葡萄糖、蔗糖、麦芽糖、乳糖的测定方法。该方法适用于柑橘果实中果糖、葡萄糖、蔗糖、麦芽糖、乳糖的测定。

**2. 原理**

试样中的果糖、葡萄糖、蔗糖、麦芽糖和乳糖经提取后，利用高效液相色谱柱分离，用示差折光检测器或蒸发光散射检测器（evaporative light-scattering detector，ELSD）检测，外标法进行定量。

**3. 材料与试剂**

（1）试剂

乙腈（色谱纯），乙酸锌 [$Zn(CH_3COO)_2·2H_2O$]，亚铁氰化钾{$K_4[Fe(CN)_6]·3H_2O$}，石油醚：沸程30～60℃。除非另有说明，该方法所用试剂均为分析纯，水为标准GB/T 6682—2008规定的一级水。

（2）试剂配制

乙酸锌溶液：称取乙酸锌21.9g，加冰醋酸3mL，加水溶解并稀释至100mL。亚铁氰化钾溶液：称取亚铁氰化钾10.6g，加水溶解并稀释至100mL。

（3）标准品

果糖（$C_6H_{12}O_6$，CAS号57-48-7，纯度为99%），或经国家认证并授予标准物质证书的标准物质。葡萄糖（$C_6H_{12}O_6$，CAS号50-99-7，纯度为99%），或经国家认证并授予标准物质证书的标准物质。蔗糖（$C_{12}H_{22}O_{11}$，CAS号57-50-1，纯度为99%），或经国家认证并授予标准物质证书的标准物质。麦芽糖（$C_{12}H_{22}O_{11}$，CAS号69-79-4，纯度为99%），或经国家认证并授予标准物质证书的标准物质。乳糖（$C_6H_{12}O_6$，CAS号63-42-3，纯度为99%），或经国家认证并授予标准物质证书的标准物质。

（4）标准溶液配制

糖标准储备液（20mg/mL）：分别称取上述经过（96±2）℃干燥2h的果糖、葡萄糖、蔗糖、麦芽糖和乳糖各1g，加水定容至50mL，密封，置于4℃备用（可贮藏一个月）。

糖标准工作液：分别吸取糖标准储备液1.00mL、2.00mL、3.00mL、5.00mL于10mL容量瓶中，加水定容，分别相当于2.0mg/mL、4.0mg/mL、6.0mg/mL、10.0mg/mL浓度标准溶液。

**4. 仪器与设备**

天平：感量为0.1mg；超声波振荡器；磁力搅拌器；离心机：转速≥4000r/min；高效液相色谱仪，配备示差折光检测器或蒸发光散射检测器；液相色谱柱：氨基色谱柱，柱长250mm、内径4.6mm、膜厚5μm，或具有同等性能的色谱柱。

**5. 方法与步骤**

（1）样品制备

取有代表性的样品至少200g，用粉碎机粉碎，并通过2.0mm圆孔筛，混匀，装入洁净容器，密封，标明标记。称取粉碎或混匀后的试样0.5～10g（含糖量≤5%时称取10g，含糖量为5%～10%时称取5g，含糖量为10%～40%时称取2g，含糖量≥40%时称取0.5g）（精确到0.001g）于100mL容量瓶中，加水约50mL溶解，缓慢加入乙酸锌溶液和亚铁氰化钾溶液各5mL，加水定容，磁力搅拌或超声30min，用干燥滤纸过滤，弃去初滤液，后续滤液用0.45μm微孔滤膜过滤或离心获取上清液后过0.45μm微孔滤膜至样品瓶，供液相色谱分析。

（2）仪器参考条件

色谱条件应当满足果糖、葡萄糖、蔗糖、麦芽糖、乳糖之间的分离度大于1.5。色谱图参见图4.2和图4.3。

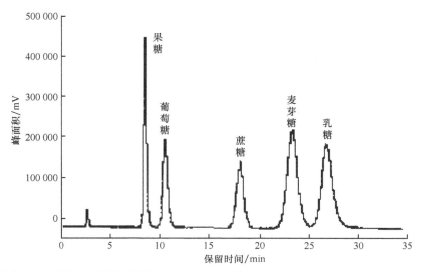

图 4.2 果糖、葡萄糖、蔗糖、麦芽糖和乳糖标准物质的蒸发光散射检测色谱图

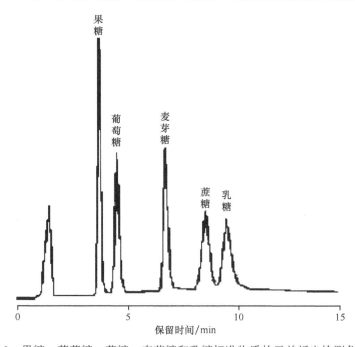

图 4.3 果糖、葡萄糖、蔗糖、麦芽糖和乳糖标准物质的示差折光检测色谱图

流动相：乙腈-水（体积比70∶30）；流动相流速：1mL/min；柱温：40℃；示差折光检测器条件：温度40℃；蒸发光散射检测器条件：漂移管温度为80～90℃，氮气压力为350kPa，撞击器在"关"状态。

**6. 结果计算**

（1）标准曲线的制作

将糖标准物质的标准工作液依次按上述推荐色谱条件上机测定，记录色谱图峰面积或峰高，以峰面积或峰高为纵坐标，以标准工作液的浓度为横坐标，示差折光检测器采用线性方程绘制标准曲线；蒸发光散射检测器采用幂函数方程绘制标准曲线。果糖、葡萄糖、蔗糖、麦芽糖和乳糖标准物质的蒸发光散射检测色谱图，如图4.2所示。果糖、葡萄糖、蔗糖、麦芽糖和乳糖标准物质的示差折光检测色谱图，如图4.3所示。

（2）试样溶液的测定

将试样溶液注入高效液相色谱仪中，记录峰面积或峰高，从标准曲线中查得试样溶液中糖的浓度。可根据具体试样进行稀释。

（3）数据分析

试样中目标物的含量按公式（4.2）计算，计算结果需扣除空白值。

$$X = \frac{(\rho - \rho_0) \times V \times n}{m \times 1000} \times 100 \quad (4.2)$$

式中，$X$表示试样中糖（果糖、葡萄糖、蔗糖、麦芽糖和乳糖）的含量（g/100g）；$\rho$表示样液中糖的浓度（mg/mL）；$\rho_0$表示空白对照中糖的浓度（mg/mL）；$V$表示样液定容体积（mL）；$n$表示稀释倍数；$m$表示试样的质量（g或mL）；"1000"表示换算系数；"100"表示换算系数。

糖的含量≥10g/100g时，计算结果保留3位有效数字；糖的含量＜10g/100g时，计算结果保留两位有效数字。

### 4.2.2.2　甜味成分的快速分析检测方法

Koh等（2018）报道了一种使用超高效液相色谱-蒸发光散射器快速检测柑橘甜味成分的方法，简要介绍如下，供柑橘果实甜味成分快速分析参考。

**1. 范围**

该方法适用于含有糖和糖醇的食品中5种糖（果糖、葡萄糖、蔗糖、麦芽糖和乳糖），8种糖醇（赤藓糖醇、木糖醇、山梨糖醇、甘露醇、麦芽糖醇、乳糖醇、肌醇和异麦芽酮糖醇）的测定。

**2. 原理**

蒸发光散射检测器将柱洗脱液雾化形成气溶胶，然后在加热的漂移管中将溶剂蒸发，最后余下的不挥发性溶质颗粒在光散射检测池中得到检测。

## 3. 材料与试剂

（1）试剂

5种糖（果糖、葡萄糖、蔗糖、麦芽糖和乳糖），8种糖醇（赤藓糖醇、木糖醇、山梨糖醇、甘露醇、麦芽糖醇、乳糖醇、肌醇和异麦芽酮糖醇），内标核糖醇（ISTD）和离子配对试剂（乙醇胺和三乙胺）购自Sigma-Aldrich Chemical Co.（St. Louis，MO，USA）。HPLC级乙腈和乙醇购自Merck（Whitehouse STA，NJ，USA）。使用0.22μm PVDF注射过滤器（Membrane Solutions，TX，USA）过滤所有溶液。

（2）标准溶液的配制

分别将各种糖（5g）、糖醇（2.5g）和ISTD（5g）的标准储备溶液溶于50mL水中，将标准溶液稀释至不同浓度（糖：5.0%、2.5%、0.5%、0.25%和0.1%；糖醇：2.0%、1.0%、0.2%、0.1%和0.05%），绘制校准曲线，并且每个标准材料和样品中的核糖醇（ISTD）浓度均为0.5%。

## 4. 仪器与设备

超高效液相色谱（ultra-high performance liquid chromatography，UPLC），蒸发光散射检测器（evaporative light-scattering detector，ELSD），Acquity BEH酰胺柱，离心机，水浴锅。

## 5. 方法与步骤

（1）样品制备

使用改进的方法提取糖和糖醇（Ghfar et al.，2015）。样品在80℃条件下用水萃取30min。使用50%的乙醇在80℃条件下提取含有脂肪的样品30min以去除脂肪。将提取的样品溶液冷却至室温，通过离心获取上清液（3000r/min，室温下5min），然后使用0.22μm PVDF注射过滤器过滤上清液。

（2）仪器参考条件

通过具有蒸发光散射检测器（ELSD）（H-Class，Waters，Milford，MA，USA）的超高效液相色谱（UPLC）分析糖和糖醇。使用具有1.7μm粒度和2.1mm入口直径的Acquity BEH酰胺柱。使用不同长度的色谱柱（5cm、10cm、15cm）来测量长度对色谱图分辨率的影响。柱温为85℃。ELSD条件：放大系数，5；气体压力为60psi；漂移管温度为60℃；喷雾器，冷却。洗脱剂A和B包括乙腈、含有0.05%（v/v）乙醇胺和三乙胺的水。洗脱剂的流速为0.5mL/min。优化后流动相梯度为0~6min、90%的A，随后流动相A立即下降到84%，保持10min直至完成。

### 4.2.2.3 甜味成分的分析检测新方法

Zaky等（2017）报道了一种新的高效液相色谱方法，用于同时检测食品中氯化物、糖、有机酸和醇类物质。该方法能同时检测食品中的糖和有机酸等，优于现有其他方法，可供建立柑橘甜味成分检测新方法参考。

**1. 范围**

该方法适用于柑橘果汁中可溶性糖成分的检测。

**2. 原理**

采用折射率（RI）检测器测定，以保留时间定性，外标法定量。

**3. 材料与试剂**

本研究中使用的化学品和溶剂是从授权制造商或供应商处购买的HPLC级或分析纯等级。

**4. 仪器与设备**

HPLC系统由JASCO AS-2055智能自动进样器（日本东京JASCO）和JASCO PU-1580智能HPLC泵（JASCO）组成，Hi-Plex H色谱柱，JASCO RI-2031智能折射率检测器。

**5. 方法与步骤**

（1）样品制备

使用0.45μm注射过滤器（Millipore，UK）过滤液体样品（1~10）。取4g固体样品（11~15）放入50mL的猎鹰管中。然后，向每个猎鹰管中加入40mL热去离子水（85℃）。通过旋转Falcon管将样品溶解5min。之后将猎鹰管在85℃的水浴中孵育10min，涡旋1min。使用玻璃微纤维过滤器（孔径1.2μm；Whatman）过滤悬浮液，再使用0.45μm注射过滤器（Millipore，UK）再次过滤悬浮液。在盐提取前，将干酪样品（11和12）捣碎在瓷砂浆中。

（2）色谱分析

本研究中，在35℃下，使用Hi-Plex H色谱柱（7.7mm×300mm，8μm）（Agilent Technologies，Inc.，UK），将氯化钠（NaCl）及所研究的所有其他组分（有机盐、无机盐、糖、有机酸、醇）用JASCO RI-2031智能折射率检测器进行色谱分离。流动相为0.005mol/L $H_2SO_4$，流速为0.4mL/min。流动相溶液也用于冲洗自动进样器的注射器。注射体积为10μL，在12min内完成的分析就仅用于氯离子盐的测定，16min用于测定氯离子盐、糖，32min则用于包括有机酸、乙醇的测定。使用空白的蒸馏水样品来验证用作溶剂的水的纯度。通过目视检查和相关系数，以及内部和内部的精度和精度值评估各种校准模型的拟合优度。

## 4.2.3 柑橘果实苦味成分的分析检测方法

柑橘果实中的柚皮苷（naringin）等类黄酮物质，柠檬苦素（limonin）等类柠檬苦素物质被认为是引起柑橘苦味的主要物质成分（孙志高等，2005）。在现有的国内外文献中没有柑橘果实苦味物质的标准检测方法，在此，我们参考农业农村部行业推荐标准《柑橘类水果及制品中柠碱含量的测定》（NY/T 2011—2011）和《柑橘类水果及制品中橙皮苷、柚皮苷含量的测定》（NY/T 2014—2011），介绍柑橘果实主要苦味物质分析检测的标准方法。同时，根据丁帆（2009）的报道介绍一种柑橘苦味成分的快速检测法，根据Qin等（2016）的报道介绍一种柑橘苦味物质的检测新方法。

### 4.2.3.1 苦味成分的标准分析检测方法

**1. 柑橘类水果及制品中柠碱含量的测定**

（1）范围

《柑橘类水果及制品中柠碱含量的测定》（NY/T 2011—2011）规定了柑橘类水果及其制品中柠碱含量的液相色谱测定方法。该方法适用于柑橘类水果及其制品中柠碱含量的测定。该方法定量测定范围为1.0～200mg/L，定量限为0.7mg/kg，检出限为0.2mg/kg。

（2）原理

试样中的柠碱用有机溶剂提取，经浓缩、定容、离心、微孔滤膜过滤后，采用高效液相色谱法测定，外标法定量。

（3）材料与试剂

1）试剂

二氯甲烷（$CH_2Cl_2$，CAS号1975-09-2），甲醇（$CH_3OH$，CAS号67-56-1），乙腈（$CH_3CN$，CAS号1975-05-8）。除非另有说明，在分析中仅使用确认为色谱纯的试剂和GB/T 6682—2008规定的一级水。

2）标准品

柠碱标准品（$C_{26}H_{30}O_8$，CAS号1180-71-8，纯度＞99.0%）。

3）标准溶液配制

柠碱标准储备溶液：称取5.0mg（精确到0.1mg）的柠碱标准品，用甲醇溶解并定容至10mL，配制成质量浓度为0.50mg/mL的标准储备溶液，于-20℃冰箱内储存。

（4）仪器与设备

高效液相色谱仪：配有紫外检测器（UV）；分析天平：感量为0.01g和0.0001g；离心机：转速不低于10 000r/min；组织捣碎机；旋转蒸发仪；超声波清洗器；离心管：1.5mL；滤膜：0.45μm，有机相。

(5)方法与步骤

1)样品制备

果实样品,取可食部分按四分法缩分后将其切碎,放入组织捣碎机中匀浆后取样。果酱、果汁及饮料样品,充分混匀后直接取样。罐头样品,按四分法进行缩分后,放入组织捣碎机中匀浆后取样。果脯蜜饯类,按四分法进行缩分后,将其切碎、充分混匀后取样。

平行称取两份试样,每份试样10g(精确到0.01g)于50mL烧杯中,加入10mL二氯甲烷,超声萃取10min,分液,有机相转入50mL蒸馏瓶中,残渣再加入10mL二氯甲烷,超声萃取10min,合并有机相于蒸馏瓶中,40℃下减压蒸馏至近干,用1mL甲醇溶解,转入1.5mL的离心管中,离心,上清液过滤膜,得到待测液。

2)仪器参考条件

色谱柱:$C_{18}$色谱柱(4.6mm×250mm,5μm)或同等性能的色谱柱。柱温:30℃。进样量:10μL。检测波长:210nm。流动相:见表4.2。

表4.2 流动相梯度洗脱程序

| 时间/min | 流速/(mL/min) | A相(水)/% | B相(乙腈)/% |
| --- | --- | --- | --- |
| 0 | 1.00 | 65 | 35 |
| 16 | 1.00 | 65 | 35 |
| 17 | 1.00 | 30 | 70 |
| 25 | 1.00 | 30 | 70 |
| 26 | 1.00 | 65 | 35 |
| 35 | 1.00 | 65 | 35 |

(6)结果计算

1)标准曲线的制作

取柠碱标准储备溶液用甲醇逐级稀释,得到质量浓度分别为1.0mg/L、5.0mg/L、10mg/L、25mg/L、50mg/L、100mg/L、200mg/L的标准工作溶液,按步骤进行测定。色谱图参见图4.4。以柠碱质量浓度为横坐标,相应的积分峰面积为纵坐标,绘制标准曲线或求线性回归方程。

2)试样溶液的测定

做两份试样的平行测定。取10μL试样溶液和相应的标准工作溶液顺序进样,以保留时间定性,以色谱峰面积积分值定量,试样溶液中柠碱响应值均应在定量测定范围之内。

3)数据分析

试样中柠碱的含量以质量分数$\omega$计,数值以毫克每千克(mg/kg)计,按公式(4.3)计算,计算结果保留3位有效数字。

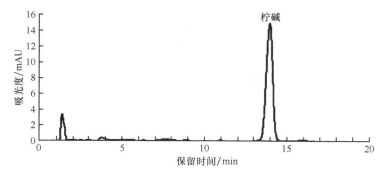

图 4.4  10mg/L 柠碱标准溶液色谱图

$$\omega = \frac{\rho \times V \times 1000}{m \times 1000} \times n \quad (4.3)$$

式中，$\rho$ 为样液中柠碱的质量浓度（mg/L）；$V$ 为样液最终定容体积（mL）；$m$ 为试样质量（g）；$n$ 为稀释倍数。

## 2. 柑橘类水果及制品中橙皮苷、柚皮苷含量的测定

（1）范围

《柑橘类水果及制品中橙皮苷、柚皮苷含量的测定》（NY/T 2014—2011）规定了柑橘类水果及其制品中橙皮苷和柚皮苷含量的液相色谱测定方法。该方法适用于柑橘类水果及其制品中橙皮苷和柚皮苷含量的测定。该方法定量测定范围：橙皮苷和柚皮苷均为 1.0~200mg/L。该方法定量限：橙皮苷和柚皮苷均为 1mg/kg。该方法检出限：橙皮苷和柚皮苷均为 0.3mg/kg。

（2）原理

试样中的橙皮苷和柚皮苷经有机溶剂热提取，微孔滤膜过滤，高效液相色谱法测定，外标法定量。

（3）材料与试剂

1）试剂

甲醇（$CH_3OH$，CAS 号 67-56-1），色谱纯；二甲基甲酰胺 [$(CH_3)_2NCOH$，CAS 号 1968-12-2]。除非另有说明，在分析中仅使用确认为分析纯的试剂和《分析实验室用水规格和试验方法》（GB/T 6682—2008）规定的一级水。

2）试剂配制

乙酸溶液 [体积分数 $\Psi(CH_3COOH)=0.5\%$]：量取 5mL 乙酸，定容至 1000mL；乙酸溶液 [$c(CH_3COOH)=0.01$mol/L]：称取 0.6005g 乙酸，定容至 1000mL；草酸铵溶液 [$c[(NH_4)_2C_2O_4·H_2O]=0.025$mol/L]：称取 3.5528g 草酸铵，定容至 1000mL。

3）标准品

橙皮苷标准品（CAS号520-26-3，纯度＞99.0%）；柚皮苷标准品（CAS号10236-47-2，纯度＞99.0%）。

4）标准溶液配制

橙皮苷和柚皮苷标准储备液：分别称取120mg（精确到0.1mg）的橙皮苷和柚皮苷标准品，溶于20mL二甲基甲酰胺中，用乙酸溶液（pH 4.4）定容至100mL，配制成质量浓度为1200mg/L的标准储备液。于-20℃冰箱中贮存。

（4）仪器与设备

高效液相色谱仪：带紫外检测器（UV）；分析天平：感量0.01g和0.0001g；组织捣碎机；水浴锅；滤膜：0.45μm，水相。

（5）方法与步骤

1）样品制备

果实样品：取可食部分按四分法缩分后将其切碎，放入组织捣碎机中匀浆后取样；果酱、果汁及饮料样品：充分混匀后直接取样；罐头样品：按四分法进行缩分后，放入组织捣碎机中匀浆后取样；果脯蜜饯类：按四分法进行缩分后，将其切碎充分混匀后取样。

平行称取两份试样，每份试样10g（精确到0.01g）于50mL容量瓶中，加入10mL草酸铵溶液，然后加入10mL二甲基甲酰胺，均匀混合，加水定容后将其倒入100mL锥形瓶中，置入90℃水浴锅中保持10min，冷却至室温，取上清液，经滤膜过滤，得到待测液。

2）仪器参考条件

色谱柱：$C_{18}$色谱柱（4.6mm×250mm，5μm）或同等性能的色谱柱。流动相：乙酸溶液（pH 4.3）和甲醇（体积比65∶35）。柱温：35℃。流速：0.8mL/min。进样量：10μL。检测波长：283nm。

（6）结果计算

1）标准曲线的制作

取标准储备溶液用乙酸溶液和二甲基甲酰胺（二者体积比为8∶2）稀释配成质量浓度为1.0mg/L、5.0mg/L、10mg/L、15mg/L、30mg/L、60mg/L、120mg/L的标准工作溶液，进行测定，色谱图参见图4.5。以橙皮苷和柚皮苷质量浓度为横坐标，相应的积分峰面积为纵坐标，绘制标准曲线或求线性回归方程。

2）试样溶液的测定

做两份试样的平行测定。取10μL待测液和相应的标准工作溶液顺序进样，以保留时间定性，以色谱峰面积积分值定量，试样溶液中橙皮苷和柚皮苷响应值均应在定量测定范围之内。

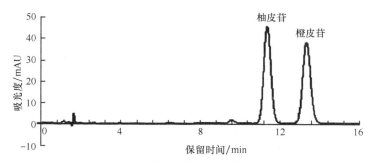

图 4.5 柚皮苷和橙皮苷标准色谱图（10mg/L）

3）数据分析

样液中橙皮苷和柚皮苷的含量以质量分数$\omega$计，单位为mg/kg，按公式（4.4）计算，计算结果保留3位有效数字。

$$\omega = \frac{\rho \times V \times 1000}{m \times 1000} \times n \tag{4.4}$$

式中，$\rho$为样液中橙皮苷或柚皮苷测定的质量浓度（mg/L）；$V$为样液最终定容体积（mL）；$m$为试样质量（g）；$n$为稀释倍数。

#### 4.2.3.2 苦味成分的快速分析检测方法

丁帆（2009）报道了一种利用高效液相色谱快速检测柑橘中柠檬苦素和柚皮苷的快速检测方法，简要介绍如下，供柑橘果实苦味成分快速分析检测参考。

**1. 范围**

该方法适用于柑橘果实中苦味成分的检测。

**2. 原理**

试样中的苦味成分用有机溶剂提取，经浓缩、定容、离心、微孔滤膜过滤后，高效液相色谱法测定，外标法定量。

**3. 材料与试剂**

（1）试剂

乙腈：色谱纯（Fisher，USA）；甲醇：色谱纯（Fisher，USA）；二氯甲烷：分析纯（上海试剂一厂，上海）；二甲亚砜：分析纯（国药集团化学试剂有限公司，北京）；柠檬苦素、诺米林素和柚皮苷标准品（Sigma，色谱级，USA）。

（2）标准溶液的配制

柠檬苦素和诺米林素标准工作溶液的配制：柠檬苦素和诺米林素标准品用乙腈溶解，定容至1mg/mL，配制成标准样品母液。取标准样品母液各100μL，涡旋混合均匀，加入乙腈稀释至256μg/mL，吸取一半体积的溶液，再加入同体积乙腈稀释至128μg/mL，后依次稀释标准样品浓度为64μg/mL、32μg/mL、16μg/mL、8μg/mL、4μg/mL、2μg/mL和1μg/mL。

柚皮苷提取溶剂的配制：取500mL甲醇和500mL二甲亚砜，配制1L（二甲亚砜：甲醇=1∶1）提取溶剂，充分混合后备用。

柚皮苷标准样品的配制：柚皮苷标准品用柚皮苷提取溶剂溶解，定容至2mg/mL，配制成标准样品母液。取柚皮苷标准样品母液200μL，加入柚皮苷提取溶剂稀释至1024μg/mL，吸取一半体积的溶液，加入等体积柚皮苷提取溶剂稀释至512μg/mL，后依次稀释标准样品浓度为256μg/mL、128μg/mL、64ug/mL、32μg/mL、16μg/mL、8μg/mL、4μg/mL、2μg/mL和1μg/mL。

## 4. 仪器与设备

Waters高效液相色谱仪：PDA检测器，$C_{18}$色谱柱（4.6mm×150mm，5μm）（Agilent，USA）；KHS-1型固相萃取仪（IKA，German）；FS60型超声波清洗仪（Fisher Scientific，USA）；5301型真空浓缩仪（Eppendorf Concentrator，German）；Avanti J-20 XP型离心机（Beckman，USA）；Water Pro PLUS型超纯水制备仪（Labconco，USA）。

## 5. 方法与步骤

（1）样品制备

柑橘果实中柠檬苦素和诺米林素的提取：将样品中加入液氮研磨成粉末，称取3g，放入固相萃取仪中，加入50mL二氯甲烷提取15个循环（约3h），回收提取液，真空浓缩至干，用乙腈溶剂定容至1mL，经0.22μm微孔滤膜过滤后待高效液相色谱检测。

柑橘果实中柚皮苷的提取：向样品加入液氮研磨成粉末，称取1g（汁胞3g），放入50mL离心管中，加入10mL提取溶剂充分振荡，超声萃取30min，过滤，弃滤渣，滤液定容至10mL，取1mL经0.22μm微孔滤膜过滤后待高效液相色谱检测。

（2）色谱分析

柠檬苦素和诺米林素的色谱分析条件如下。HPLC色谱柱：$C_{18}$色谱柱（4.6mm×150mm，5μm，Agilent，USA）；光电二极管阵列检测器（photodiode array detector，PDA）；流动相：根据文献（Gary，2007）改进，采用乙腈（A）∶10%甲醇（B）=0.4∶0.6等度洗脱；流速：1mL/min；检测波长：210nm；进样量：20μL；温度：室温。

柚皮苷的色谱分析条件如下。HPLC色谱柱：$C_{18}$色谱柱（4.6mm×150mm，5μm，Agilent，USA）；光电二极管阵列检测器（photodiode array detector，PDA）；流动相：乙腈（A）与10%甲醇（B），梯度洗脱，洗脱方法如表4.3所示；流速：1mL/min；检测波长：285nm；进样量：20μL；柱温：室温。

表 4.3　柚皮苷洗脱方法

| 时间 /min | 流动相 A/% | 流动相 B/% |
| --- | --- | --- |
| 0 | 23 | 77 |
| 8 | 23 | 77 |
| 15 | 65 | 35 |
| 20 | 70 | 30 |
| 21 | 23 | 77 |
| 25 | 23 | 77 |

**6. 数据分析**

样液中柠檬苦素、诺米林素、柚皮苷的含量以质量分数$\omega$计，单位为mg/kg，按公式（4.5）计算，计算结果保留3位有效数字。

$$\omega = \frac{\rho \times V \times 1000}{m \times 1000} \times n \tag{4.5}$$

式中，$\rho$为样液中柠檬苦素、诺米林素、柚皮苷的质量浓度（mg/L）；$V$为样液最终定容体积（mL）；$m$为试样质量（g）；$n$为稀释倍数。

### 4.2.3.3　苦味成分的最新分析检测方法

Qin等（2016）报道了一种新的生物电子舌在体（*in vivo*）检测苦味的方法。该方法使用了一种新的生物电子舌——在体生物电子舌（*in vivo* bioelectronics tongue），与传统的电子舌相比，在体生物电子舌在检测性能方面有显著的提升，优于现有其他方法，可供建立柑橘苦味成分检测新方法参考。

**1. 适用范围**

该方法适用于柑橘果肉中苦味成分的检测。

**2. 原理**

在体生物电子舌主要由两部分组成，其中生物功能部件作为敏感元件（sensing element），与目标物质结合并产生特异性的响应；微纳传感器作为换能器（secondary transducer），将响应信号转化为更易于处理的光、电等物理信号（秦臻等，2014）。

**3. 方法与步骤**

（1）电生理记录装置

基于大鼠完整味觉感受系统的在体生物电子舌，其系统核心是大鼠味觉皮层神经元胞外电位的采集和分析，其中，高信噪比的信号采集是分析和建立检测模型的关键。为了在体内读取大鼠味觉皮层（gustatory cortex，GC）中的味觉刺激的神经反应，我们需要一个能够长时间可靠地记录神经电生理信号的平台。在本研究中，使用了美国Plexon公司生产的OmniPlex在体多通道记录系统。该系统主要包括Headstage、前置放大器、OmniPlex主机3个部分。Headstage直接与电极母座连接，最大输入为10mV，有1倍和20倍两种增益模式供选择，可以直接放大信号，提高信号在传输过程中的抗干扰能力。前置放大器配合不同的Headstage增益可以将信号最高放大2000倍，每个通道的采样频率均为40kHz，0～60Hz的共模抑制比为100dB。另外，有多种低通滤波器供用户选择。OmniPlex主机提供了32个数字输入接口，可以接受外部触发作为输入。

OmniPlex系统包含两个配置软件，分别是OmniPlex Server和PlexControl。OmniPlex Server是软件系统的"引擎"，不仅能从OmniPlex主机和前置放大器端获取数据，还可以向硬件设备发送控制指令，完成通道数设置、数字信号处理（包括放大倍数、滤波器截止频率、50Hz陷波器等）、spike检测和分类等功能。OmniPlex Server使用模块化的界面，用户配置系统时无需了解底层的具体实现。PlexControl主要提供可视化和数据存储的功能，可以实时调整spike检测阈值，并显示采集到的spike波形。采集到的信号存储为.plx或.pl2格式，可用于其他软件的离线分析。

（2）味觉刺激装置

在基于清醒大鼠的在体生物电子舌相关检测中，大鼠处于自由运动的状态，因此，使用植入式口腔导管（intraoral cannula，IOC）将味觉刺激溶液泵入大鼠口中。口腔导管的植入使用一端连接有外径为0.9mm的聚乙烯（polyethylene，PE）细管的手术针从大鼠口腔顶部穿入，经皮下穿过脸颊，从头顶穿出。取下手术针，在口腔端加套垫圈，防止管路晃动。使用烙铁将PE管口腔端融化，形成扩口，卡住垫圈的同时也避免伤口愈合而堵塞管口。PE管头顶端使用牙科水泥与电极一起固定。手术后，训练大鼠以适应口腔导管给水方式。

进行味觉刺激时，每次刺激消耗溶液约40μL，各种味觉物质刺激的选择和顺序具有随机性，避免实验动物形成规律性的反应。每次刺激后，使用去离子水清洗管路和大鼠舌头表面，清洗时的信号同样被记录作为实验的对照组数据。每次给水（包括施加刺激和清洗）的间隔为15s或更长，给水的同时，使用键盘在实时记录的信号中添加时间戳，以标明刺激开始的时间点。实验重复多次，以分析重复性和稳定性。

（3）神经信号处理通用技术

OmniPlex系统记录的原始信号为宽频信号（wide band signal），经过滤波后，可以分为频率较低的局部场电位信号（local field potential，LFP；0.5～200Hz）和频率较高的单个神经元锋电位spike信号（200～4000Hz）。两种信号具有不同的特点，对应的分析方法也不同。

LFP信号代表一定范围内神经元群体的活动模式，信号具有连续性，有研究认为其产生与阈下发放电位相关。LFP频率小于100Hz，因此，OmniPlex系统默认的40kHz采样率过高。为了压缩LFP数据，在分析前将LFP的采样率降至1kHz，同时，降低采样率也有利于提高频域分析的分辨率。与LFP不同，spike信号代表的是单个神经元的动作电位波形的胞外记录，每个记录到的spike信号为该神经元电位的一次发放过程，单个spike时间小于140ms的信号具有离散性。spike分析的基础是检测（detection）和分类（sorting），spike检测指的是使用合适的方法提取出spike波形，并准确记录每个spike发放的时间点；spike分类是指当某个电极同时记录到2个或更多神经元的信号时，使用合适的方法将检测到的spike波形分类，并针对每一个神经元构建独立的spike发放序列。

在本研究中，我们根据信号的信噪比及受运动噪声的影响情况，选择单阈值和双阈值两种方法。单阈值spike检测适用于噪声较弱的情况，当信号波谷值小于阈值时，记为一次spike。阈值设置与基础噪声的强度有关，一般为噪声幅值的95%置信区间下界。对于信噪比更高的spike信号，可以使用绝对值更大的阈值，以减小噪声的影响。双阈值spike检测不仅对信号波谷划定检测阈值，还对波峰的幅值进行阈值判定，波峰阈值一般设置为噪声幅值的95%置信区间上界。

原始spike信号经过分类，即可以利用单个神经元的spike发放序列进行单细胞级别的分析。由于spike信号具有离散性，因此，spike的波形信息可以抛弃，只保留spike发放的时间戳信息。发放率是衡量神经元活动程度的一项重要参数，通常使用光栅图（raster plot）表示spike信号的时域分布，光栅图中的每条短竖线表示一次spike发放，短竖线越密集，则表示发放频率越高。为了定量地表示其发放率随时间的变化，常使用刺激周围时间直方图（peri-stimulus time histogram，PSTH），直方图中立柱的高度代表其发放率的大小。另外，还有其余方法可以用于味觉皮层神经元信息的特征提取和分析。

## 4. 数据分析

所有分析都是使用Matlab（MathWorks）中的内置和自定义例程编写的。GC记录的神经活动呈宽带信号（0.5～8000Hz）的形式，可分为单位活动和频域LFP。通过使用带通滤波器（200～4000Hz）对原始信号进行滤波获得单个单位活动，并使用阈值法确定峰值。记录尖峰的时间戳，这在计算神经发射率时是有用的。LFP也是原始信号的过滤（0.5～200Hz）产物，并反映一定体积的脑组织内的神经活动。LFP信号由几个振荡构成，其中包括衰减（15～30Hz）、伽马振荡（35～100Hz）等。不同的振荡可以从不同的LFP信号滤波值中得到，并通过适当的传递带。在每个试验中分别计算基线期和激活期的数据，并分别计算这两个部分的功率谱密度（power spectral density，PSD）。每个数据段首先乘以汉明窗函数，然后通过快速傅里叶变换（fast fourier transform，FFT）变换到频域。变换数据的绝对值定义了功率谱。八月指数

(August index，AI；原指Kline's August index，月度基准股票保证金指数）表示激活和基准期间振荡平均衰老功率的增强比例，见公式（4.6）。

$$AI = \frac{\overline{PSD_{激活}}}{\overline{PSD_{基准}}} \quad (4.6)$$

在某些情况下，用以dB为单位的对数计算而不是原始PSD来描述定量值。

对LFP信号进行时频分解。在这项工作中，我们使用500ms长的滑动时间窗口，以50ms的步长移位，并在连续窗口之间重叠50%。计算平均值（$\overline{X_i}$）及在基准期间从时间窗口获得的每个频率上的功率值的标准误差（$\sigma$），使Z分数归一化，见公式（4.7）。

$$Z = \frac{\overline{X_i}}{\sigma} \quad (4.7)$$

### 4.2.4 柑橘果实鲜味成分的分析检测方法

柑橘果实的鲜味主要由谷氨酸、天冬氨酸、精氨酸、丙氨酸和甘氨酸等氨基酸决定（龚骏等，2014），尽管有报道认为，呈味核苷酸、无机离子和有机酸等对柑橘果实的鲜味也有贡献（吴娜等，2014）。鉴于目前国内外并没有关于柑橘果实鲜味氨基酸的标准分析检测方法，同时不同食品中鲜味的贡献成分主体相同，在此我们参考食品安全国家标准《食品中氨基酸的测定》（GB 5009.124—2016），介绍柑橘鲜味成分的标准分析检测方法。同时，根据Zheng等（2015）的报道，介绍柑橘鲜味的快速检测方法；根据Redruello等（2016）和齐宁利等（2018）的报道，介绍柑橘果实鲜味氨基酸成分分析检测的新方法。

#### 4.2.4.1 柑橘果实鲜味成分的标准分析检测方法

**1. 范围**

《食品中氨基酸的测定》（GB 5009.124—2016）规定了用氨基酸分析仪（茚三酮柱后衍生离子交换色谱仪）测定食品中氨基酸的方法。该方法适用于食品中酸水解氨基酸的测定，包括天冬氨酸、苏氨酸、丝氨酸、谷氨酸、脯氨酸、甘氨酸、丙氨酸、缬氨酸、蛋氨酸、异亮氨酸、亮氨酸、酪氨酸、苯丙氨酸、组氨酸、赖氨酸和精氨酸共16种氨基酸。

**2. 原理**

食品中的蛋白质经盐酸水解成为游离氨基酸，经离子交换柱分离后，与茚三酮溶液产生颜色反应，再通过可见光分光光度检测器测定氨基酸含量。

## 3. 材料与试剂

(1) 试剂

盐酸（HCl）：浓度≥36%，优级纯；苯酚（$C_6H_5OH$）；氮气：纯度99.9%；柠檬酸钠（$Na_3C_6H_5O_7 \cdot 2H_2O$）：优级纯；氢氧化钠（NaOH）：优级纯。除非另有说明，该方法所用试剂均为分析纯，水为GB/T 6682—2008中规定的一级水。

(2) 试剂配制

盐酸溶液（6mol/L）：取500mL盐酸加水稀释至1000mL，混匀。

冷冻剂：市售食盐与冰块按质量1：3混合。

氢氧化钠溶液（500g/L）：称取50g氢氧化钠，溶于50mL水中，冷却至室温后，用水稀释至100mL，混匀。

柠檬酸钠缓冲溶液 [$c(Na^+)$=0.2mol/L]：称取19.6g柠檬酸钠，加入500mL水溶解，加入16.5mL盐酸，用水稀释至1000mL，混匀，用6mol/L盐酸溶液或500g/L氢氧化钠溶液调节pH至2.2。

不同pH和离子强度的洗脱用缓冲溶液：参照仪器说明书配制或购买。

茚三酮溶液：参照仪器说明书配制或购买。

(3) 标准品

混合氨基酸标准溶液：经国家认证并授予标准物质证书的标准溶液。

16种氨基酸标准品：固体，纯度≥98%。

(4) 标准溶液配制

混合氨基酸标准储备液（1μmol/mL）：分别准确称取单个氨基酸标准品（精确至0.00001g）于同一50mL烧杯中，用8.3mL 6mol/L盐酸溶液溶解，精确转移至250mL容量瓶中，用水稀释并定容，混匀。各氨基酸标准品称量质量的参考值见表4.4。

**表4.4 配制混合氨基酸标准储备液时氨基酸标准品的称量质量参考值及摩尔质量**

| 氨基酸标准品名称 | 称量质量参考值/mg | 摩尔质量/(g/mol) | 氨基酸标准品名称 | 称量质量参考值/mg | 摩尔质量/(g/mol) |
|---|---|---|---|---|---|
| L-天门冬氨酸 | 33 | 133.1 | L-蛋氨酸 | 37 | 149.2 |
| L-苏氨酸 | 30 | 119.1 | L-异亮氨酸 | 33 | 131.2 |
| L-丝氨酸 | 26 | 105.1 | L-亮氨酸 | 33 | 131.2 |
| L-谷氨酸 | 37 | 147.1 | L-酪氨酸 | 45 | 181.2 |
| L-脯氨酸 | 29 | 115.1 | L-苯丙氨酸 | 41 | 165.2 |
| 甘氨酸 | 19 | 75.07 | L-组氨酸盐酸盐 | 52 | 209.7 |
| L-丙氨酸 | 22 | 89.06 | L-赖氨酸盐酸盐 | 46 | 182.7 |
| L-缬氨酸 | 29 | 117.2 | L-精氨酸盐酸盐 | 53 | 210.7 |

混合氨基酸标准工作液（100nmol/mL）：准确吸取混合氨基酸标准储备液1.0mL于10mL容量瓶中，加pH 2.2柠檬酸钠缓冲溶液定容，混匀，为标准上机液。

**4. 仪器与设备**

实验室用组织粉碎机或研磨机；匀浆机；分析天平（感量分别为0.0001g和0.00001g）；水解管（耐压螺盖玻璃试管或安瓿瓶，体积为20～30mL）；真空泵（排气量≥40L/min）；酒精喷灯；电热鼓风恒温箱或水解炉；试管浓缩仪或平行蒸发仪（附带配套15～25mL试管）；氨基酸分析仪（茚三酮柱后衍生离子交换色谱仪）。

**5. 方法与步骤**

（1）样品制备

固体或半固体试样使用组织粉碎机或研磨机粉碎，液体试样用匀浆机打成匀浆后密封冷冻保存，分析时将其解冻后使用。

对于均匀性好的样品，如奶粉等，准确称取一定量试样（精确至0.0001g），使试样中蛋白质含量在10～20mg。对于蛋白质含量未知的样品，可先测定样品中蛋白质的含量。将称量好的样品置于水解管中。对于很难获得高均匀性的试样，如鲜肉等，为减少误差可适当增大称样量，测定前再做稀释。对于蛋白质含量低的样品，如蔬菜、水果、饮料和淀粉类食品等，固体或半固体试样称样量≤2g，液体试样称样量≤5g。

根据试样的蛋白质含量，在水解管内加10～15mL 6mol/L盐酸溶液。对于含水量高、蛋白质含量低的试样，如饮料、水果、蔬菜等，可先加入相同体积的6mol/L盐酸混匀后，再用6mol/L盐酸溶液补充至大约10mL。继续向水解管内加入苯酚3～4滴。将水解管放入冷冻剂中，冷冻3～5min，再接到真空泵的抽气管上，抽真空（接近0Pa），然后充入氮气，重复抽真空—充入氮气3次后，在充氮气状态下封口或拧紧螺丝盖。将已封口的水解管放在（110±1）℃的电热鼓风恒温箱或水解炉内，水解22h后取出，冷却至室温。打开水解管，将水解液过滤至50mL容量瓶内，用少量水多次冲洗水解管，水洗液移入同一50mL容量瓶内，最后用水定容，振荡混匀。准确吸取1.0mL滤液移入到15mL或25mL试管内，用试管浓缩仪或平行蒸发仪在40～50℃加热环境下减压干燥，干燥后残留物用1～2mL水溶解，再减压干燥，最后蒸干。将1.0～2.0mL pH 2.2的柠檬酸钠缓冲溶液加入到干燥后的试管内溶解，振荡混匀后，吸取溶液通过0.22μm滤膜后，转移至仪器进样瓶，为样品测定液，供仪器测定用。

（2）仪器参考条件

将混合氨基酸标准工作液注入氨基酸自动分析仪，参照氨基酸分析仪（JJG 1064—2011）检定规程及仪器说明书，适当调整仪器操作程序及参数和洗脱用缓冲溶液试剂配比，确认仪器操作条件。

色谱柱：磺酸型阳离子树脂；检测波长：570nm和440nm。

## 6. 结果计算

（1）标准曲线的制作

各氨基酸标准品称量质量参考值见表4.4，色谱图参见图4.6。

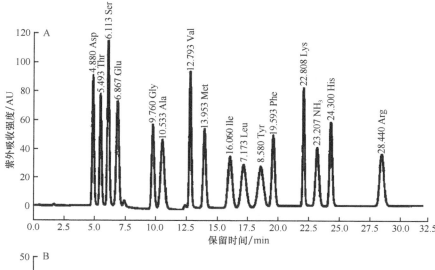

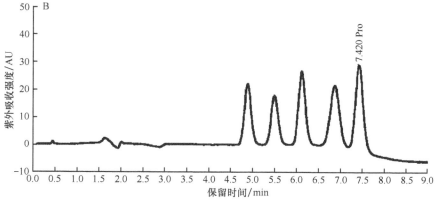

图4.6 混合氨基酸标准工作液色谱图
A. vis1检测波长570nm；B. vis2检测波长440nm

混合氨基酸标准储备液中各氨基酸的含量按公式（4.8）计算，结果保留4位有效数字。

$$c_j = \frac{m_j}{M_j \times 250} \times 1000 \tag{4.8}$$

式中，$c_j$为混合氨基酸标准储备液中氨基酸$j$的浓度（μmol/mL）；$m_j$为称取氨基酸标准品$j$的质量（mg）；$M_j$为氨基酸标准品$j$的分子量；"250"为定容体积（mL）；"1000"为换算系数。

（2）样品溶液的测定

混合氨基酸标准工作液和样品测定液分别以相同体积注入氨基酸分析仪，以外标法通过峰面积计算样品测定液中氨基酸的浓度。

（3）数据分析

样品测定液中氨基酸的含量按公式（4.9）计算。

$$c_i = \frac{c_s}{A_s} \times A_i \tag{4.9}$$

式中，$c_i$为样品测定液氨基酸$i$的含量（nmol/mL）；$A_i$为样品测定液氨基酸$i$的峰面积；$A_s$为氨基酸标准工作液氨基酸$s$的峰面积；$c_s$为氨基酸标准工作液氨基酸$s$的含量（nmol/mL）。

试样中各氨基酸的含量按公式（4.10）计算。试样中氨基酸含量在1.00g/100g以下，保留2位有效数字；含量在1.00g/100g以上，保留3位有效数字。

$$X_i = \frac{c_i \times F \times V \times M}{m \times 10^9} \times 100 \tag{4.10}$$

式中，$X_i$为试样中氨基酸$i$的含量（g/100g）；$c_i$为试样测定液中氨基酸$i$的含量（nmol/mL）；$F$为稀释倍数；$V$为试样水解液转移定容的体积（mL）；$M$为氨基酸$i$的摩尔质量（g/mol），各氨基酸的名称及摩尔质量见表4.5；$m$为称样量（g）；"$1/10^9$"为将试样含量由纳克（ng）折算成克（g）的系数；"100"为换算系数。

表 4.5　16种氨基酸的名称和摩尔质量

| 氨基酸名称 | 摩尔质量/（g/mol） | 氨基酸名称 | 摩尔质量/（g/mol） |
| --- | --- | --- | --- |
| 天门冬氨酸 | 133.1 | 蛋氨酸 | 149.2 |
| 苏氨酸 | 119.1 | 异亮氨酸 | 131.2 |
| 丝氨酸 | 105.1 | 亮氨酸 | 131.2 |
| 谷氨酸 | 147.1 | 酪氨酸 | 181.2 |
| 脯氨酸 | 115.7 | 苯丙氨酸 | 165.2 |
| 甘氨酸 | 75.1 | 组氨酸 | 155.2 |
| 丙氨酸 | 89.1 | 赖氨酸 | 146.2 |
| 缬氨酸 | 117.2 | 精氨酸 | 174.2 |

### 4.2.4.2　柑橘果实鲜味成分的快速分析检测方法

Zheng等（2015）报道了一种高效液相色谱方法，使用装有4个泵的Agilent 1100 LC/MSD Trap（Santa-Clara，USA）分析氨基酸，可快速分析检测样品中氨基酸的成分，我们简要介绍如下，供柑橘果实鲜味氨基酸的快速分析参考。

## 1. 范围

该方法适用于柑橘干燥样品中鲜味氨基酸成分的检测。

## 2. 原理

具有不同R基团的氨基酸与衍生剂自动衍生化反应后，不同的氨基酸都能生成唯一的衍生物（产物具有紫外和荧光吸收）。衍生物经$C_{18}$柱分离、检测，外标法定量。

## 3. 材料与试剂

精氨酸（Arg）、组氨酸（His）、甘氨酸（Gly）、丝氨酸（Ser）、谷氨酸（Glu）、天冬氨酸（Asp）、苏氨酸（Thr）、丙氨酸（Ala）、蛋氨酸（Met）、缬氨酸（Val）、苯丙氨酸（Phe）、亮氨酸（Leu）、赖氨酸（Lys）和酪氨酸（Tyr）。混合溶液中的上述标准品浓度均为2.5mmol/L。氨基酸标准品和混合标准溶液均购自Sigma-Aldrich Chemical Co.（St. Louis，MO，USA）。三乙胺（TEA）购自国药集团化学试剂有限公司（中国上海）。衍生化试剂PITC（98%）购自阿拉丁工业公司（中国上海）。乙腈和甲醇购自泰迪亚公司（美国）。甲酸（98%~100%）购自天津市光复精细化工研究所（中国）。除乙腈和甲醇是色谱纯以外，其他试剂均为分析纯。

## 4. 仪器与设备

真空干燥器、涡旋仪、离心机、Agilent 1100 LC/MSD Trap（Santa-Clara，USA）、带ESI源的检测型光电二极管阵列检测器和XCT型离子阱质谱仪（Agilent micromesh ZQ4000，USA）。

## 5. 方法与步骤

（1）衍生化程序

衍生化程序是参照Gonzalez-Castro等（1997）报道的方法修改的，并提前半小时制备了PITC溶液。将10μL氨基酸溶液移入1.5mL离心管中，65℃真空干燥2h。将干燥的样品与20μL的甲醇-水-TEA（体积比2:2:1）混合，并在65℃条件下真空中再干燥30min。然后将样品与20μL甲醇-水-TEA-PITC（体积比7:1:1:1）混合，剧烈振荡5~10s。氨基酸的PITC衍生化在25℃下进行20min，然后在65℃条件下真空干燥30min以除去过量的试剂。将干燥的样品用12μL 60%乙腈水溶液和113μL 0.05%甲酸水溶液溶解。涡旋混匀，在11 000g下离心5min，并通过0.45μm尼龙膜过滤器过滤。将样品转移到样品瓶中以用于LC-MS分析，进样量为10μL。所有提取的氨基酸样品按照上述步骤进行处理。

（2）高效液相色谱和质谱条件

使用装有4个泵的Agilent 1100 LC/MSD Trap（Santa-Clara，USA）分析氨基酸。使用检测型光电二极管阵列检测器和带ESI源的XCT型离子阱质谱仪（Agilent micromesh ZQ4000，USA）。数据分析用LC/MSD Trap软件（版本5.2）进行。氨基酸衍生物的色谱分析使用安捷伦Eclipse+$C_{18}$色谱柱（4.6mm×250mm，5mm），保持在30℃。波长设定为254nm，分析时间为30min。PITC衍生物的HPLC条件如下：流动相A，0.05%甲酸水溶液；流动相B，乙腈-水（体积比70∶30）。每个流动相在使用前用0.45μm尼龙膜过滤器过滤。将样品的衍生物以1.0mL/min的流速注入ESI-MS系统，样品进样量为10μL。根据Howe等（1999）的报道，梯度曲线列表，系统自动返回到洗脱程序（0min，10%B）以清洁色谱柱。系统需平衡大约3min用于随后的注射。

质谱检测条件设定如下：干燥温度，300℃；干燥气体（氮气），10L/min；针电压1.0kV；锥形电压，50V；去溶剂化温度，120℃；去溶剂化气体（氮气），2.5L/min；锥形气体（氮气），1.7L/min。全扫描模式下氨基酸质量为50~500kDa。

**6. 数据整理与分析**

样品测定液氨基酸的含量按公式（4.11）计算。

$$c_i = \frac{c_s}{A_s} \times A_i \tag{4.11}$$

式中，$c_i$为样品测定液氨基酸$i$的含量（nmol/mL）；$A_i$为试样测定液氨基酸$i$的峰面积；$A_s$为氨基酸标准工作液氨基酸$s$的峰面积；$c_s$为氨基酸标准工作液氨基酸$s$的含量（nmol/mL）。

#### 4.2.4.3 柑橘果实鲜味成分的最新分析检测方法

Redruello等（2016）报道了一种用超高效液相色谱分析啤酒中氨基酸的方法，齐宁利等（2018）报道了一种测定火龙果酒中游离氨基酸的超高效液相色谱分析方法，这两种方法可供建立柑橘果实鲜味氨基酸分析检测新方法参考。

**1. 范围**

该方法适用于柑橘果汁中鲜味氨基酸成分的检测。

**2. 原理**

具有不同R基团的氨基酸与衍生剂自动衍生化反应后，不同的氨基酸都能生成唯一的衍生物（产物具有紫外和荧光吸收）。衍生物经$C_{18}$柱分离、检测，外标法定量。

## 3. 材料与试剂

氨基酸单标（140624-201506，纯度≥98%）（中国食品药品检定研究院）；甲醇和乙腈（色谱纯）、乙酸铵（色谱纯，≥99%）；乙氧基亚甲基丙二酸二乙酯（DEEMM）、标准硼酸盐缓冲液；高纯二氧化碳气体（≥99.99%）。

## 4. 仪器与设备

超高液相色谱仪（配有紫外检测器）（美国Waters公司）；Milli-Q超纯水制备系统（美国默克密理博公司）；冷冻离心机（UNIVERSAL公司）；漩涡振荡器（德国IKA公司）。

## 5. 方法与步骤

（1）标准溶液配制

分别精确称取0.1g各氨基酸标准品，用0.1mol/L的HCl溶液准确定容至100mL，配制成1.0mg/L的标准储备液，通过梯度稀释制备浓度为0.8mg/L、0.6mg/L、0.4mg/L、0.2mg/L、0.1mg/L的系列标准工作液，在4℃下冷藏备用。

（2）样品前处理

精密称取样品1g（精确到0.001g）于氨基酸水解管中，加入6mol/L盐酸200mL、体积分数为1%的苯酚1mL，抽真空后通入高纯氮气，旋紧盖子，置于110℃烘箱中水解24h，水解完毕后冷却至室温，然后置于旋转蒸发仪中低压旋转浓缩至近干，加入2mL超纯水，重复该操作2次，尽可能多地挥发掉盐酸；加入2mL超纯水使其溶解，超声1min并定容于10mL容量瓶中，待衍生化处理。

（3）衍生化方法

参考Redruello（2016）等报道的方法，并作了修改。吸取490μL标准硼酸盐缓冲液（pH为9.0±0.1）于具塞离心管中，依次加入340μL无水甲醇、450μL标准品或样品、15μL的DEEMM，漩涡振荡30s后超声水浴处理30min，然后转移到80℃水浴中恒温反应2h，以保证过量的衍生化试剂和副产物完全降解，待反应体系冷却至室温后加入等体积的甲醇，用0.22μm水相膜过滤后进样分析。

（4）色谱分析

色谱柱：Acquity UPC2 Torus Diol（3.0mm×100mm，1.7μm）；流动相A为$CO_2$，B为添加2.5mmol/L乙酸铵的甲醇和乙腈（体积比1∶1）混合溶液；流速1.0mL/min；进样量2.0μL；柱温40℃；检测波长280nm，补偿范围330～430nm；背压1800psi；梯度洗脱：0～0.2min 98% A，0.2～5.0min 98%～70% A，5.0～15.0min 70% A，15.0～17.5min 70%～98% A。

**6. 数据整理与分析**

（1）标准曲线的制作

分别精确称取0.1g各氨基酸标准品，用0.1mol/L的HCl溶液准确定容至100mL，配制成1.0mg/L的标准储备液，通过梯度稀释制备浓度为0.8mg/L、0.6mg/L、0.4mg/L、0.2mg/L、0.1mg/L的系列标准工作液，按上述方法进行测定。以各氨基酸质量浓度为横坐标，相应的峰面积为横坐标，计算标准曲线或求线性回归方程。

混合氨基酸标准储备液中各氨基酸的含量按公式（4.12）计算，结果保留4位有效数字。

$$c_j = \frac{m_j}{M_j} \times 1000 \quad (4.12)$$

式中，$c_j$为混合氨基酸标准储备液中氨基酸$j$的浓度（μmol/mL）；$m_j$为称取氨基酸标准品$j$的质量（mg）；$M_j$为氨基酸标准品$j$的分子量；"1000"为换算系数。

（2）试样溶液的测定

以外标法通过峰面积计算样品测定液中氨基酸的浓度。

（3）数据分析

样品测定液中氨基酸的含量按公式（4.13）计算。

$$c_i = \frac{c_s}{A_s} \times A_i \quad (4.13)$$

式中，$c_i$为样品测定液氨基酸$i$的含量（nmol/mL）；$A_i$为试样测定液氨基酸$i$的峰面积；$A_s$为氨基酸标准工作液氨基酸$s$的峰面积；$c_s$为氨基酸标准工作液氨基酸$s$的含量（nmol/mL）。

## 4.3 柑橘果实香味成分的分析检测方法

香味是指通过人的嗅觉和味觉器官感受到的使人体感到愉悦的气味感的总称。在这里，我们讲的香味是指果肉中的各种香味成分所决定的柑橘果实特有的香味。Zheng等（2016）报道了一种葡萄柚果肉中糖、有机酸、香味成分和类胡萝卜素的检测方法，可供柑橘果实香味成分分析检测参考，具体方法如下。

### 4.3.1 范围

该方法适用于柑橘果肉香味成分的检测。

### 4.3.2 原理

Zheng等（2016）的方法所用的主要设备是气相色谱仪和质谱仪，相关分析的原理如下。

## 1. 气相色谱原理

气相色谱的流动相为惰性气体，分析时以表面积大且具有一定活性的吸附剂作为固定相。当多组分的混合样品进入色谱柱后，由于吸附剂对每种组分的吸附力不同，经过一定时间后，各组分在色谱柱中的运行速度也就不同。吸附力弱的组分容易被解吸下来，最先离开色谱柱进入检测器，而吸附力最强的组分最不容易被解吸下来，最后离开色谱柱。如此，各组分得以在色谱柱中彼此分离，顺序进入检测器中被检测并记录下来。

## 2. 质谱原理

质谱分析是一种测量离子荷质比（电荷与质量比）的分析方法，基本原理是使试样中各组分在离子源中发生电离，生成不同荷质比的带正电荷的离子，经加速电场的作用，形成离子束，进入质量分析器。在质量分析器中，再利用电场和磁场使发生相反的速度色散，将它们分别聚焦而得到质谱图，从而确定其质量。

### 4.3.3 试剂

氯化钠（NaCl），分析纯；环己酮（$C_6H_{10}O$），色谱级；$C_5 \sim C_{25}$正构烷烃混标（德国Dr. Ehrenstorfer GmbH公司）。

### 4.3.4 仪器与设备

PB3002-S/FACT分析天平（感量0.01g）（瑞士梅特勒-托利多公司）；Milli-Q Advantage A10超纯水系统（美国Millpore公司）；7890A/5975C气相色谱-单四极杆质谱仪（配备DB-5MS石英毛细管柱）（美国Agilent公司）；Combi PAL气相色谱多功能自动进样器（瑞士CTC公司）；二乙烯基苯/碳分子筛/聚二甲基硅氧烷（DVB/CAR/PDMS 50/30μm）萃取头（Supelco Co., Bellefonte PA，USA）。

### 4.3.5 方法与步骤

#### 1. 制备样品

准确称取1.50g果肉样品粉末用3mL饱和氯化钠溶液均质，然后加入20μL正己醇和肉豆蔻酸甲酯作为内标，定量挥发性化合物。该溶液在40℃保持30min。使用涂有65μm二乙烯基苯/碳分子筛/聚二甲基硅氧烷（DVB/CAR/PDMS）的1cm长纤维的固相微萃取针（solid phase micro-extraction，SPME）进行挥发性化合物萃取，然后上机检测。

#### 2. 色谱和质谱分析

气相色谱分析条件：色谱柱为DB-5MS（30m×0.25mm，0.25μm）；升温程序：

40℃保持5min，以4℃/min升至250℃并保持5min；进样口温度250℃；注射量1μL；不分流进样；载气为氦气（纯度＞99.999%）；载气流速1mL/min。

质谱分析条件：电子电离（electron ionization，EI）源；电子能量70eV；传输线温度150℃；离子源温度200℃；四极杆温度250℃；质量扫描范围40～500m/z。

**3. 参考色谱图**

挥发性化合物的参考色谱图如图4.7所示。

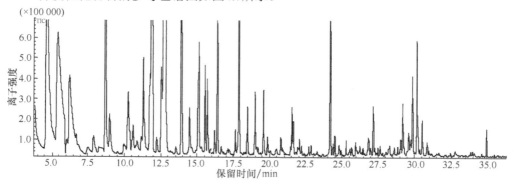

图4.7 挥发性化合物参考色谱图

### 4.3.6 结果计算

**1. 定性分析**

利用图谱库（NIST 2008和Flavour 2.0）的检索结果，根据$C_5$～$C_{25}$正构烷烃的保留时间计算出化合物的相对保留指数，结合相关文献（Yang et al.，2010；Yoon et al.，2010；Wang et al.，2012；何朝飞等，2013）定性，确定出相应的挥发性物质。

**2. 半定量分析**

定量方法采用内标法，内标物为环己酮。利用各成分峰面积与内标物峰面积对比进行半定量分析，计算公式如下。

挥发性物质含量=各成分峰面积×内标物质量/（内标物峰面积×样品质量）　（4.14）

挥发性物质含量（μg/g）均以鲜重计。

## 4.4　柑橘果实口感品质的评价方法

口感是果实风味品质的重要组成部分之一，但现有文献中有关柑橘果实口感品质评价的研究并不多，而且描述口感的术语也不完全相同。其中，果肉质地、果实硬度、果肉化渣程度等是常见的术语。例如，在《柑橘种质资源描述规范和数据标准》（江东和龚桂芝，2006）一书中，有关柑橘果实口感品质评价的指标是果肉质地，而对柑橘果肉质地的描述是成熟果实食用时果肉汁胞的软硬程度，分为细软、细嫩、脆嫩和粗糙4个等级。而在其他文献中用化渣程度来表示柑橘果实的口感品质（李春燕，2006）。

其实，质地在材料学中是指织物的编织组织、材料构成等情况。Matz（1962）认为"食品的质地是除温度感觉以外的食品物性感觉，它主要由口腔中皮肤及肌肉的感觉来感知"。一般认为，食品的质地与以下三方面感觉的物理性质有关：①手或手指对食品的触摸感；②目视的外观感觉；③口腔摄入的综合感觉，包括咀嚼时感到的软硬、黏稠、酥脆、滑爽等（李里特，2001）。所以在现有文献中描述食物质地的常用术语有硬度（hardness）、脆度（brittleness）、耐嚼性（chewiness）、弹性（gumminess）、黏附性（adhesiveness）和黏稠度（viscosity）等。对于果品，与其质地最相关的物理特性是口腔摄入时的综合感觉，特别是咀嚼时感到的软硬、黏稠、酥脆、滑爽等。因此，果肉的硬度、脆度和耐嚼性应当是果肉质地特性的主要决定因素。

目前，食品质地的测定主要有两条途径。第一，食品质地的感官评价法，也称为主观评价法（subjective method），该方法尽管存在主观性，但仍然是果肉质地评价的主要方法。第二，基于仪器设备的食品质地定量测定法，也称为客观评价法（objective method）。与感官评价法相比，仪器分析法如质地剖面分析（texture profile analysis，TPA）和穿刺试验（puncture test）等都具有较好的可重复性，且稳定性较高，可以获得量化的质地参数，并易建立客观、统一的评价标准（李三培等，2017）。如果再加上食品，特别是果蔬产品质地的主观评价受很多因素的影响，利用剪压测试仪等测定来客观评价柑橘果实的质地已日益成为最主要的方法（曾秀丽，2003）。下面，我们根据文献（曾秀丽，2003；陈红等，2014；魏清江等，2014）和标准NY/T 2016—2011，介绍质地剖面分析方法、穿刺试验、质构仪评价法及果实果胶物质含量的测定方法。

## 4.4.1 TPA和穿刺试验

质地剖面分析（TPA）方法和穿刺试验目前已广泛应用于谷物面包、大米、饼干、肉类和水果等多种食品的感官评定。

### 4.4.1.1 样品准备

将果实纵切，再取赤道处的果肉材料，横切成厚度约为1.0cm的薄片，用直径为0.8cm的打孔器在薄片上打孔，修整成厚度约为0.8cm的圆柱体。每个处理取3个柑橘，每个柑橘取5个点测定。

### 4.4.1.2　TPA方法测定

将切好的果肉样品置于TA.XT plus物性分析仪（英国Stable Micro System公司）平板上，采用P/75柱头（Φ75mm压板）进行测定。参数设置如下：预压速度2.0mm/s，下压速度3.0mm/s，压后上行速度3.0mm/s，两次压缩间停顿5.0s，试样受压形变30%，触发力10.0N。通过该方法可以得到TPA硬度、咀嚼性、回复性、黏附性、弹性和凝聚性6个参数，根据以前报道，取TPA硬度、咀嚼性和黏附性用于质地研究分析。

### 4.4.1.3　穿刺试验测定

将样品置于TA.XT plus物性分析仪平板上，采用P/2柱头（Φ2mm不锈钢圆柱探头）进行测定。参数设置如下：预压速度5.0mm/s，下行速度2.0mm/s，穿刺后上行速度2.0mm/s，下压距离8.0mm，触发力10.0g。利用该方法可以得到脆性和平均硬度2个参数。

### 4.4.1.4　数据的整理和分析

TPA方法测定的硬度、咀嚼性和黏附性及穿刺试验测定的脆性、平均硬度5个参数，可用于评价柑橘果肉的质地特征。黏附性的绝对值越大，果肉胶黏性越大；TPA硬度、咀嚼性、脆性、平均硬度越大，果肉越硬。

## 4.4.2　质构仪评价柑橘果实质地

质构仪可对样品的物性概念做出数据化的表达，越来越频繁地被应用到食品的物性研究及检测当中。随着质构仪的普及，许多农产品的质地评价体系开始建立，并应用到加工工艺、贮藏保鲜及货架期预测等研究中。在质构仪测定的各项指标中，柑橘果实的硬度、咀嚼度、剪切力等与其化渣性有极显著的关系，其中囊瓣剪切力指标与品尝试验对果实化渣性判断的结果最为符合（魏清江等，2014）。与感官评价相比，质构仪测定指标更加准确和稳定，能够客观反映果实的化渣性品质，具体测定过程中可根据果实特点选择不同的测定模式和探头。下面综合有关文献，介绍利用TA.XT plus质构仪（英国Stable Micro Systems公司）测定柑橘果实质地的方法（陈红等，2014；魏清江等，2014）。

### 4.4.2.1　样品准备

果实去皮后，将囊瓣分开。每个处理分3组，每组随机选取15个果实，每个果实选取3个囊瓣，采用质构仪测定不同质地指标，重点分析与果实化渣性相关的指标。

### 4.4.2.2 剪切模式

采用HDP/BS探头（不锈钢切刀）（图4.8），测前速度1mm/s，贯入速度5mm/s，测后速度5mm/s，最小感知力5g，剪切距离40mm。通过设定的Macro程序，根据刀具切割过程中的变化，将演示曲线中最大峰值定义为囊瓣剪切力（kg）。

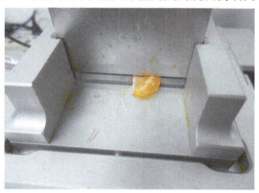

图4.8 剪切模式

### 4.4.2.3 TPA模式

采用P/75圆柱形探头（直径75mm），测前速度1mm/s，贯入速度2mm/s，测后速度2mm/s，压缩程度30%，两次压缩时间间隔3s，最小感知力5g；通过设定的Macro程序，测前校准高度为30mm，分析所得演示曲线得到硬度、黏性、弹性、黏聚性、胶着性、咀嚼性和恢复性7个质构特性指标（表4.6）。根据样品的种类和研究者的目的，在柑橘化渣性研究中重点分析其中的硬度（g）和咀嚼性（g）两个指标。

表 4.6 质构仪TPA试验参数及其定义

| 指标 | 定义 |
| --- | --- |
| 硬度 | 压缩程度达到30%时所达到的力，即第一个峰值对应的力Force 2 |
| 黏性 | 垂线3和4之间曲线与横坐标所围的面积Area 3-4 |
| 弹性 | 垂线4和5之间与1和2之间的时间比值Time 4-5/Time 1-2 |
| 黏聚性 | 垂线4和6之间曲线与1和3之间曲线分别与横坐标所围的面积比值Area 4-6/Area 1-3 |
| 胶着性 | 硬度×黏聚性 |
| 咀嚼性 | 胶着性×弹性 |
| 恢复性 | 垂线2和3之间曲线与1和2之间曲线分别与横坐标所围的面积比值Area 2-3/Area 1-2 |

### 4.4.2.4 穿刺模式

采用P/2探头（直径2mm），测前速度5mm/s，贯入速度5mm/s，测后速度5mm/s，最小感知力5g，穿刺距离为20mm；通过设定的Macro程序对演示曲线进行分析。根据所得到的力-时间曲线，可分别获得囊瓣（主要是囊衣）的纤维强度（g）、纤维延展性（g/s）和纤维韧性（g/s）等与化渣性相关的指标。

#### 4.4.2.5 压缩模式

采用P100/R探头（圆形平板）（图4.9），触发力0.5N，测前、测后速度均为1mm/s，检测速度为0.5mm/s，压缩位移25mm，破碎形变50%。在压缩试验的初始阶段，力随着加载位移量增大而增大，当达到第一个波峰时囊瓣产生破裂，以果实第一次破裂处的力作为压缩抗力，而力-位移曲线的斜率为弹性模量。

图4.9　压缩模式

### 4.4.3　果胶物质含量的测定

果胶是植物细胞壁的重要组成成分。细胞壁具有增加植物机械强度、维持细胞形态等多种功能，细胞结构的改变对果实软化过程中质地的动态变化影响很大。例如，柑橘果实中的原果胶（protopectin，由半乳糖醛酸分子聚合形成的多聚半乳糖醛酸分子）和纤维素、木质素结合，使细胞黏合紧，果实坚硬。在果实成熟过程中果胶酶、果胶甲酯酶、多聚半乳糖醛酸酶等使原果胶细胞离散，组织变软。再加上纤维素酶等对纤维素、木质素的分解，成熟果实得以进一步软化（何天富，1999）。在现有文献中，《水果及其制品中果胶含量的测定　分光光度法》（NY/T 2016—2011）中规定了水果及其制品中果胶含量的测定方法，摘要介绍如下。

#### 4.4.3.1　试样制备

果酱及果汁类制品：将样品搅拌均匀即可。新鲜水果：取水果样品的可食部分，用自来水和去离子水依次清洗后，用干净纱布轻轻擦去其表面水分。用四分法取样或直接放入组织捣碎机中制成匀浆。少汁样品可按一定质量比例加入等量去离子水。将匀浆后的试样冷冻保存。

### 4.4.3.2 预处理

称取1.000~5.000g（精确至0.001g）试样于50mL刻度离心管中，加入少量滤纸屑，再加入35mL约75℃的无水乙醇，在85℃水浴中加热10min，充分振荡。冷却至室温，再加无水乙醇使总体积接近50mL，在4000r/min的条件下离心15min，弃去上清液。在85℃水浴中用67%乙醇洗涤沉淀，离心，去上清液，此步骤反复操作，直至上清液中不再产生糖的穆立虚反应为止（检验方法：取上清液0.5mL注入小试管中，加入5% α-萘酚的乙醇溶液2~3滴，充分混匀，此时溶液稍有白色浑浊，然后使试管轻微倾斜，沿管壁慢慢加入1mL硫酸，若在两液层的界面不产生紫红色色环，则证明上清液中不含有糖分），保留沉淀A。同时做试剂空白试验。

### 4.4.3.3 果胶提取液的制备

1）酸提取方式

将上述制备出的沉淀A，用pH 0.5的硫酸溶液定容，过滤，保留滤液B供测定用。

2）碱提取方式

对香蕉等淀粉含量高的样品宜采取碱提取方式。将上述制备出的沉淀A，用水全部洗入100mL容量瓶中，加入5mL 40g/L氢氧化钠溶液，定容，混匀。至少放置15min，其间应不时振荡。过滤，保留滤液C供测定用。

### 4.4.3.4 标准曲线的绘制

吸取0.0mg/L、20.0mg/L、40.0mg/L、60.0mg/L、80.0mg/L、100.0mg/L半乳糖醛酸标准使用液各1.0mL于25mL玻璃试管中，分别加入5.0mL硫酸，摇匀。立刻将试管放入85℃水浴振荡器内水浴20min，取出后放入冷水中迅速冷却。在1.5h内，用分光光度计在波长525nm处测定标准溶液的吸光度，以半乳糖醛酸浓度为横坐标，吸光度为纵坐标，绘制标准曲线。

### 4.4.3.5 样品的测定

吸取1.0mL滤液B或滤液C于25mL玻璃试管中，加入0.25mL 1g/L的咔唑乙醇溶液，同时采用标准溶液显色方法进行显色，在1.5h内，用分光光度计在波长525nm处测定样品溶液的吸光度，根据标准曲线计算出滤液B或滤液C中果胶的含量，以半乳糖醛酸计。按上述方法同时做空白试验，用空白调零。如果吸光度超过100mg/L半乳糖醛酸的吸光度时，将滤液B或滤液C稀释后重新测定。

### 4.4.3.6 结果计算

样品中果胶含量以半乳糖醛酸质量分数$\omega$计，单位为g/kg，按公式（4.15）进行计算，计算结果保留3位有效数字。

$$\omega = \frac{\rho \times V}{m \times 1000} \quad (4.15)$$

式中，$\rho$ 为滤液B或滤液C中半乳糖醛酸的质量浓度（mg/L）；$V$ 为果胶沉淀A定容体积（mL）；$m$ 为试样质量（g）。

## 4.5 柑橘果实的特征风味及其主要决定成分的识别分析方法

风味是食用者通过口感确定的最重要的果实品质特征，风味的好坏是消费者选择果品的主要依据。因柑橘果实种类的不同，它们的风味特征也明显不同，如脐橙果实纯甜味、柠檬果实酸味，二者的风味特征区别明显。**在此，我们把这种柑橘果实所固有的、稳定且不同于其他果实的典型风味称为特征风味。**

柑橘果实的风味不仅与其含有的各种风味成分的种类和含量密切相关，还受土壤、气候和栽培措施等各种因素的影响（江爱良，1981；沈兆敏等，1984；沈兆敏，1988）。理论上，不同种类、品种的柑橘果实因遗传原因都有其固有的特征风味，但它们的特征风味会因受到外界因素的影响而发生变化使其特征变得不明显，而引起这种变化的最主要的原因是果实中主要风味决定成分的种类及含量等发生了变化。要研究各种错综复杂的因素是如何影响柑橘果实的风味品质的，最关键的是要弄清柑橘果实风味的主要决定成分是什么，因为它们是构成柑橘果实独特风味的物质基础。其中，柑橘果实特征风味成分的种类、含量及相互间的比例关系与一种柑橘果实的特征风味间的关系则是问题中的关键。

在这一章的前面几节我们分别介绍了果实风味的概念、柑橘果实的主要风味物质，并重点介绍了有关风味物质的分析检测方法。在这一节我们专门讨论柑橘果实特征风味及其主要成分的识别分析方法。鉴于目前有关的研究工作还很有限，下面我们介绍柑橘果实主要风味决定成分的主成分分析方法（Raithore et al.，2016），柑橘果实主要风味决定成分的偏相关性分析方法（孙达等，2015）和桃果实风味品质成分的聚类分析方法（Xi et al.，2017），供进一步柑橘风味品质研究参考。

### 4.5.1 柑橘果实主要风味决定成分的主成分分析

一种果实的风味受许多因素影响，包括品种、产地、气候、土壤、成熟度和采后处理等，但风味的最终决定者还是果实中"贡味"成分的种类、含量及相互之间的比例关系。据现有报道，柑橘果实风味成分很多，它们的种类、含量都在不同程度上决定了不同柑橘果实特有的风味，而且不同风味成分之间的关系错综复杂，并且我们目前还没有一种技术或方法能够把各种风味成分对一种特征风味形成的贡献一一分析出来。为了识别不同类型柑橘果实的特征风味的主要决定成分，同时避免因变量太多而增加柑橘果实特征风味主要决定成分识别分析的复杂性，采用较少的变量对柑橘果实特征风味的主要决定成分进行识别，这就是主成分分析方法的思想。

#### 4.5.1.1 概念和原理

主成分分析的概念和原理参见3.5.4.1和3.5.4.2。

#### 4.5.1.2 分析的方法和步骤

可用于PCA的计算机软件很多，其中OriginPro 2015是常用的PCA软件，其主要操作步骤如下。

1）样品原始数据的获取。

2）打开OriginPro 2015软件（图4.10），录入数据。

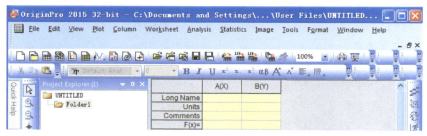

图4.10　OriginPro 2015软件主界面

3）选中所有录入数据，选择 Statistics 。

4）在 Statistics 下拉项中选择 Multivariate Analysis 。

5）点击 Multivariate Analysis 选项中勾选 Principal Component Analysis 选项。

6）点击 Principal Component Analysis ，输出数据。

7）结果的整理、分析与评价：软件输出结果中包括各物质在每个主成分上的得分、碎石图、PCA聚类散点图等。需首先判断主成分1与主成分2累计贡献率是否达到85%以上，若未达到，则需要在上述5）中增加主成分个数，使各个主成分累计贡献率在85%以上。在实际操作中可根据具体需求，对散点图进行个性化调整，以便对结果进一步分析、评价。

#### 4.5.1.3 应用实例

Raithore等（2016）利用OriginPro 2015软件，基于风味成分及含量数据并结合感官分析结果对不同风味类型柑橘果实的主要风味贡献成分进行了识别分析。

（1）果实材料的选择或准备

Navel（N）、Ambersweet（A）和USDA 1-105-106（U）3个柑橘品种采摘于不同成熟期（H1、H2、H3、H4），对果实进行清洗、消毒和榨汁，每个品种榨汁后,果汁被分到4~8个1L用于储存的瓶子中,并在达到4个不同的贮藏时间后对果汁进行检测。

（2）风味成分数据采集

Raithore等（2016）采集的数据包括基本商品品质指标（SSC）、风味品质指标（可溶性糖、有机酸、柠檬苦素和诺米林），其余生理指标（pH、TA、SSC/TA）和感官成分分析（甜味、酸味、苦味）。

（3）OriginPro 2015软件主成分分析操作步骤

第一步：数据整理。将不同品种、不同采收期、不同贮藏处理的果实所测得的基本商品品质指标（SSC）、风味品质指标（可溶性糖、有机酸、柠檬苦素和诺米林）、其余生理指标（pH、SSC、TA和SSC/TA）和感官成分分析（甜味、酸味、苦味）的相关数据整理成表。

第二步：主成分分析。打开OriginPro软件（图4.10），录入数据，选中所有录入数据，依次选择 Statistics 、 Multivariate Analysis 、 Principal Component Analysis 工具，在弹出对话框中选择相应参数后点击 Principal Component Analysis ，结果输出。

第三步：结果的输出及分析。在主成分分析（PCA）的散点图中,有三维的,也有二维的,图中一个点代表一个样本。$X$轴（PC1）代表能最大程度地区分所有样品的第一主坐标,其数值可以解释样品中所有差异的百分比,$Y$轴（PC2）代表能最大程度地区分所有样品的第二主坐标,其数值可以解释样品中所有差异的百分比,仅这两轴形成的第一个平面,PC1和PC2的总和即展示了样品间的差异。在PCA图中,如果两个样本距离越远,则说明两个样本间的差异越大。在理想情况下,相似的样本在图中会聚集在一起。

（4）结果分析与评价

前两个成分组合累计贡献率达66.7%（图4.11）。分析结果显示,PC1的累计贡献率达48.1%,正半轴以甜味、pH、SSC/TA、SSC和蔗糖为主,负半轴以TA、酸味和柠檬酸为主。这说明,甜味主要与pH、SSC/TA、SSC和蔗糖相关,酸味主要与TA、柠檬酸有关。PC2的累计贡献率占18.6%,苹果酸在正半轴,苦味、柠檬苦素+诺米林、葡萄糖和果糖在负半轴。这说明,苦味主要与柠檬苦素和诺米林有关。距离中心越远,变量效应程度越高。总的来说,采收期（H1~H4）在PC1上从低到高（Ambersweet主要集中在第一象限,其次是USDA 1-105-106主要集中在第四象限,而Navel则集中在PC1的负半轴）。Navel果汁样品聚集在第二象限的中心（由酸味和柠檬酸的维度解释）并延伸到第三象限,在那里其由TA、苦味和柠檬苦素+诺米林解释。与后来的采集样品相比,第一次采集的Navel果汁具有更多的不良风味。与Navel类似,Ambersweet的H1由酸味、TA及苦味和柠檬苦素+诺米林（第三象限）解释,但是由于它们在坐标轴中的位置（在PC1上为负半轴）,Ambersweet样本因这些变量而显示出不良风味比Navel程度更高。Ambersweet的其余采收期位于右上象限中与H1

差异很大,这是主要由甜味、高pH和苹果酸提供的。H4样品比H2和H3样品更远,这说明小组成员对甜度的感知程度更高。USDA 1-105-106集中在坐标轴的整个下半部分,最右边的部分是蔗糖、SSC/TA、SSC、果糖和葡萄糖。与Ambersweet相似,USDA 1-105-106的H4比其他任何采收期都更远,这意味着对相关因素的影响更大。然而,贮藏时间超过4h的H1、H2和H3的果汁与Navel果汁一起放置在第三象限中,保持时间相似,表明这些果汁的主要贡献成分是TA、苦味和柠檬苦素+诺米林。

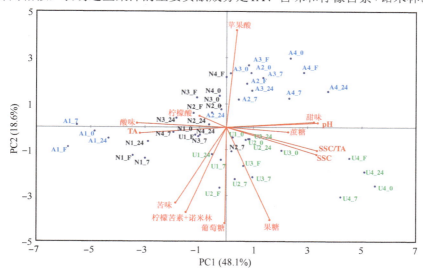

图4.11　不同类型柑橘果实的风味属性及对应的特征性风味物质的PCA散点图

在2010～2011年采收期(2010年11月17日,H1;2010年12月1日,H2;2010年12月15日,H3;2011年1月5日,H4)采收的Navel(N)、Ambersweet(A)和USDA 1-105-106(U)3个品种在4个贮藏时间(0——室温、4h,24——10℃、24h,7——5℃、7天,F——在-20℃冷冻6周)使用仪器和感官测量

由此可见,通过PCA可以找出不同类型柑橘果实的风味属性及对应的特征性风味物质。结果表明,USDA 1-105-106的果汁在贮藏4h以上呈延迟苦味,不适合用于果汁加工。

### 4.5.2　柑橘果实主要风味决定成分的偏相关性分析

#### 4.5.2.1　概念和原理

偏相关性分析(partial correlation analysis)是一种不同于简单相关性分析的生物统计分析方法。简单相关关系只反映两个变量之间的关系,但如果因变量受到多个因素的影响,因变量与某一自变量之间的简单相关关系显然会受到其他相关因素的影响,不能真实地反映二者之间的关系,所以需要考察在其他因素的影响剔除后二者之间的相关程度,这就是偏相关性分析。在一个由多要素所构成的系统中,当研究某一个要素对另一个要素的影响或相关程度时,把其他要素的影响视作常数(保持不变），即暂时不考虑其他要素的影响，单独研究两个要素之间的相互关系的密切程度，所得数值结果为偏相关系数。因此，我们可以用偏相关系数分析不同柑橘果实风味成分与其特征风味类型间的关系，从而识别风味的主要贡献成分。

4.5.2.2 方法和步骤

可用于偏相关性分析的计算机软件很多，其中SPSS 19.0软件是最常用的偏相关性分析软件，其主要操作步骤如下。

1）样品原始数据的获取。

2）打开SPSS 19.0软件（图4.12），录入数据，依次选择 Analyze 、 Correlate 、 Partial 。

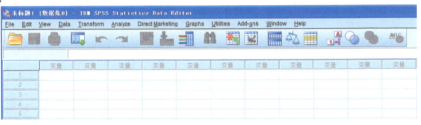

图4.12　SPSS 19.0软件主界面

3）将标准型变量选入 Variables 框中，将控制变量选入 Controlling 框中。

4）在 Test of significance 框中勾选 Tailed 选项。

5）点击 Options 选项，勾选 Zero-order 选项。

6）点击 ok ，输出数据。

4.5.2.3 应用实例

孙达等（2015）使用SPSS 19.0软件对11个产地的纽荷尔脐橙果实中的糖、酸与苦味物质进行偏相关性分析，并对果实中风味成分与其特征风味类型间的关系进行了分析。

（1）果实材料的选择或准备

2011年和2012年于纽荷尔脐橙果实商业成熟期，从湖北丹江口、广东梅州、广西桂林、贵州罗甸、浙江衢州、四川雅安、贵州天柱、湖南宜章、湖南吉首、福建永春和浙江黄岩共11个纽荷尔脐橙产地分别选取常规管理、生长健康的成年果树6株（每产地选6株），每株从东、南、西、北4个方位摘取树冠外围大小一致的果实4个，共计24个果实，随机分成3组，每组8个，即为3个重复。取样后，将果实用清水洗净，分离得到汁胞，经液氮冷冻处理后，于-80℃冰箱保存，备用。

（2）风味成分及其数据获取

文献中选取酸味（苹果酸、柠檬酸和奎宁酸），甜味（果糖、葡萄糖、肌醇和蔗糖）及苦味（柠檬苦素和诺米林）作为偏相关性分析的指标。

（3）使用SPSS 19.0软件进行偏相关性分析

第一步：数据整理。将所测得的11个产地的纽荷尔脐橙果实中的糖、酸与苦味物质含量的数据按表4.7的格式汇总整理。

表 4.7　2012年11个产地的纽荷尔脐橙果实中的风味物质含量

| 产地 | 苹果酸/<br>(mg/g) | 柠檬酸/<br>(mg/g) | 奎宁酸/<br>(mg/g) | 果糖/<br>(mg/g) | 葡萄糖/<br>(mg/g) | 肌醇/<br>(mg/g) | 蔗糖/<br>(mg/g) | 柠檬苦素/<br>(μg/g) | 诺米林/<br>(μg/g) |
|---|---|---|---|---|---|---|---|---|---|
| 丹江口 | 1.13 | 6.57 | 0.13 | 23.26 | 19.23 | 1.93 | 58.99 | 239.5 | 258.9 |
| 梅州 | 1.12 | 4.18 | 0.11 | 25.86 | 21.76 | 1.77 | 65.85 | 98.4 | 412.5 |
| 桂林 | 1.01 | 2.69 | 0 | 24.25 | 19.74 | 1.97 | 66.75 | 132.7 | 297.1 |
| 罗甸 | 0.85 | 3.33 | 0.02 | 21.30 | 16.69 | 1.59 | 71.18 | 159.2 | 280.4 |
| 衢州 | 1.11 | 5.72 | 0.18 | 26.08 | 22.10 | 2.11 | 59.09 | 118.5 | 789.7 |
| 雅安 | 1.03 | 2.74 | 0.13 | 24.24 | 19.87 | 2.08 | 65.51 | 652.1 | 418.4 |
| 天柱 | 0.67 | 7.68 | 0.08 | 25.16 | 22.21 | 2.48 | 53.86 | 106.1 | 515.5 |
| 宜章 | 0.68 | 6.38 | 0.14 | 28.08 | 24.22 | 2.09 | 60.81 | 289.1 | 78.2 |
| 吉首 | 0.72 | 4.35 | 0.13 | 21.93 | 17.64 | 2.02 | 43.35 | 670.0 | 157.6 |
| 永春 | 0.69 | 4.90 | 0.12 | 26.20 | 23.47 | 2.14 | 52.82 | 107.2 | 169.4 |
| 黄岩 | 0.92 | 5.56 | 0.11 | 22.34 | 18.74 | 1.74 | 54.96 | 235.6 | 150.2 |

第二步：打开SPSS 19.0软件（图4.12），录入数据，选中所有录入数据，依次选择 Analyze、Correlate、Partial；将标准型变量选入 Variables 框中，将控制变量选入 Controlling 框中；在 Test of significance 框中勾选 Tailed 选项；点击 Options 选项，勾选 Zero-order 选项；点击 ok，输出数据。

第三步：结果的输出及分析。偏相关性分析最后得到的表格中的数值表示的是相关系数值，它代表了相关性的大小，正负分别代表正相关和负相关，越接近于1表示其相关性越大。偏相关性分析是指当两个变量同时与第三个变量相关时，将第三个变量的影响剔除，只分析另外两个变量之间相关程度的过程，判定指标是相关系数$R$值。$P$值是针对原假设$H_0$（假设两变量无线性相关）而言的。一般假设检验的显著性水平为0.05，即将$P$值与0.05比较。如果$P$值小于0.05，就拒绝原假设$H_0$，说明两变量线性相关，它们无线性相关的可能性小于0.05；如果大于0.05，则一般认为无线性相关关系，至于相关的程度则要看相关系数$R$值，$R$值越大，说明越相关，越小则相关程度越低。如果不显著，即便相关系数很大，也不能说明该相关有意义，相关性有可能是由抽样误差所致，但这个时候可以考虑增大样本容量后再分析。相关系数后面的星号也反映了显著性，*表明0.05水平相关性显著，**表明0.01水平相关性显著。

第四步：结果分析与评价。对2012年各产地果实糖、酸和苦味物质各组分的偏相关性分析结果表明（表4.8），果糖和葡萄糖含量呈显著正相关，相关系数高达0.98。偏相关性分析还表明，果实中的苹果酸与奎宁酸含量呈显著正相关（相关系数为0.43）；蔗糖与奎宁酸含量呈显著负相关（相关系数为-0.39）；诺米林和肌醇含量呈显著正相关（相关系数为0.48），说明不同风味物质在果实中的含量具有一定的相关性。

表 4.8  2012年果实中风味物质各组分间的偏相关性分析

| 化合物 | 苹果酸 | 柠檬酸 | 奎宁酸 | 果糖 | 葡萄糖 | 肌醇 | 蔗糖 | 柠檬苦素 | 诺米林 |
| --- | --- | --- | --- | --- | --- | --- | --- | --- | --- |
| 苹果酸 | 1 | | | | | | | | |
| 柠檬酸 | 0.04 | 1 | | | | | | | |
| 奎宁酸 | 0.43* | 0.17 | 1 | | | | | | |
| 果糖 | 0.28 | -0.31 | 0 | 1 | | | | | |
| 葡萄糖 | -0.34 | 0.34 | 0.10 | 0.98* | 1 | | | | |
| 肌醇 | -0.19 | 0.26 | -0.10 | -0.06 | 0.16 | 1 | | | |
| 蔗糖 | 0.28 | -0.12 | -0.39* | 0.36 | -0.27 | -0.14 | 1 | | |
| 柠檬苦素 | -0.24 | -0.30 | 0.35 | 0.28 | -0.36 | 0.28 | -0.14 | 1 | |
| 诺米林 | 0.35 | -0.17 | 0.16 | -0.03 | 0.01 | 0.48* | 0.07 | -0.24 | 1 |

*表示0.05水平相关性显著

### 4.5.3　柑橘果实风味决定成分的聚类分析

#### 4.5.3.1　概念和原理

聚类分析的概念和原理可参见3.5.3.1和3.5.3.2。

#### 4.5.3.2　方法和步骤

可用于聚类分析的计算机软件很多，其中SPSS 19.0软件是最常用的聚类分析软件，其主要操作步骤如下。

1）样品原始数据的获取。

2）数据整理：整理一份excel数据表，第一列为材料或数据的名称，后几列为各项数值。

3）打开SPSS 19.0（图4.12），依次点击 File 、 Open 、 Data ，选择已经编辑好的excel表，点击 Analyze 。

4）在 Analyze 下拉选项中选择 Classify 选项。

5）点击 Classify 选项，勾选 Hierarchical cluster analysis 选项。

6）然后数据导入 Variables ，表头项导入 Label case by 。

7）最后，选择 Method 项，根据需要选择方法，点击 Plots 选择 Dendrogram（打对勾），其余各项根据自己需要选择要计算的统计量，点击 ok 即可。

### 4.5.3.3 应用实例

Xi等（2017）为了识别影响消费者选择油桃、水蜜桃和蟠桃的主要风味成分，为其定向育种提供信息，采用高效液相色谱（HPLC）和气相色谱-质谱联用技术检测了3种桃的糖、有机酸和香气挥发物，聚类分析将油桃、水蜜桃和蟠桃按品种清楚地分为三大类。

（1）果实材料的选择或准备

于2014年在成都对18个品种（5种油桃、8种水蜜桃、5种蟠桃）进行采样，用液氮对果实进行冷冻磨样后，储存在-80℃条件下待测。

（2）各项指标及其原始数据获取

对这18个品种的桃分别检测了可溶性糖、有机酸和挥发性物质，并将其作为聚类分析的分析指标。

（3）使用SPSS 19.0软件进行聚类分析

第一步：数据整理。将所测得的18个品种果实风味品质性状的数据按表4.9的格式进行汇总整理。

第二步：导入数据。打开SPSS 19.0，依次点击 File、Open、Data，选择已经编辑好的excel表，再依次点击 Analyze、Classify、Hierarchical cluster analysis 选项，将数据导入 Variables，表头项导入 Label case by；选择 Method 项，根据需要选择方法，点击 Plots 选择 Dendrogram（打对勾），其余各项根据自己需要选择要计算的统计量，点击 ok 即可。

第三步：结果的输出与分类。首先，横坐标的刻度表示并类的距离，这些数字表示的就是能分在一类的程度有多大，同组数字越高，表明分在一类的可能性越低。同组数字越低，说明分在一类的可能性越大、越合理。其次，从左往右看，最左边可以看成是左边有开口的矩形，它有上下两条横线，就是说把样本分为两类；再往右，出现了一个节点，再往右一点，原来的一条横线分成了两条，加上原来的那条，一共是3条，也就是说分为3类；再往右，有4条，就是分4类；依此类推，想要分几类，就找几条横线，这个往右到最后就是每个样本归为一类。

第四步：结果评价。对所测18个样本的果实品质性状进行系统聚类分析，将果实品质相近的样本聚到一起，从图4.13可以看出，通过对果实可溶性糖、有机酸和挥发性物质的聚类分析，可以很明显地将三类桃区分开。从聚类结果可以看出，样本中亲缘关系相近的聚为一类，说明遗传因素对果实风味品质的影响起决定性作用，可为后期进一步分析做铺垫，也为桃品种的定向育种提供了重要信息。

表 4.9 桃果实中糖、有机酸和香气挥发物的含量

| 化合物 | 油桃 | | | | | | 水蜜桃 | | | | | | | 蟠桃 | | | |
|---|---|---|---|---|---|---|---|---|---|---|---|---|---|---|---|---|---|
| | JS | YT4 | YT2 | XR | YT3 | BJ27 | CM | YJJJ | SMA | SMB | IT1 | IT2 | JX | ZL | QY | RP | HP | QP |
| 糖/(mg/g FW) | | | | | | | | | | | | | | | | | | |
| 果糖 | 7.04 | 4.68 | 5.42 | 7.54 | 4.38 | 7.46c | 8.78b | 6.00 | 5.13 | 6.22 | 9.29 | 6.50 | 5.69 | 7.07 | 4.85 | 5.22e | 4.50e | 10.73a |
| 葡萄糖 | 5.29 | 3.48 | 3.96 | 3.68 | 2.95 | 4.26 | 4.66 | 4.12 | 3.92 | 3.60c | 6.14 | 4.53 | 3.82 | 5.64 | 4.57 | 3.54 | 3.26c | 6.15a |
| 蔗糖 | 56.04 | 46.76 | 48.64 | 33.86 | 47.82 | 47.09 | 17.15 | 52.62 | 52.36 | 45.70 | 50.61 | 45.78 | 47.08 | 57.58 | 76.75 | 42.60c | 44.65c | 50.82b |
| 有机酸/(mg/g FW) | | | | | | | | | | | | | | | | | | |
| 草酸 | 0.57 | 0.74 | 0.85 | 0.75 | 0.99 | 0.41 | 1.12 | 0.67 | 0.58 | 0.70 | 0.59 | 1.47 | 0.54 | 0.73 | 0.75 | 0.99c | 0.84d | 0.78d |
| 酒石酸 | 0.49 | 0.62 | nd | 0.47 | nd | 0.48 | 0.47 | 0.47 | 0.55 | nd | nd | nd | 0.52 | 0.36 | nd | 0.12c | 0.48b | 0.53b |
| 苹果酸 | 8.87 | 22.88 | 12.83 | 20.16 | 9.63 | 9.62 | 10.57 | 10.58 | 12.46 | 13.17c | 19.48 | 19.90 | 5.46 | 4.40 | 4.92 | 9.10d | 6.30e | 2.81f |
| 奎宁酸 | 5.00 | 3.64 | 3.58 | 3.82 | 4.06c | 3.22 | 2.81 | 2.88 | 3.54 | 3.15 | 6.75 | 5.93 | 3.38 | 5.14 | 3.84 | 4.38c | 4.30c | 4.37c |
| 柠檬酸 | 3.67 | 3.66 | 3.98 | 3.69 | 3.44 | 3.87 | 4.74 | 3.84 | 4.97 | 4.56 | 5.14 | 6.53 | 3.28 | 3.65 | 3.89 | 3.52d | 3.37d | 4.81c |
| 富马酸 | nd | nd | nd | nd | nd | nd | nd | nd | nd | nd | nd | nd | nd | 0.02 | 0.05 | 0.02a | 0.03a | 0.01a |
| 香气挥发物/(μg/kg FW) | | | | | | | | | | | | | | | | | | |
| $n$-己醛 | 6.78 | 5.45 | 3.67 | 2.97 | 5.43 | 2.27 | 2.34 | 4.55 | 3.12 | 6.78 | 5.45 | 3.17 | 4.43 | 6.33 | 2.15e | 3.29d | 5.47b | 6.03a |

注: 该表数据非完整展示; nd表示未检测到

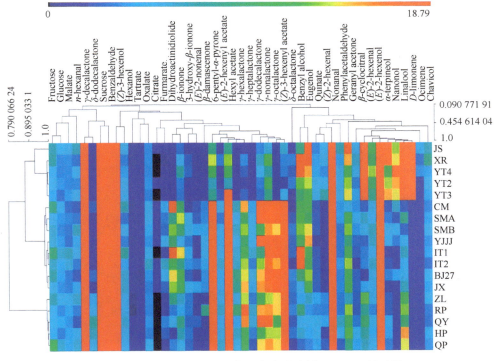

图 4.13　三种桃风味成分的层次聚类分析（HCA）树形图

## 4.6　柑橘果实风味品质分析评价方法

在果实的色、香、味三大品质中，风味品质在某种程度上是决定消费者对果品接受度的最终因素，因为风味本身与食用直接相关并影响人体对香气的感受。在弄清了果实风味的概念、组成、决定风味的物质成分及分析检测方法后，如何科学地评价柑橘果实的风味品质就成了关键问题。

有关柑橘果实风味品质评价的研究报道并不少见（Obenland et al.，2008，2009；孙达等，2015），但多数研究的重点集中在风味成分如可溶性糖、有机酸、香味成分的组成和含量及其变化的比较方面（Tietel et al.，2012；Zheng et al.，2016），利用果实的风味成分全面、系统和数值化地评价柑橘果实风味品质的研究报道并不多。目前，涉及果实风味品质的评价方法主要有Stone等（1980）的定量描述分析（quantitative descriptive analysis，QDA）法和电子舌（electronic tongue）法（裘姗姗，2016）。但无论是QDA法还是电子舌法都无法将一种食品（果品）的风味成分数据（组成、含量、相互间比例关系）与其固有的风味特征全面和数值化地联系起来。针对这个问题，我们在此建议采用柑橘果品营养价值"三度"评价法的思想（刘哲等，2018），用3D风味指数去评价柑橘果实的风味品质。为了说明"三度"风味品质评价法的科学性,下面我们先介绍果实风味品质QDA法和电子舌法。在其基础上,我们重点介绍柑橘果实的风味品质3D指标的计算方法,并提议用"三度"指数对不同柑橘样品的风味品质进行分类和定级。利用"三度"评价法可以将各种不同类型的风味决定成分、含量及其相互间比例关系的信息全面、系统、规范和数值化地应用于柑橘果实风味品质评价,实现风味品质更准确的评价。

### 4.6.1 柑橘果实风味品质评价现有方法

在现有文献中,可用于柑橘果实风味品质评价的主要方法有定量描述分析法(QDA)(Stone et al., 1980)和电子舌法(裘姗姗, 2016),简介如下。

#### 4.6.1.1 定量描述分析法

Stone等(1980)提出了一种可广泛应用于食品的可将人的感官感受定量化的风味品质评价方法。

**1. 范围**

该方法适用于柑橘果肉、果汁的风味品质评价研究。

**2. 原理**

定量描述分析法的基本原理是在人体感觉器官受到刺激时,人体将感受到的信号转化为神经信号传输到大脑,大脑根据以往的经验(专业训练)将感觉整合为知觉,最终基于主体的知觉而形成反应,并以某些特定的术语对形成的反应进行规范性的描述。其中,感觉是指客观刺激作用于感觉器官时所产生的对事物个别属性的反映,知觉是指一系列组织并解释外界客体和事件产生的感觉信息的加工过程。首先品评小组通过语言开发建立统一的描述词汇库,然后采用线性标度对样品的感官特性进行评价,最后利用统计分析方法分析所得的感官试验数据,采用雷达图和主成分分析图等展示最终的统计结果。

**3. 步骤和方法**

QDA方法的具体步骤如下。

(1)感官评定人员培训

在食品专业教师中进行感官品评培训,并进行基本味觉、嗅觉、色调等的测试;选择对此项目和试验感兴趣、能够准时参加试验,且沟通能力和语言表达能力较好的10名身体健康的专业教师作为品评员,组成评定小组;感官评定小组成员在评定前12h不得饮酒、抽烟,不得食用辛辣刺激等食物,每评定一个样品后,用纯净水漱口,10min后方可评价下一样品(郭明月和王凯,2015)。

(2) 感官评定小组确定样品描述词

感官评定小组成员在依次接收到待测样品后，逐个品尝样品，并依据预先确定的样品分析描述词逐一填写描述词问卷。样品分析完成后，由组织者收集所有的问卷，统计描述词并汇总。作为描述词的例子，表4.10是浙江省杭州宏胜饮料集团有限公司食品研发中心感官评估团队与调香师共同创建的、从"aroma talk"描述词库中选出的，用于混合柑橘果汁的风味特征的9个描述词。

表 4.10　混合果汁的感官特征词及其定义

| 感官特征词 | 定义 |
| --- | --- |
| 果汁味 | 在味觉和嗅觉上具有甜美多汁，感觉是新鲜榨汁 |
| 水果味 | 果味、甜。具有低碳酯的味觉和嗅觉 |
| 新鲜 | 刚榨好汁的，清爽的、新鲜采摘的水果或蔬菜汁 |
| 青草味 | 刚割下嫩草时，所具有的绿叶的感觉 |
| 皮味 | 强烈的，略苦的。柑橘皮的高脂肪和蜡质所具有的特性 |
| 种子味 | 在味觉和嗅觉上具有类似杨梅种子的感觉 |
| 甜 | 甜的，一种基本味道 |
| 酸 | 酸的，一种基本味道 |
| 涩味 | 由茶和酒的单宁酸引起的感觉。在嘴中的味觉反应：因富含单宁引起的触觉感受，类似咀嚼葡萄柚、石榴或喝红酒的感觉 |

(3) 组织者与专家小组讨论描述词的统计结果

剔除含义重复的和意见不统一的描述词，将合适的且能完整表达这些样品的描述词保留下来，经专家小组一致同意后确立最终的描述词。该过程需要重复两次。

(4) 感官评价小组对样品进行正式分析

待样品描述词最终确定后，感官评价小组开始正式评价。样品呈送给每个品评员，按照3次重复循环的方式编码，每个评价员对每个产品需要重复评价3次，所有评价过程在同一环境下完成。

(5) 统计分析数据，填写评价报告

## 4. 定量描述分析法（QDA）的品质定级

根据上一节中感官小组评价的结果，参照表4.11对柑橘果实的风味品质进行打分、定级。例如，10分代表该柑橘果实风味品质最佳，1分代表该柑橘果实风味品质最差。

表 4.11　柑橘果实风味品质评分标准

| 评分 | 鉴评情况 |
| --- | --- |
| 10 | 口味优雅、爽口，糖酸比协调 |
| 9 | 有较浓的水果味，糖酸比协调 |
| 8 | 有水果味，糖酸比协调 |
| 7 | 含有水果味，糖酸比协调 |
| 6 | 含有水果味，糖酸比协调 |
| 5 | 含有水果味，糖酸比不协调 |
| 4 | 含有其他品种的令人愉快的水果味，糖酸比协调 |
| 3 | 含有其他品种的令人不愉快的水果味，糖酸比不协调 |
| 2 | 有明显的异味 |
| 1 | 无水果味 |

#### 4.6.1.2　电子舌法

电子舌法（electronic tongue）是利用类脂膜作为味觉传感器的味觉检测系统，它能够以类似人的味觉感受方式检测出味觉物质（鲁小利，2007）。电子舌法不仅是现有包括食品在内的风味品质评价最常用的方法，而且也是目前风味品质评价最客观的方法。

**1. 范围**

该方法适用于液体样品的检测。

**2. 原理**

电子舌的基本原理是根据类脂膜与样品液体中风味物质进行交换，通过传感器而得到电学信号，经过对信号的处理及模式识别，从而对检测样品进行分析。因此，电子舌的组成分为传感器、信号处理系统及模式识别系统3个部分，其中最重要的是传感器。目前，电子舌传感器主要有3种类型：多通道类脂膜传感器、基于表面等离子体共振的传感器和基于表面光伏电压技术的传感器。电子舌具有不同于人类味觉的优点，它能克服人类的"味觉疲劳"，使得到的检测结果更加可靠。同时，电子舌对不同物质的响应模式也不同，所以电子舌能够很容易地区分每一种味道（鲁小利，2007）。理想的电子舌可以很好地区分液体食品中的酸、甜、苦、咸和鲜5种基本味道。

**3. 材料与试剂**

0.01mol/L的HCl溶液、超纯水、NaCl（咸）、谷氨酸钠（MSG）（鲜）溶液。

**4. 仪器与设备**

（1）电子舌系统

本研究采用的电子舌系统是法国阿尔法莫斯公司的Astree II型电子舌（Alpha MOS company，Toulouse，France）。该电子舌主要由自动进样器、传感器阵列（电极）、数据采集系统及电子舌配套的分析软件组成，图4.14是该电子舌系统的主要部件，其中最核心部分是传感器阵列。Astree II型电子舌的传感器阵列由7个具有交叉敏感性、化学选择区域效应的传感器和一个参比电极（饱和的Ag/AgCl溶液）组成。传感器表面覆盖一层具有机涂层的硅晶体管，使电子舌传感器具有很强的灵敏性和选择性。当检测液体样品时，液体中的化学物质与覆盖膜的硅晶体管相互作用，在膜表面产生电势信号，而此时的参比电极的电势是恒定的，不会随着检测对象的改变而改变，所以传感器产生的电势与参比电极的电势的差值就反映了膜电势的变化，也就是被测样品的信号值（或者液体"指纹信息"）。

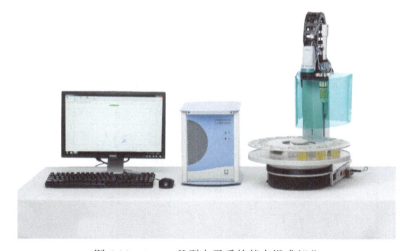

图4.14　Astree II型电子舌的基本组成部分

（2）传感器型号

表4.12综合了电子舌的7个传感器（传感器编号为BB、ZZ、BA、CA、HA、GA、JB）对各个呈味物质（酸、甜、苦、咸、鲜）的最低检测限（灵敏度）。例如，传感器ZZ、BB及CA对甜度（呈味物质为葡萄糖）的检测限为$10^{-7}$mol/L，而传感器BA、GA、HA及JB对甜度的检测限为$10^{-4}$mol/L，说明了传感器ZZ、BB及CA比传感器BA、GA、HA及JB在检测甜度方面具有更好的灵敏度。

表 4.12 Astree II 型电子舌系统传感器及其最低检测限

| 基本味觉 | 呈味物质 | 传感器编号 | | | | | | |
|---|---|---|---|---|---|---|---|---|
| | | ZZ | BA | BB | CA | GA | HA | JB |
| 酸 | HCl | $10^{-7}$ | $10^{-7}$ | $10^{-7}$ | $10^{-7}$ | $10^{-7}$ | $10^{-7}$ | $10^{-7}$ |
| 咸 | NaCl | $10^{-6}$ | $10^{-5}$ | $10^{-6}$ | $10^{-6}$ | $10^{-4}$ | $10^{-4}$ | $10^{-5}$ |
| 甜 | 葡萄糖 | $10^{-7}$ | $10^{-4}$ | $10^{-7}$ | $10^{-7}$ | $10^{-4}$ | $10^{-4}$ | $10^{-4}$ |
| 苦 | 咖啡碱 | $10^{-5}$ | $10^{-4}$ | $10^{-4}$ | $10^{-4}$ | $10^{-4}$ | $10^{-4}$ | $10^{-4}$ |
| 鲜 | MSG | $10^{-5}$ | $10^{-4}$ | $10^{-4}$ | $10^{-5}$ | $10^{-4}$ | $10^{-4}$ | $10^{-4}$ |

注：表中数据表示的是传感器对各个呈味物质的最低检测限（mol/L）

**5. 样品的检测**

下面样品检测的方法与步骤依据文献（裘姗姗，2016）整理。

（1）电子舌的传感器校准

电子舌的传感器通过一些标准溶液进行校准。电子舌的传感器校准过程主要通过活化、校准、诊断 3 个步骤不断重复完成。图 4.15 为电子舌传感器训练过程的示意图。

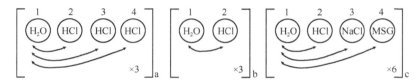

图 4.15　电子舌传感器训练流程（裘姗姗，2016）

首先，用 0.01mol/L 的 HCl 溶液对电子舌传感器进行活化，使其能尽快地适应溶剂。根据 Alphasoft 软件中的内置程序，电子舌传感器训练时（图 4.15a），在 1 号位置的 120mL 电子舌专用烧杯内放置 80mL 的超纯水，在 2、3、4 号位置的专用烧杯中放置 80mL 的浓度为 0.01mol/L 的 HCl 溶液。将电子舌传感器按图 4.15a 的顺序放置在相应的位置上，进行活化。该程序循环 3 次。为了使电子舌数据之间具有可比性，电子舌的传感器需要一个校准过程（图 4.15b），在 1 号位置的 120mL 电子舌专用烧杯内放置 80mL 的超纯水，在 2 位置的专用烧杯放置 80mL 的浓度为 0.01mol/L 的 HCl 溶液。将电子舌传感器按图 4.15b 的顺序放置在相应位置，采集并不断调整传感器信号值，详见表 4.13。该过程循环 3 次。为了评价传感器的灵敏度和性能，电子舌系统需要进行最后的诊断（图 4.15c）。在 1 号位置的 120mL 电子舌专用烧杯内放置 80mL 的超纯水，在 2、3、4 号位置的烧杯中分别放置 80mL 的浓度为 0.01mol/L 的 HCl（酸）、NaCl（咸）、MSG（鲜）溶液。将电子舌传感器按图 4.15c 的顺序放置在相应的位置，进行诊断。该程序循环 6 次。若诊断通过，则进行样品检测。如诊断不通过，则不断循环校准、诊断这两个步骤，直至诊断通过。

表 4.13　电子舌传感器校准参数

| | 严格 | 标准 | 宽松 |
|---|---|---|---|
| 校准标准 | 10 | 20 | 30 |
| 稳定准则 | 0.9 | 2.5 | 8 |
| 弥散准则 | 5.5 | 15.5 | 50 |
| 训练标准 1 | 30 | 90 | 300 |
| 训练标准 2 | 0.55 | 0.7 | 5 |

注：表格中的数字代表传感器的最低检测限（mol/L）

（2）样品检测

在实验设计时，自动检测装置的1、3、5、7、9、11、13、15号位置设置为检测样品，自动检测装置的2、4、6、8、10、12、14、16号位置设置为超纯水。将80mL的柑橘果汁样品放置在120mL的电子舌专用烧杯中，将80mL的超纯水放置在120mL的电子舌专用烧杯中，并放置在自动检测装置的相应位置。在检测时，传感器与样品液体接触并产生信号，电子舌的内置Alphasoft软件每秒记录一个数据。在每次检测完一个样品后，传感器自动进入一个清洗过程。在本研究中，电子舌的检测时间为120s，清洗时间为10s。

（3）数据采集

样品每秒采集一次数据，取最后5s测量值的平均值作为每个样本的一次测量数据。为减少测量误差，每个样本重复测量7次，取最后3次测量的各传感器平均值作为一个样本数据进行后续数据处理。

（4）数据整理、结果评价

电子舌的传感器信号处理是该领域中非常重要的一个环节。在具有完整的硬件设施的条件下，还需要相关的数据处理程序对产生的信号进行分析。基于电子舌的检测过程，传感器的信号处理主要由以下两个步骤完成。

1）信号预处理：该步骤的过程主要有滤波、基线处理（baseline manipulation）、漂移补偿（drift compensation）及信息压缩（data compression）等。在本研究中，所用的仪器是商业电子鼻和电子舌。该步骤用内置的硬件和相关软件直接处理好，每秒进行一次信号采样。

2）模式识别：包括特征值选择、特征值降维、数据预处理、建模，以及验证分析。

## 4.6.2　柑橘果实风味品质"三度"评价法

"三度"评价法是我们课题组在2018年提出的一种果品营养价值评价新方法（刘哲等，2018）。"三度"原指多样度（degree of diversity，DD）、匹配度

（degree of match，DM）和平衡度（degree of balance，DB），其中多样度评价的是一种果品中营养素的种数，匹配度评价的是各种营养素含量的高低，平衡度评价的是各种营养素间的比例关系。由于不同种类的柑橘果实都具有特有的风味，而且它们的风味特征从根本上是由风味成分的种类、含量和相互间的比例关系所决定的，这与果实的营养品质和营养素的关系非常相似。因此，我们在此借用"三度"评价法的思想，尝试对柑橘果实的风味品质进行评价。

我们已经知道，柑橘果实的风味特征受品种（遗传）、栽培措施、气候和土壤条件等各种内外因素的影响，如何根据风味成分及其含量变化对具有不同风味特征的果实风味品质进行科学的评价，这是柑橘果实商品品质评价研究中必须要解决的问题。然而，现有文献中的果实风味品质评价方法存在许多局限。例如，定量描述分析法（QDA）程序复杂，感官评价还受评价小组的主观影响。电子舌法虽然避免了评价者的主观影响，但它对风味成分的种类、含量及相互间比例关系的变化对风味品质变化的影响难以做到"精确识别"，即风味特征变化与风味成分变化间的准确关系难以建立。但"三度"评价法没有上述困难，我们可以选择一种果实作为风味品质评价的标准果实，以标准果实中风味成分的种数、含量及相互间的比例关系作为"三度"风味品质评价的参照标准，把待评价果实中风味成分的种数称为"多样度"，把样品果实中风味成分的含量占标准果实中相应成分含量的比例关系称作"匹配度"，把不同风味成分相互间的比例关系称为"平衡度"，从而根据"三度"评价法不同指数的计算公式计算出果实风味品质的"三度"指数值。最终，我们用偏离指数（deviation index，DI）表示检测样品的风味品质偏离标准样品的程度。总体上讲，"三度"偏离指数愈小，风味品质愈接近标准（愈好）。不过，这里我们需要强调，"三度"风味评价法的标准是人为选定的，它既可以是"典型"品种风味，也可以是完全成熟、刚采摘鲜果的风味，还可以是任何公认的"最好"风味。同时，"三度"评价法使用的数据，可以是自己的实际检测数据，也可以是文献报道的数据，只要真实可靠，无论数据是覆盖全部风味成分还是仅涉及部分风味成分，只要有3种以上风味的数据，就可以用"三度"评价法计算出不同样品风味品质的差异，并对其加以区别。下面我们以Raithore等（2016）报道的脐橙果实的甜、酸、苦味成分数据，以第一采收期的新鲜果实作为标准果实，把其余采收期的果实作为待评价样品，使用"三度"评价法对脐橙Navel 4个采收期的风味品质作评价，供大家了解"三度"评价法。

### 4.6.2.1 原始数据采集

品种名称：脐橙Navel。

采收日期：H1（2010年11月17日）、H2（2010年12月1日）、H3（2010年12月15日）、H4（2011年1月5日）。

标准果实：以第一采收期的新鲜果实作为标准果实。

检测部位及主要风味成分：果汁；柠檬苦素（mL/L）、诺米林（mL/L）、柠檬酸（g/L）、苹果酸（g/L）、蔗糖（g/L）、葡萄糖（g/L）、果糖（g/L），详细见表4.14。

表 4.14　不同采收期Navel果汁中主要风味成分的种类及含量

| 风味成分 | Navel的采收期 | | | |
| --- | --- | --- | --- | --- |
| | H1 | H2 | H3 | H4 |
| 柠檬苦素（mL/L果汁） | 2.64 | 3.86 | 3.25 | 3.11 |
| 诺米林（mL/L果汁） | 1.70 | 0.68 | 0.26 | 0.11 |
| 柠檬酸（g/L果汁） | 14.30 | 14.20 | 14.50 | 14.30 |
| 苹果酸（g/L果汁） | 3.10 | 3.60 | 3.50 | 3.90 |
| 蔗糖（g/L果汁） | 58.20 | 65.70 | 59.10 | 64.60 |
| 葡萄糖（g/L果汁） | 34.50 | 30.00 | 30.70 | 31.40 |
| 果糖（g/L果汁） | 31.30 | 33.80 | 31.30 | 34.40 |

### 4.6.2.2　多样度计算

多样度（DD）是指待评价样品中被检测风味成分的种数，即不同类型风味组分在样品中被检测成分总的数目。柑橘果实风味由基本风味、香味和质地构成，其中基本风味又由酸、甜、苦和鲜味组成。无论是酸、甜、苦和鲜味，还是香味、质地，它们都是由多种复杂的化学成分决定。在进行具体的风味品质评价时，这些被检测的全部化学成分的种类和数目就是多样度计算种数的依据。以Raithore等（2016）的数据为例，多样度的种数是7，分别属于酸、甜、苦三种风味物质。具体计算以标准样品作参照，样品中某一种风味成分存在记为"1"，缺乏记为"0"，将所有"1"加起来即为样品主要风味成分的种类总数。样品主要风味成分的种类数与标准样品中主要风味成分的种类数的比值即为该样品的DD值，由公式（4.16）计算样品（果实）的DD值。总体来讲，DD值愈高（接近1），果实中含有的主要风味成分种类就愈多，即愈接近标准样品。

$$DD值 = \frac{样品中主要风味成分的种数}{标准样品中主要风味成分的种数} \tag{4.16}$$

从表4.14可知，标准果实H1期和其他各采收期的样品果的果汁中均含7种风味成分，用公式（4.16）计算各采收期的DD值，结果见表4.15。同一柑橘品种，尽管采收时间不一样，但是果实风味品质的DD值是一样的。从DD值我们可以看出，单一的定性描述无法区分同类柑橘不同样品之间的风味品质。

表 4.15　不同采收期下Navel果实风味品质多样度（DD值）

| 风味成分 | Navel 的采收期 | | | |
| --- | --- | --- | --- | --- |
| | H1 | H2 | H3 | H4 |
| 柠檬苦素（mL/L 果汁） | 1 | 1 | 1 | 1 |
| 诺米林（mL/L 果汁） | 1 | 1 | 1 | 1 |
| 柠檬酸（g/L 果汁） | 1 | 1 | 1 | 1 |
| 苹果酸（g/L 果汁） | 1 | 1 | 1 | 1 |
| 蔗糖（g/L 果汁） | 1 | 1 | 1 | 1 |
| 葡萄糖（g/L 果汁） | 1 | 1 | 1 | 1 |
| 果糖（g/L 果汁） | 1 | 1 | 1 | 1 |
| 种类总数 | 7 | 7 | 7 | 7 |
| DD 值 | | 1 | 1 | 1 |

#### 4.6.2.3　匹配度计算

匹配度（DM）是指待评价样品中被检测风味成分的含量及其与标准值之间的匹配程度（%），完全匹配为100%。匹配度评价的是果实中各种被检测风味成分的含量偏离标准值的百分率。果实风味品质的DM值可按照公式（4.17）进行计算，公式中$X_c$表示样品中主要风味成分的含量值，$S_c$表示标准值，$k$表示被检测风味成分种类的总数。对任何一种风味成分，DM值愈接近1，则表示样品与标准样品之间的匹配度愈高，风味品质就愈好。

$$DM值 = \frac{1}{k}\sum_{i=1}^{k}\left|\frac{X_c}{S_c}\right| \tag{4.17}$$

根据上述公式，我们使用表4.14中的数据，以H1采收期的数据作为标准值，计算采收期为H2、H3、H4的Navel果实风味品质的DM值，结果见表4.16。从表4.16中我们可以看出，采收期为H2时，果实风味品质DM值为1.0135（偏离标准0.0135）；采收期为H3时，果实风味DM值为0.9189（偏离标准0.0811）；采收期为H4时，果实风味DM值为0.9457（偏离标准0.0543）。所以，就DM值而言，果实风味品质H2＞H4＞H3。

表 4.16　不同采收期Navel果实风味品质匹配度（DM值）

| 风味成分 | 标准值 | H2 | | H3 | | H4 | |
| --- | --- | --- | --- | --- | --- | --- | --- |
| | | 含量 | 匹配程度 | 含量 | 匹配程度 | 含量 | 匹配程度 |
| 柠檬苦素（mL/L果汁） | 2.64 | 3.86 | 146.21% | 3.25 | 123.11% | 3.11 | 117.80% |
| 诺米林（mL/L果汁） | 1.70 | 0.68 | 40.00% | 0.26 | 15.29% | 0.11 | 6.47% |

续表

| 风味成分 | 标准值 | H2 含量 | H2 匹配程度 | H3 含量 | H3 匹配程度 | H4 含量 | H4 匹配程度 |
| --- | --- | --- | --- | --- | --- | --- | --- |
| 柠檬酸（g/L果汁） | 14.30 | 14.20 | 99.30% | 14.50 | 101.40% | 14.30 | 100.00% |
| 苹果酸（g/L果汁） | 3.10 | 3.60 | 116.13% | 3.50 | 112.90% | 3.90 | 125.81% |
| 蔗糖（g/L果汁） | 58.20 | 65.70 | 112.89% | 59.10 | 101.55% | 64.60 | 111.00% |
| 葡萄糖（g/L果汁） | 34.50 | 30.00 | 86.96% | 30.70 | 88.99% | 31.40 | 91.01% |
| 果糖（g/L果汁） | 31.30 | 33.80 | 107.99% | 31.30 | 100.00% | 34.40 | 109.90% |
| DM值 | | | 1.0135 | | 0.9189 | | 0.9457 |

### 4.6.2.4 平衡度计算

平衡度（DB）是指待评价样品中被检测的各种风味成分之间的比例关系与标准样品中相应成分间比值的接近程度。任何一种果实的风味特征不仅与主要风味成分的种类、含量相关，而且各成分之间的比例关系也是其重要的影响因素之一，如传统的糖酸比。尽管DB值要评价的是被检测风味成分相互之间的比例关系与标准样品中相应成分间比值的接近程度，但因DB值的实质是各被检测成分间的平衡关系，故称之为平衡度（DB）。果实风味品质DB值可采用公式（4.18）进行计算。

$$DB值 = 1 - \frac{1}{C_k^2}\sum_{i=1}^{C_k^2}\frac{|X_{ij} - S_{ij}|}{X_{ij} + S_{ij}} \quad (4.18)$$

式中，$k$表示被检测风味成分的种数，如本例中主要风味成分种数为7种，则$k$取7），$C_k^2$表示$k$个被检测风味成分的两两组合数（如$C_7^2$等于21），$X_{ij}$为样品中任意两种风味成分之间的比例，$S_{ij}$则表示该两种风味成分在标准样品中的比例，因此DB值的最大值为1。下面我们以采收期为H1的Navel果实的数据作为标准值，不同采收期为H2、H3、H4的Navel果实为待评价样品，说明DB值的计算方法。

平衡度的计算共分为以下四步。

第一步，用于DB值计算的原始数据的收集和整理，见表4.14。

第二步，计算标准样品风味成分间的比值。将表4.14中标准样品（即采收期为H1的Navel）各风味成分的数值代入公式（4.18），并计算得出它们两两之间的比值，结果见表4.17。

第三步，计算各检测样品果实风味成分间的比值。将表4.14中采收期为H2、H3、H4的Navel果实各风味成分数据分别代入公式（4.18），计算各样品风味成分间的DB值，结果见表4.18~表4.20。

第四步，计算各检测样品果实风味成分间的DB值。因共有7种主要风味成分，故$k=7$，$C_k^2=21$。以表4.17中的数据为标准数据（$S_{ij}$），表4.18~表4.20中的数据作为检测样品数据（$X_{ij}$），分别代入公式（4.18），逐一计算采收期为H2、H3、H4的Navel果实风味品质的DB值，结果为H2期DB=0.794、H3期DB=0.741、H4期DB=0.696。在这3个采收期中，H2的DB值大于采收期为H3和H4的DB值，所以就DB值而言，采收期为H2的Navel的果实风味品质更接近H1，优于采收期H3和H4。

表 4.17　标准样品（采收期为H1的Navel）果实中主要风味成分含量两两间比值

| H1 | 柠檬苦素/<br>（mL/L果汁） | 诺米林/<br>（mL/L果汁） | 柠檬酸/<br>（g/L果汁） | 苹果酸/<br>（g/L果汁） | 蔗糖/<br>（g/L果汁） | 葡萄糖/<br>（g/L果汁） | 果糖/<br>（g/L果汁） |
|---|---|---|---|---|---|---|---|
| 柠檬苦素/（mL/L果汁） | 1.000 | | | | | | |
| 诺米林/（mL/L果汁） | 1.553 | 1.000 | | | | | |
| 柠檬酸/（g/L果汁） | 0.185 | 0.119 | 1.000 | | | | |
| 苹果酸/（g/L果汁） | 0.852 | 0.548 | 4.613 | 1.000 | | | |
| 蔗糖/（g/L果汁） | 0.045 | 0.029 | 0.246 | 0.053 | 1.000 | | |
| 葡萄糖/（g/L果汁） | 0.077 | 0.049 | 0.414 | 0.090 | 1.687 | 1.000 | |
| 果糖/（g/L果汁） | 0.084 | 0.054 | 0.457 | 0.099 | 1.859 | 1.102 | 1.000 |

表 4.18　采收期为H2的Navel果实中主要风味成分含量两两间比值

| H2 | 柠檬苦素/<br>（mL/L果汁） | 诺米林/<br>（mL/L果汁） | 柠檬酸/<br>（g/L果汁） | 苹果酸/<br>（g/L果汁） | 蔗糖/<br>（g/L果汁） | 葡萄糖/<br>（g/L果汁） | 果糖/<br>（g/L果汁） |
|---|---|---|---|---|---|---|---|
| 柠檬苦素/（mL/L果汁） | 1.000 | | | | | | |
| 诺米林/（mL/L果汁） | 5.676 | 1.000 | | | | | |
| 柠檬酸/（g/L果汁） | 0.272 | 0.048 | 1.000 | | | | |
| 苹果酸/（g/L果汁） | 1.072 | 0.189 | 3.944 | 1.000 | | | |
| 蔗糖/（g/L果汁） | 0.059 | 0.010 | 0.216 | 0.055 | 1.000 | | |
| 葡萄糖/（g/L果汁） | 0.129 | 0.023 | 0.473 | 0.120 | 2.190 | 1.000 | |
| 果糖/（g/L果汁） | 0.114 | 0.020 | 0.420 | 0.107 | 1.944 | 0.888 | 1.000 |
| DB值 | | | | 0.794 | | | |

表 4.19　采收期为H3的Navel果实中主要风味成分含量两两间比值

| H3 | 柠檬苦素/<br>（mL/L果汁） | 诺米林/<br>（mL/L果汁） | 柠檬酸/<br>（g/L果汁） | 苹果酸/<br>（g/L果汁） | 蔗糖/<br>（g/L果汁） | 葡萄糖/<br>（g/L果汁） | 果糖/<br>（g/L果汁） |
|---|---|---|---|---|---|---|---|
| 柠檬苦素/（mL/L果汁） | 1.000 | | | | | | |
| 诺米林/（mL/L果汁） | 12.500 | 1.000 | | | | | |
| 柠檬酸/（g/L果汁） | 0.224 | 0.018 | 1.000 | | | | |
| 苹果酸/（g/L果汁） | 0.929 | 0.074 | 4.143 | 1.000 | | | |
| 蔗糖/（g/L果汁） | 0.055 | 0.004 | 0.245 | 0.059 | 1.000 | | |
| 葡萄糖/（g/L果汁） | 0.106 | 0.008 | 0.472 | 0.114 | 1.925 | 1.000 | |
| 果糖/（g/L果汁） | 0.104 | 0.008 | 0.463 | 0.112 | 1.888 | 0.981 | 1.000 |
| DB值 | | | | 0.741 | | | |

表 4.20　采收期为H4的Navel果实中主要风味成分含量两两间比值

| H4 | 柠檬苦素/<br>（mL/L果汁） | 诺米林/<br>（mL/L果汁） | 柠檬酸/<br>（g/L果汁） | 苹果酸/<br>（g/L果汁） | 蔗糖/<br>（g/L果汁） | 葡萄糖/<br>（g/L果汁） | 果糖/<br>（g/L果汁） |
|---|---|---|---|---|---|---|---|
| 柠檬苦素/（mL/L果汁） | 1.000 | | | | | | |
| 诺米林/（mL/L果汁） | 28.273 | 1.000 | | | | | |
| 柠檬酸/（g/L果汁） | 0.217 | 0.008 | 1.000 | | | | |
| 苹果酸/（g/L果汁） | 0.797 | 0.028 | 3.667 | 1.000 | | | |
| 蔗糖/（g/L果汁） | 0.048 | 0.002 | 0.221 | 0.060 | 1.000 | | |
| 葡萄糖/（g/L果汁） | 0.099 | 0.004 | 0.455 | 0.124 | 2.057 | 1.000 | |
| 果糖/（g/L果汁） | 0.090 | 0.003 | 0.416 | 0.113 | 1.878 | 0.913 | 1.000 |
| DB值 | | | | 0.696 | | | |

### 4.6.2.5 偏离指数

偏离指数（DI）是指果品风味品质的"三度"指数，即DD值、DM值和DB值偏离标准值"1"的程度。任何一种果品风味品质的DI值均可由公式（4.19）计算，它是"三度"指数偏离数值"1"的绝对值的总和，最低值为0，最高值为3。一个样品风味品质的DI值愈低，表明其偏离标准值的程度越低，风味品质越好。

$$偏离指数（DI） = |1-DD| + |1-DM| + |1-DB| \qquad (4.19)$$

根据公式（4.19），我们计算的Navel果实在H2、H3、H4采收期的风味品质偏离H1采收期的DI值如表4.21所示。

表 4.21  不同采收期Navel果实风味品质偏离指数（DI值）

| 采收期 | H2 | H3 | H4 |
| --- | --- | --- | --- |
| DD 值 | 1.000 | 1.000 | 1.000 |
| DM 值 | 1.014 | 0.919 | 0.946 |
| DB 值 | 0.794 | 0.741 | 0.696 |
| DI 值 | 0.220 | 0.340 | 0.358 |

根据表4.21，我们不仅可以看到不同采收期的Navel果实与假定的标准采收期的果实所检测的风味成分在种类、含量和平衡度方面的变化，还可以根据DI值清楚地判明各采收期果实风味品质与假定标准之间的差异。因此，"三度"评价法的结果不仅包含了传统果实风味品质评价使用的种类（DD值）和含量（DM值）等指标的信息，而且可以用平衡度去评价任何一种风味成分的变化对果实整体风味变化的影响。这一点是现有果实风味品质评价方法中没有做到的。同时，我们可以看到使用"三度"评价法对果实风味品质的评价可以实现规范化、数值化，再也不是简单的定性描述和含量的比较，而是用一个数值（DI值）就能比较不同果品风味品质的差异，这在方法学上是一个实在的进步。为此，我们建议把"三度"评价法所获得的柑橘果实风味品质称为3D风味品质。

### 4.6.2.6 基于"三度"指数的柑橘果实风味品质分类定级方法

从上文"三度"评价法的介绍我们可以看出，利用"三度"指数不仅可以对柑橘果实风味品质进行全面、系统和数值化的评价，而且可以对所评价的果实对象进行清楚的分类和定级。我们强调"全面"是指"三度"评价法可以利用所有而不是选择性的几个风味成分数据对果实风味品质进行比较分析；强调"系统"是指"三度"评价法是从风味成分的种类、含量和相互间的比例关系三个方面系统地比较待测样品与标准样品间风味品质的差异；强调"数值化"是指有了相关的"三度"指数，我们在进行果实风味品质的评价时，不再是风味成分的简单定性和含量高低的描述。"三度"风味品质评价法，一方面可以根据需要基于DD值、DM值和DB值中的任何一个指数进行单一评价；另一方面可以基于"三度"指数计算的偏离指数（DI）对柑橘果实风味品质进行综合评价。例如，我们可以根据DD值分类，根据DM和DB值定级，根据DI值选优。因为DI值越大，则样品风味品质偏离标准值就越大，即果实风味品质越差；DI值越小，则样品风味品质越接近于标准值，即果实风味品质越好。基于DI值的大小，便可以根据检测样品DI值偏离标准的范围对样品的风味品质进行优中选优。

# 第 5 章　柑橘果实色泽品质评价方法

颜色（color）是可见光谱中的电磁辐射刺激人眼中的视锥细胞（cone cell，哺乳动物眼球视网膜中的感光细胞，它们在强光下对颜色具有高度的分辨能力）而产生的色彩感知，是人类通过"颜色类别"（color category）来描述的人的视觉感受特征，如红色、蓝色、黄色、绿色、橙色和紫色等。"泽"在汉字起源中为形声字，本义是"聚水的洼地"（顾建平，2008）。因此，柑橘果实色泽品质的本质是指人通过眼睛（眼观）对果实色彩的认知和判定。色泽同风味、香气一道共同构成柑橘果实最重要的食用品质特征，它对消费者"眼观"接受度的影响很大，是柑橘果实商品品质的重要组成部分之一。

现有研究表明，色泽除影响柑橘果实的商品品质外，天然的类胡萝卜素（carotenoid）、花色苷（anthocyanin）等色素成分还具有重要的生物活性，对人体保健甚至对各种慢性疾病的防治都具有重要作用（Gowd et al.，2017；Kulczynski et al.，2017）。因此，科学地评价柑橘果实的色泽品质，不仅对柑橘果实的商品品质评价意义重大，而且对果品的营养和保健价值的研究也至关重要。但遗憾的是，在现有的国内外文献中有关柑橘果实色泽品质变化与其营养保健等功能变化的关系的研究极为有限。

柑橘果实色泽多样，常见的有绿色、黄色、橙色、红色、紫色等基本类型（周开隆和叶荫民，2010）。由于果实的外观色泽受一系列内外因素的影响，如品种（Ben Abdelaali et al.，2018）、栽培环境（Lu et al.，2017）、栽培措施（Rehman et al.，2018）、果实成熟度或采收时期（刘洋，2015；Yoo and Moon，2016）、采后贮藏保鲜（Carmona et al.，2012）等，系统地研究果实色泽变化对商品品质的影响是柑橘果实商品品质评价及产品质量安全的重要研究内容。尽管目前国内外有关柑橘果实色泽的研究报道很多，已经涉及果实色素组成成分分析（Agócs et al.，2007），色泽形成（Rodrigo et al.，2013），不同品种、地区及成熟期果实色素成分及含量变化分析（Kato et al.，2004；Xu et al.，2006），果实采前和采后措施对色泽的影响（Cronje et al.，2011；Gambetta et al.，2014；Continella et al.，2018）等多个方面。但现有研究工作主要还停留在色素成分的种类和含量分析等"描述性"研究的水平上，即通常是对观察到的一种色泽类型，仅对其含有的色素成分的种类、含量进行检测分析，然后再比较不同样品间的差异，最多到分析色泽类型与色素成分及含量之间的关系等。目前，尽管基于色差（chromatic aberration）原理测定柑橘果实色差指数（citrus color index，CCI）的方法已被广泛应用于柑橘果实外观色泽的评价（Jiménez-Cuesta et al.，1981），但CCI与果实中各种色素成分（种类、含量、相互间比例关系）的变化究竟有什么样的关系，现有文献少有报道。因此，有关柑橘果实色泽品质的评价方法亟待整理，以便为进一步深入研究打基础。

在这一章，我们系统地整理了柑橘果实色泽品质评价研究的主要内容，包括柑橘果实的色泽类型及其主要贡色成分、柑橘果实主要贡色成分的分析检测方法、不同色泽类型柑橘果实主要贡色成分的识别分析方法等。在这些现有工作的基础上，我们专门介绍了柑橘果实色泽品质"三度"评价法。柑橘果实色泽品质"三度"评价法的核心是将柑橘果实色素成分的种类、含量及相互间的比例关系全部用于评价果实色泽品质的变化，从而实现了柑橘果实色泽品质的全面、系统、规范和数值化评价。

## 5.1 柑橘果实的色泽及其主要贡色成分

柑橘栽培类型众多，常见的有甜橙、柚、葡萄柚、宽皮柑橘、柠檬、枸橼等种类。不同类型的柑橘果实形态各异，色泽差别明显，对消费者的视觉影响很大，是柑橘果实商品品质的重要决定因素。根据江东和龚桂芝（2006）的描述标准，柑橘果实至少包括绿色、绿黄色、淡黄色、黄色、橙色、橙红色、红色、暗红色、紫红色等9种色泽类型。但柑橘果实在发育早期均呈绿色，近成熟时绿色逐渐消失，而呈现出黄色、橙色、红色、紫色等基本颜色。在这些基本颜色的基础上，其他不同类型的柑橘果实的色泽都是由基本颜色组合而成，只是浓淡、明暗不同而已。例如，甜橙的橙黄色由橙色和黄色组合而成，红橘的橘红色由红色和橙色组合而成，以及血橙的紫红色由紫色和红色组合而成（周开隆和叶荫民，2010）。图5.1是最常见的几种柑橘果实的颜色。

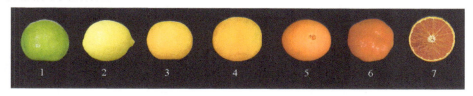

图 5.1　不同色泽类型柑橘果实

1绿色（青瓯柑），2黄色（柠檬），3黄橙色（芦柑），4橙色（夏橙），5橙红色（脐橙），6橘红色（红橘），7紫红色（血橙）；图1～6由张沛宇拍摄，7由周志钦拍摄

据现有研究，柑橘色泽的多样性主要是由三大类色素成分——叶绿素（chlorophyll）、类胡萝卜素（carotenoid）和花青素（anthocyanin）的组成和含量变化所引起的。在具有不同色泽的果实中，三类色素成分的组成和含量变化的多样性构成了柑橘果实色泽的多样性基础。例如，在呈现绿色的柑橘果实中，其主要贡色成分是叶绿素，主要包括叶绿素a（chlorophyll a）和叶绿素b（chlorophyll b）。在外观呈黄色、橙色和红色等色泽类型的柑橘果实中，主要贡色成分是类胡萝卜素，包

括叶黄素（lutein）、$\beta$-隐黄质（$\beta$-cryptoxanthin）、紫黄质（violaxanthin）、$\beta$-胡萝卜素（$\beta$-carotene）、番茄红素（lycopene）等。在果肉呈紫红色的柑橘果实中，主要贡色成分是花青素类的矢车菊素（cyanidin）、飞燕草素（delphinidin）等，花青素目前仅存在于血橙，且主要分布在果肉中（Rodrigo et al.，2013）。为了更好地研究柑橘果实中色素成分的变化与色泽类型的关系，我们根据现有报道将柑橘果实主要色素成分及其贡色类型归纳整理于表5.1，将不同类型的柑橘果实、其色泽类型及含有的主要色素成分归纳整理于表5.2。从两个表中我们可以清楚地看到，柑橘果实的色素成分与其色泽类型间的关系复杂，需要深入研究。

**表 5.1 柑橘果实中主要色素成分及其呈现颜色**

| 色素种类 | 主要代表成分 | 主要贡献色素 |
| --- | --- | --- |
| 叶绿素类 | 叶绿素a | 蓝绿色 |
|  | 叶绿素b | 黄绿色 |
|  | 脱植醇叶绿素、叶绿素铜钠盐 | 绿色 |
|  | 脱镁叶绿素a、脱镁叶绿素b | 橄榄绿色 |
|  | 焦脱镁叶绿素 | 暗橄榄绿色 |
| 类胡萝卜素类 | 叶黄素、玉米黄素 | 黄色 |
|  | $\beta$-胡萝卜素、$\beta$-隐黄质、紫黄质 | 橙色 |
|  | 番茄红素、$\beta$-柠乌素 | 红色 |
| 花青素类 | 矢车菊素 | 深红色 |
|  | 飞燕草素 | 蓝-红紫色 |
|  | 锦葵素、矮牵牛色素 | 蓝-红色 |
|  | 天竺葵素 | 朱红色 |
|  | 芍药花素 | 橙-红色 |
| 黄酮类 | 查耳酮 | 黄色 |
|  | 槲皮素 | 浅黄色 |

**表 5.2 柑橘主要栽培类型果实色泽类型及其主要色素成分**

| 柑橘栽培类型 | 代表品种 | 色泽类型 | 主要色素成分 |
| --- | --- | --- | --- |
| 葡萄柚<br>*Citrus paradisi* Macf. | Rio Red、Star Ruby、Marsh | 橙红色 | 叶黄素、$\beta$-隐黄质、$\beta$-柠乌素、$\beta$-胡萝卜素、番茄红素 |
| 甜橙<br>*Citrus sinensis* Osbeck. | 纽荷尔、锦橙、冰糖橙 | 橙色 | 紫黄质及其异构体 |
|  | 塔罗科血橙 | 紫红色 | 矢车菊素、飞燕草素 |

续表

| 柑橘栽培类型 | 代表品种 | 色泽类型 | 主要色素成分 |
|---|---|---|---|
| 柑和橘<br>Citrus reticulata Blanco. | 椪柑、南丰蜜橘、宫川、本地早 | 黄橙色 | $\beta$-隐黄质、叶黄素、玉米黄素 |
|  | 红橘 | 红色 | 叶黄素、玉米黄素、$\beta$-柠乌素、$\beta$-隐黄质、$\beta$-胡萝卜素 |
| 柚<br>Citrus grandis Osbeck. | 琯溪蜜柚 | 绿黄色 | 玉米黄素、六氢番茄红素、$\beta$-隐黄质 |
| 柠檬<br>Citrus limon Burm.f. | 尤力克 | 淡黄色 | 八氢番茄红素、六氢番茄红素 |
| 来檬<br>Citrus aurantifolia Swingl. | Kagzi | 绿色 | 叶绿素a、叶绿素b |
| 杂柑类 | 樟头红 | 朱红色 | $\beta$-胡萝卜素、$\beta$-隐黄质 |

注：参考徐娟和邓秀新（2002），陶俊等（2003a），田明等（2015）

## 5.2 柑橘果实主要色素成分的分析测定方法

植物中的天然色素，按其结构可分为吡咯色素（通常称为叶绿素）、类胡萝卜素类色素、黄酮类色素（主要为花青素类色素）及醌酮类色素等（成黎，2012；周幸知等，2015）。柑橘果实的主要呈色色素为叶绿素、类胡萝卜素、花青素及少量的显色黄酮。醌酮类色素主要存在于姜科、天南星科植物的根茎中（如姜黄素），还包括红曲霉属的丝状真菌经发酵而成的红曲色素等。下面我们介绍叶绿素、类胡萝卜素、花青素和黄酮类色素的分析测定方法。

### 5.2.1 叶绿素

叶绿素是广泛存在于蓝细菌、藻类和绿色植物的叶绿体中，在自然光下呈现绿色的一种色素成分（陈敏，2008）。在化学上，叶绿素是一种镁卟啉（porphyrin）化合物，一类由4个吡咯类亚基的$\alpha$-碳原子通过次甲基桥（=CH—）互联而形成的大分子杂环化合物。高等植物中叶绿素根据化学结构的差异主要分为叶绿素a（$C_{55}H_{72}O_5N_4Mg$）和叶绿素b（$C_{55}H_{70}O_6N_4Mg$）两种，它们在结构上的区别在于叶绿素b吡咯环上的一个—$CH_3$被一个—CHO取代。因此，它们所呈现的颜色也略有不同，叶绿素a呈蓝绿色，叶绿素b呈黄绿色。叶绿素a和叶绿素b的组成和含量决定植物果实的绿色程度，也是绿色柑橘果实的果皮中最主要的色素成分。现有的国内外文献中没有专门针对柑橘果实叶绿素含量和组分的标准分析检测方法，下面我们参考农业行业标准《水果、蔬菜及其制品中叶绿素含量的测定 分光光度法》（NY/T

3082—2017）介绍柑橘果实中叶绿素组分和含量的标准测定方法。同时，根据Xie等（2014）的报道介绍一种可用于柑橘果实叶绿素的快速提取和分析检测法，以及根据Xie等（2019）的文章介绍一种柑橘果实叶绿素的最新检测方法。

### 5.2.1.1 柑橘果实叶绿素的标准检测方法

农业行业标准NY/T 3082—2017介绍了植物中叶绿素的分析检测方法，在这里我们将其作为柑橘果实叶绿素的标准分析检测方法，简要介绍如下。

**1. 范围**

该标准规定了使用分光光度法测定植物材料中叶绿素含量的方法。该方法适用于柑橘果实中叶绿素a含量、叶绿素b含量和叶绿素总含量的测定。该方法中叶绿素a含量的线性范围为0.004~0.018mg/g，叶绿素b含量的线性范围为0.005~0.020mg/g。

**2. 原理**

试样中的叶绿素用无水乙醇-丙酮（体积比1∶1）混合液提取，分别测定试液645nm和663nm处的吸光度，利用Arnon公式计算试样的叶绿素含量。

**3. 材料与试剂**

（1）材料

待测柑橘果实样品。

（2）试剂

①无水乙醇；②丙酮；③提取剂：无水乙醇-丙酮（体积比1∶1）混合液。除非另有说明，所用水为《分析实验室用水规格和试验方法》（GB/T 6682—2008）中规定的三级水及以上，试剂均为分析纯试剂。

**4. 仪器**

分光光度计；分析天平（±0.01g）；高速组织捣碎机：0~2000r/min。

**5. 分析步骤**

（1）试样制备

将柑橘果实的果皮剥离后，切碎果皮，并立即用液氮冷冻，用冷冻磨样机磨成粉末后贮藏于-80℃条件下，备用。

（2）试液制备

深绿色样品，准确称取0.5g试样于三角瓶中，加入100mL提取剂。绿色样品，准确称取0.5g试样于三角瓶中，加入10mL提取剂。浅绿色样品，准确称取2.0~5.0g试样于三角瓶中，加入10mL提取剂。三角瓶用封口膜密封，室温下避光、静置提取5h，过滤，滤液待测。

注：光照和高温会使叶绿素发生氧化与分解，因此试液制备时应避免高温和光照。

(3) 试液的测定

以提取剂为空白溶液,调零点。分别在645nm和663nm处测定试液的吸光度。

### 6. 结果计算

试样中叶绿素a含量、叶绿素b含量和叶绿素总含量均以质量分数ω表示(mg/g),分别按公式(5.1)~公式(5.3)计算,计算结果保留3位有效数字。

(1) 叶绿素a

$$\omega_1=(12.72\times A_1-2.59\times A_2)\times v/(1000\times m) \quad (5.1)$$

式中,$\omega_1$表示叶绿素a含量(mg/g);$A_1$表示试液在663nm处的吸光度;$A_2$表示试液在645nm处的吸光度;$v$表示试液体积(mL);$m$表示试样质量(g)。

(2) 叶绿素b

$$\omega_2=(22.88\times A_2-4.67\times A_1)\times v/(1000\times m) \quad (5.2)$$

式中,$\omega_2$表示叶绿素b含量(mg/g)。

(3) 总叶绿素

$$\omega_3=(8.05\times A_1+20.29\times A_2)\times v/(1000\times m) \quad (5.3)$$

式中,$\omega_3$表示叶绿素总含量(mg/g)。

### 7. 精密度

在重复性条件下获得的2次独立测定值的绝对差值不大于这2个测定值的算术平均值的10%。

### 8. 数据整理分析

采用SPSS 19.0等数据处理软件对测定结果进行方差分析或多重比较等。采用Excel等软件将计算结果整理成相应表或图。

## 5.2.1.2 柑橘果实叶绿素的快速检测方法

Xie等(2014)报道了一种短时间多次提取结合分光光度计检测的叶绿素快速分析检测方法。该方法对叶绿素采用短时间多次提取、离心,合并色素提取物,相较于标准方法中的直接浸泡提取更省时、提取效率更高。

### 1. 适用范围

该方法适用于柑橘果实叶绿素含量的测定。

### 2. 原理

高等植物中叶绿素最常见的有两种,即叶绿素a和叶绿素b,两者均易溶于乙醇、乙醚、丙酮和氯仿等有机溶剂。以丙酮作为提取剂,经反复多次短时间浸提、离心收集叶绿素,直至残渣变为白色。相对于传统方法,利用丙酮长时间一次浸提用时更短，提取效率更高。再利用分光光度计测定叶绿素提取液在最大吸收波长下的吸光度，即可用朗伯-比尔定律（Lambert-Beer law）计算出提取液中各色素的含量。

**3. 材料和试剂**

（1）材料

待测柑橘样品，如果皮。

（2）试剂

丙酮（$CH_3COCH_3$）。除非另有说明，该方法所用试剂均为分析纯，水为超纯水。

**4. 仪器和设备**

分析天平：感量0.001g；冷冻磨样机；低温离心机；紫外可见分光光度计。

**5. 试样制备与保存**

将果皮沿赤道面剥离后，切成小块，用液氮冷冻，采用冷冻磨样机磨成均匀的粉末，储存在-80℃冰箱中以待下一步分析。

**6. 分析步骤**

（1）试剂的配制

80%（v/v）丙酮：取80mL丙酮，与20mL超纯水混匀备用。

（2）叶绿素提取

准确称取柑橘皮粉末0.2g（精确到0.1mg）于10mL离心管中，加入3mL 80%预冷的丙酮溶液溶解色素，于黑暗下静置1h。在12 000g、4℃条件下离心5min，取上清液。剩余残渣中再次加入3mL 80%丙酮，在黑暗条件下重复离心提取3次，直至残渣变为白色。将3次操作后的上清液合并，并用80%丙酮定容至10mL，待下一步测定。

（3）测定

取1mL定容后的上清液于比色皿中，以80%丙酮作为参比调零，分别在663nm和645nm波长下测定其吸光度。

（4）结果计算

相应叶绿素浓度按照下列公式计算。

$$C_a=12.21A_{663}-2.81A_{645} \tag{5.4}$$

$$C_b=20.13A_{645}-5.03A_{663} \tag{5.5}$$

$$C_t=7.18A_{663}+17.32A_{645} \tag{5.6}$$

式中，$C_a$代表叶绿素a含量（μg/mL FW），$C_b$代表叶绿素b含量（μg/mL FW），$C_t$代表总叶绿素含量（μg/mL FW）；$A_{663}$、$A_{645}$分别代表色素提取液在663nm、645nm波长下的吸光度。

## 7. 精密度

在重复性条件下获得的3次独立测定结果的绝对差值不得超过其算术平均值的15%。

## 8. 数据整理分析

采用SPSS 19.0等数据处理软件可对测定结果进行方差分析或多重比较等。采用Excel等软件将计算结果整理成相应表或图。

### 5.2.1.3 柑橘果实叶绿素的最新检测方法

Xie等（2019）介绍了一种柑橘果实叶绿素分析检测的新方法。他们在叶绿素提取液中加入了抗氧化剂2,6-二叔丁基-4-甲基苯酚（butylated hydroxytoluene，BHT），以避免叶绿素在提取过程中的氧化。同时，他们还对传统经验公式进行了修改，把吸收波长由663nm改为了662nm，这些对现有方法起到了改进作用。

## 1. 适用范围

该方法适用于柑橘果实叶绿素含量的测定。

## 2. 原理

柑橘中叶绿素经丙酮提取后，利用分光光度计分别测定叶绿素提取液在662nm、645nm波长下的吸光度，即可根据经验公式可分别计算出叶绿素a、叶绿素b和总叶绿素的含量。

## 3. 材料和试剂

（1）材料

待测柑橘果实样品。

（2）试剂

①丙酮；②2,6-二叔丁基-4-甲基苯酚（BHT）。

除非另有说明，该方法所用试剂均为分析纯，水为超纯水。

## 4. 仪器和设备

分析天平：感量0.001g；冷冻磨样机；低温离心机；超声波清洗仪；紫外可见分光光度计。

## 5. 试样制备与保存

将果皮沿赤道面剥离后，切成小块，用液氮冷冻，采用冷冻磨样机磨成均匀的粉末，储存在-80℃冰箱中以待下一步分析。

**6. 分析步骤**

（1）叶绿素提取液配制

0.1%的BHT：量取500mL丙酮，加入0.05g BHT，摇匀。

（2）叶绿素提取

称取柑橘皮粉末1.00g于10mL离心管中，加入5mL色素提取液，混匀后超声提取15min。混合物在4000g、4℃条件下离心10min，取上清液。剩余残渣中再次加入色素提取液，相同条件下重复提取4次，直至残渣无色。将4次操作后的上清液合并，并用色素提取液定容至25mL，待下一步测定。

（3）测定

取2mL定容后的上清液于比色皿中，以色素提取液作为参比调零，分别在662nm、645nm波长下测定其吸光度。

（4）结果计算

相应叶绿素浓度按照下列公式计算。

$$C_a = 11.75A_{662} - 2.35A_{645} \tag{5.7}$$

$$C_b = 18.61A_{645} - 3.96A_{662} \tag{5.8}$$

$$C_t = C_a + C_b = 7.79A_{662} + 16.26A_{645} \tag{5.9}$$

式中，$C_a$代表叶绿素a含量（μg/mL FW）；$C_b$代表叶绿素b含量（μg/mL FW）；$C_t$代表总叶绿素含量（μg/mL FW）；$A_{662}$、$A_{645}$分别代表色素提取液在662nm、645nm波长下的吸光度。

**7. 精密度**

在重复性条件下获得的3次独立测定结果的绝对差值不得超过其算术平均值的15%。

**8. 数据整理分析**

采用SPSS 19.0等数据处理软件可对测定结果进行方差分析或多重比较等。采用Excel等软件将计算结果整理成相应表或图。

### 5.2.2 花青素

花青素（anthocyanidin）是存在于植物细胞液泡中的一类水溶性色素，它们因pH不同而显示不同的颜色，如红色（pH<3）、紫色（3<pH<6）和蓝色（pH>6）等（Obón and Rivera，2006）。花青素在化学结构上属酚类物质中的黄酮类化合物，是花青素苷元和糖苷结合的衍生物。植物中常见的花青素苷元有6种，即飞燕草色素（delphinidin）、矢车菊色素（cyanidin）、矮牵牛色素（petunidin chloride）、天竺葵色素（pelargonidin）、芍药色素（peonidin）和锦葵色素（malvidin）。在不同类型的柑橘果实中,血橙是唯一含有花青素的品种,其果实中的紫红色是由于花青素苷元与不同糖苷结合形成了多种花色苷类物质。在6种主要植物花色苷中,矢车菊素-3-*O*-葡萄糖苷在柑橘中含量最高,其次是飞燕草素-3-*O*-葡萄糖苷(曹少谦和潘思轶,2006;Wang et al.,2016)。在现有的国内外文献中没有专门针对柑橘果实花青素的标准检测方法,下面我们借用国家农业行业标准《植物源性食品中花青素的测定 高效液相色谱法》(NY/T 2640—2014)介绍柑橘果实花青素分析检测的标准方法。同时,根据桑戈等(2015)的报道介绍一种可用于柑橘果实总花青素含量的快速测定方法(pH示差法),依据Pannitteri等(2017)的文章介绍柑橘果实花青素的高效液相色谱检测新方法。

### 5.2.2.1 柑橘果实中花青素的标准检测方法

《植物源性食品中花青素的测定 高效液相色谱法》(NY/T 2640—2014)规定了一种植物源性食品中花青素的分析检测方法,在这里我们将其作为柑橘果实花青素的标准分析检测方法进行介绍。

**1. 范围**

该标准规定了植物源性食品中的飞燕草色素、矢车菊色素、矮牵牛色素、天竺葵色素、芍药色素和锦葵色素6种花青素的高效液相色谱测定方法。

该标准适用于柑橘果肉中花青素含量的测定。

该标准的检出限:以称样量1.00g、定容体积50mL计,飞燕草色素、矢车菊色素、天竺葵色素、芍药色素和锦葵色素5种花青素的检出限均为0.15mg/kg;矮牵牛色素的检出限为0.5mg/kg。同样条件下的定量限:飞燕草色素、矢车菊色素、天竺葵色素、芍药色素和锦葵色素5种花青素均为0.5mg/kg;矮牵牛色素为1.5mg/kg。

**2. 原理**

柑橘果实中的花青素主要以花色苷的形式存在。试样经乙醇-水的强酸溶液超声提取花色苷后,经沸水浴将花色苷水解成花青素,用高效液相色谱法测定,以保留时间定性,外标法定量。

**3. 材料和试剂**

(1)材料

待测柑橘果实。

(2)试剂

无水乙醇($C_2H_5OH$):色谱纯;甲酸($CH_2O_2$):色谱纯;甲醇($CH_3OH$):色谱纯;盐酸(HCl):优级纯;提取液:无水乙醇-水-盐酸(体积比2:1:1),取200mL无水乙醇、100mL水和100mL盐酸混匀;10%盐酸-甲醇溶液(体积比10:90):取10mL盐酸、90mL甲醇混匀。

除非另有规定，仅使用分析纯试剂。水为GB/T 6682—2008规定的一级水。

（3）标准物质

飞燕草色素：CAS号528-53-0，纯度≥96%；矢车菊色素：CAS号528-58-5，纯度≥98%；矮牵牛色素：CAS号1429-30-7，纯度≥96%；天竺葵色素：CAS号134-04-3，纯度≥96%；芍药色素：CAS号134-01-0，纯度≥98%；锦葵色素：CAS号643-84-5，纯度≥96%。

（4）标准溶液配制

单标储备液：分别准确称取飞燕草色素、矢车菊色素、矮牵牛色素，天竺葵色素、芍药色素和锦葵色素6种花青素标准品5.0mg，用10%盐酸-甲醇溶液溶解并分别定容至10mL，即为500mg/L的单标储备液，于-18℃条件下，贮存于密闭的棕色玻璃瓶中，有效期为6个月。

混合标准使用液：在使用中将单标储备液进行混合后，用10%盐酸-甲醇溶液（pH 4.6）作为溶剂，并逐级稀释成50.0mg/L、25.0mg/L、5.0mg/L、1.0mg/L、0.5mg/L或其他浓度的花青素混合标准使用液。在4℃条件下，有效期为6个月。

**4. 仪器和设备**

高效液相色谱仪带紫外或二极管阵列检测器；天平：精度0.01mg，0.01g；水浴锅：精度±2℃；匀浆机；超声波清洗机；粉碎机。

**5. 分析步骤**

（1）样品制备

采用四分法分取样品，取约200g果肉于匀浆机中制成匀浆。所有样品在-18℃条件下保存。

（2）提取

根据待测样品中花青素含量，称取样品1.00～10.00g于50mL具塞比色管中，加入提取液（pH 4.5）定容，摇匀1min后，超声提取30min。

（3）水解

超声提取后，于沸水浴中水解1h，取出冷却后，用提取液再次定容。静置，取上清液，用0.45μm水相滤膜过滤，待测。样品制备好后，在4℃条件下，保存时间不超过3d。

（4）测定

1）色谱参考条件

色谱柱：$C_{18}$柱（4.6mm×250mm，5μm）或性能相当者。流动相A为含1%甲酸的水溶液，流动相B为含1%甲酸的乙腈溶液。检测波长：530nm；柱温：35℃；进样量：20μL；梯度洗脱条件，见表5.3。

表 5.3 梯度洗脱表

| 时间/min | 流速/(mL/min) | 流动相 A/% | 流动相 B/% |
| --- | --- | --- | --- |
| 0.0 | 0.8 | 92.0 | 8.0 |
| 2.0 | 0.8 | 88.0 | 12.0 |
| 5.0 | 0.8 | 82.0 | 18.0 |
| 10.0 | 0.8 | 80.0 | 20.0 |
| 12.0 | 0.8 | 75.0 | 25.0 |
| 15.0 | 0.8 | 70.0 | 30.0 |
| 18.0 | 0.8 | 55.0 | 45.0 |
| 20.0 | 0.8 | 20.0 | 80.0 |
| 22.0 | 0.8 | 92.0 | 8.0 |
| 30.0 | 0.8 | 92.0 | 8.0 |

2）色谱分析

分别将标准溶液和样品溶液注入液相色谱仪中，以保留时间定性，以样品溶液峰面积与标准溶液峰面积比较定量。色谱图参见图5.2。

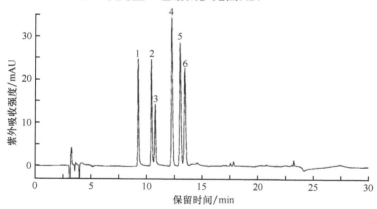

图 5.2　2.0μg/mL 花青素标准溶液色谱图（$\lambda$=530nm）

1. 飞燕草色素；2. 矢车菊色素；3. 矮牵牛色素；4. 天竺葵色素；5. 芍药色素；6. 锦葵色素

### 6. 结果计算

样品中花青素含量为6种花青素含量之和，其含量以质量分数 $\omega$（mg/kg）计，按公式（5.10）计算。

$$\omega = \frac{\rho \times V}{m} \quad (5.10)$$

式中，$\rho$ 表示待测液中各花青素的质量浓度（mg/L）；$V$ 表示定容体积（mL）；$m$ 表示试样质量（g）。

测定结果取两次测定值的算术平均值，计算结果保留3位有效数字。

## 7. 精密度

该标准精密度数据是按照《测量方法与结果的准确度（正确度与精密度）　第1部分：总则与定义》（GB/T 6379.1—2004）和《测量方法与结果的准确度（正确度与精密度）　第2部分：确定标准测量方法重复性与再现性的基本方法》（GB/T 6379.2—2004）的规定确定的，获得重复性和再现性的值以95%的置信度来计算。该标准方法的精密度数据参见表5.4。

表 5.4　该标准方法精密度

| 参数 | 含量/(mg/kg) | $r$ | $R$ | 参数 | 含量/(mg/kg) | $r$ | $R$ | 参数 | 含量/(mg/kg) | $r$ | $R$ |
| --- | --- | --- | --- | --- | --- | --- | --- | --- | --- | --- | --- |
| 矮牵牛色素 | 2.5 | 0.74 | 0.84 | 矮牵牛色素 | 5.0 | 1.62 | 1.73 | 矮牵牛色素 | 10.0 | 1.77 | 2.25 |
| 矮牵牛色素 | 25.0 | 6.86 | 7.95 | 矮牵牛色素 | 50.0 | 9.03 | 14.44 | 矮牵牛色素 | 100.0 | 18.47 | 27.27 |
| 飞燕草色素 | 2.5 | 0.61 | 0.69 | 飞燕草色素 | 5.0 | 0.96 | 1.17 | 飞燕草色素 | 10.0 | 1.79 | 2.41 |
| 飞燕草色素 | 25.0 | 5.82 | 6.56 | 飞燕草色素 | 50.0 | 9.35 | 11.40 | 飞燕草色素 | 100.0 | 22.18 | 23.76 |
| 锦葵色素 | 2.5 | 0.51 | 0.70 | 锦葵色素 | 5.0 | 1.04 | 1.58 | 锦葵色素 | 10.0 | 2.23 | 3.18 |
| 锦葵色素 | 25.0 | 7.51 | 13.33 | 锦葵色素 | 50.0 | 13.04 | 15.99 | 锦葵色素 | 100.0 | 24.46 | 28.37 |
| 芍药色素 | 2.5 | 0.47 | 0.53 | 芍药色素 | 5.0 | 1.16 | 1.70 | 芍药色素 | 10.0 | 1.40 | 2.60 |
| 芍药色素 | 25.0 | 8.00 | 7.95 | 芍药色素 | 50.0 | 14.65 | 19.97 | 芍药色素 | 100.0 | 21.51 | 35.09 |
| 天竺色素 | 2.5 | 0.54 | 0.61 | 天竺色素 | 5.0 | 1.71 | 2.39 | 天竺色素 | 10.0 | 2.11 | 2.57 |
| 天竺色素 | 25.0 | 8.46 | 8.65 | 天竺色素 | 50.0 | 14.25 | 17.20 | 天竺色素 | 100.0 | 23.41 | 27.72 |
| 矢车菊色素 | 2.5 | 0.70 | 0.87 | 矢车菊色素 | 5.0 | 1.85 | 1.92 | 矢车菊色素 | 10.0 | 1.97 | 2.50 |
| 矢车菊色素 | 25.0 | 6.97 | 8.36 | 矢车菊色素 | 50.0 | 19.80 | 21.21 | 矢车菊色素 | 100.0 | 28.66 | 33.59 |

注：$r$为重复性限，$R$为再现性限。$R$是置信度为95%时该方法的再现性

## 8. 数据整理分析

采用SPSS 19.0等数据处理软件可对测定结果进行方差分析或多重比较等。采用Excel等软件将计算结果整理成相应表或图。

### 5.2.2.2　柑橘果实总花青素的快速检测方法——pH示差法

桑戈等（2015）介绍了采用pH示差法快速测定紫薯酒中花青素含量的方法，该方法提取简单，含量测定简便、快捷，特推荐用于柑橘果实总花青素含量的检测。

## 1. 范围

该方法可用于柑橘果肉中总花青素含量的快速测定。

## 2. 原理

花色苷在不同pH的溶液中颜色不同，在pH很低时，其溶液呈现最强的红色。随着pH的增大，花色苷的颜色将褪至无色，最后在高pH时变成紫色或蓝色。pH示差法测定花色苷含量的依据是花色苷发色团的结构转换是pH的函数，起干扰作用的褐色降解物的特性不随pH变化。因此在花青素最大吸收波长下确定两个对花色苷吸光度差别最大但是对花色苷稳定的pH，根据Fuleki的经验公式可以计算出花色苷总量。

## 3. 材料和试剂

（1）材料

待测柑橘果实样品。

（2）试剂

甲酸，甲醇，醋酸钠，盐酸，氯化钠。除非另有说明，该方法所用试剂均为分析纯。

（3）试剂配制

提取液（1%甲酸-甲醇溶液）：准确量取1mL甲酸于100mL容量瓶中，用甲醇定容。

pH 4.5缓冲液的制备：准确称取1.64g NaAc用蒸馏水定容至100mL，用盐酸调pH为4.5±0.1。

pH 1.0缓冲液的制备：准确称取1.49g KCl用蒸馏水定容至100mL。准确量取1.7mL盐酸（分析纯）用蒸馏水定容至100mL，配成0.2mol/L盐酸溶液，将KCl溶液与盐酸溶液以25∶67的比例混合。用HCl溶液调节pH为1.0±0.1。

## 4. 仪器设备

分析天平：感量0.001g；冷冻磨样机；低温离心机；紫外可见分光光度计。

## 5. 分析步骤

（1）样品制备

将柑橘果实皮肉分离，将果肉切成小块后，立即加液氮冷冻，用冷冻磨样机磨成均匀粉末，储存在-80℃冰箱中，待下一步分析。

（2）总花青素的提取

准确称取柑橘样品1.000g于10mL离心管中，加入提取液2mL，在冷水中超声提取15min。重复提取两次，合并提取液。于4℃、8000r/min条件下离心5min，上清液过滤后保存。

（3）总花青素的测定

量取提取液1mL，分别加入4mL pH 4.5的NaAc缓冲液和pH 1.0的KCl缓冲液，摇匀，静置一段时间后，以蒸馏水作为对照，分别测定510nm和700nm处的吸光度。

## 6. 结果计算

根据Fuleki经验公式（5.11）计算花青素总含量（mg/100g）。
$$\text{花青素总含量} = A \times MW \times DF \times 100/(\varepsilon \times l) \qquad (5.11)$$

式中，$A$ 为 $(A_{510}-A_{700})pH_{1.0}-(A_{510}-A_{700})pH_{4.5}$；MW为分子量，以矢车菊素-3-$O$-葡萄糖苷计，MW=449.2；DF为稀释倍数；$l$ 为光程的厘米数；$\varepsilon$ 为摩尔消光系数 [L/(mol·cm)]，以矢车菊素-3-$O$-葡萄糖苷计，$\varepsilon$=26 900 L/(mol·cm)。

## 7. 精密度

在重复性条件下获得的两次独立测定结果的绝对差值不得超过其算术平均值的10%。

## 8. 数据整理分析

采用SPSS 19.0等数据处理软件可对测定结果进行方差分析或多重比较等。采用Excel等软件将计算结果整理成相应表或图。

### 5.2.2.3 柑橘果实花青素的最新检测法

Pannitteri等（2017）介绍了一种利用超高液相色谱（UPLC）进行柑橘果实花青素定性定量分析的方法。该方法采用了目前天然物质分离与检测的最新的超高效液相色谱技术，特推荐如下。

## 1. 范围

该方法适用于柑橘果汁中花青素含量的测定。

## 2. 原理

花青素在酸性条件下较为稳定，试样经98%乙酸提取后利用UPLC进行检测，根据保留时间定性，外标法定量。

## 3. 材料和试剂

（1）材料

待测柑橘果实样品。

（2）试剂

乙酸；乙腈（色谱级）；标准品：矢车菊素-3-$O$-葡萄糖苷（cyanidin 3-$O$-glucoside）。除非另有说明，该方法所用试剂均为分析纯，水为GB/T 6682—2008规定的一级水。

## 4. 仪器设备

低温离心机；超声波仪；Ultimate3000 UHPLC带有PDA检测器；Gemini $C_{18}$反相

色谱柱（4.6mm×250mm，5μm，Phenomenex Italia s.r.l.，Bologna，Italy）或性能相当者。

**5. 分析步骤**

（1）制备样品

将柑橘果实洗净晾干后，收集果汁，待下一步分析。

（2）花青素的提取

取2mL果汁于15mL塑料管中，加入100μL 98%乙酸溶液。超声5min后，在4000r/min条件下离心15min。取1mL上清液，待测。

（3）花青素的HPLC检测

色谱参考条件：Gemini $C_{18}$色谱柱（4.6mm×250mm，5μm）；柱温25℃；流速1mL/min；进样量：40μL；检测波长：520nm。洗脱程序见表5.5。

表 5.5 洗脱程序

| 时间/min | 2.5%乙酸-乙腈溶液/% | 2.5%乙酸-水溶液/% |
| --- | --- | --- |
| 0 | 10 | 90 |
| 0~20 | 10~35 | 90~65 |
| 20~25 | 35~10 | 65~90 |

**6. 结果计算**

分别将标准溶液和试样溶液注入液相色谱仪中，以保留时间定性，以外标法定量。计算结果以mg/L表示。

**7. 精密度**

在重复性条件下获得的两次独立测定结果的绝对差值不得超过其算术平均值的10%。

**8. 数据整理分析**

采用SPSS 19.0等数据处理软件可对测定结果进行方差分析或多重比较等。采用Excel等软件将计算结果整理成相应表或图。

## 5.2.3 类胡萝卜素

类胡萝卜素（carotenoid）属于四萜类化合物（tetraterpenoid），是一类天然的脂溶性色素的总称，它广泛存在于细菌（bacteria）、真菌（fungi）、藻类（algae）和高等植物（higher plant）中。类胡萝卜素的基本化学结构是异戊烯，是含40个碳原子以上的异戊烯聚合物。根据植物类胡萝卜素的化学结构可以将其分为两类，一类是只含有碳、氢两种元素，不含氧元素的胡萝卜素类，如β-胡萝卜素等；另一类是具有羟基、酮基、羧基和甲氧基等含氧官能团的叶黄素类，如叶黄素（含羟基）、虾青素（含酮基）、胭脂树橙（含羧基）、盐藻黄素（含甲氧基）等（胡珂和李娜，2010）。迄今为止，已报道的天然类胡萝卜素已达600多种（Sun et al.，2010），主要呈现黄色、橙色和红色。柑橘果实中发现的主要类胡萝卜素物质有叶黄素、紫黄质、$\beta$-隐黄质，以及它们的酯类化合物等（Rodrigo et al.，2013）。在现有的国内外文献中没有专门针对柑橘果实类胡萝卜素含量和组分的标准分析检测方法，下面我们借用食品安全国家标准《食品中胡萝卜素的测定》（GB 5009.83—2016）介绍柑橘果实中类胡萝卜素组分和含量的标准测定方法。同时，根据Rehman等（2018）报道介绍类胡萝卜素的快速检测方法（分光光度计法），依据Lu等（2017）的文章介绍类胡萝卜素的最新检测方法（高效液相色谱法）。

#### 5.2.3.1 柑橘果实类胡萝卜素标准检测方法

食品安全国家标准《食品中胡萝卜素的测定》（GB 5009.83—2016）规定了水果、蔬菜、谷物等食物中类胡萝卜素的标准检测方法，在这里我们推荐将其作为柑橘果实类胡萝卜素的标准分析检测方法。

**1. 范围**

标准规定了利用高效液相色谱法检测食品中的类胡萝卜素成分，适用于柑橘果实中类胡萝卜素的测定。

标准中色谱条件一适用于柑橘中$\alpha$-胡萝卜素、$\beta$-胡萝卜素及总胡萝卜素的测定，色谱条件二适用于柑橘中$\beta$-胡萝卜素的测定。

**2. 原理**

类胡萝卜素为脂溶性色素，不溶于水且挥发性差，但易溶于石油醚等有机试剂，可采用水不溶性有机试剂萃取法进行萃取。石油醚沸点较高，在加热萃取时不易挥发，最适宜作类胡萝卜素萃取剂。试样先经皂化去除油脂等杂质并使类胡萝卜素释放为游离态，用石油醚萃取二氯甲烷并定容后，采用反相色谱法分离，外标法定量。

**3. 材料和试剂**

（1）材料

待测柑橘果实。

（2）试剂

$\alpha$-淀粉酶（酶活力≥1.5U/mg）；木瓜蛋白酶（酶活力≥5U/mg）；氢氧化钾（KOH）；无水硫酸钠（$Na_2SO_4$）；抗坏血酸（$C_6H_8O_6$）；石油醚（沸程30～60℃）；甲醇（$CH_4O$，色谱纯）；乙腈（$C_2H_3N$，色谱纯）；三氯甲

烷（CHCl₃，色谱纯）；甲基叔丁基醚［CH₃OC(CH₃)₃，色谱纯］；二氯甲烷（CH₂Cl₂，色谱纯）；无水乙醇（C₂H₆O，优级纯）；正己烷（C₆H₁₄，色谱纯）；2,6-二叔丁基-4-甲基苯酚（C₁₅H₂₄O，BHT）。

（3）试剂配制

氢氧化钾溶液：称固体氢氧化钾500g，加入500mL水溶解。临用前配制。

（4）标准品

α-胡萝卜素（C₄₀H₅₆，CAS号7488-99-5）：纯度≥95%，或经国家认证并授予标准物质证书的标准物质。

β-胡萝卜素（C₄₀H₅₆，CAS号7235-40-7）：纯度≥95%，或经国家认证并授予标准物质证书的标准物质。

（5）标准溶液配制

α-胡萝卜素标准储备液（500μg/mL）：准确称取α-胡萝卜素标准品50.0mg（精确到0.1mg），加入0.25g BHT，用二氯甲烷溶解，转移至100mL棕色容量瓶定容。于-20℃以下避光储存，使用期限不超过3个月。标准储备液用前需进行标定，具体操作见附录A。

α-胡萝卜素标准中间液（100μg/mL）：由α-胡萝卜素标准储备液中准确移取10.0mL溶液于50mL棕色容量瓶中，用二氯甲烷定容。

β-胡萝卜素标准储备液（500μg/mL）：准确称取β-胡萝卜素标准品50.0mg（精确到0.1mg），加入0.25g BHT，用二氯甲烷溶解，转移至100mL棕色容量瓶定容。于-20℃以下避光储存，使用期限不超过3个月。标准储备液用前需进行标定，具体操作见附录A。

注：β-胡萝卜素标准品主要为all-*trans*-β-胡萝卜素，在储存过程中易受到温度、氧化等因素的影响，会出现部分all-*trans*-β-胡萝卜素异构化为*cis*-β-胡萝卜素的现象，如9-*cis*-β-胡萝卜素、13-*cis*-β-胡萝卜素、15-*cis*-β-胡萝卜素等。如果采用色谱条件一进行β-胡萝卜素的测定，应按照附录B确认β-胡萝卜素异构体的保留时间，并计算all-*trans*-β-胡萝卜素标准溶液的色谱纯度。

β-胡萝卜素标准中间液（100μg/mL）：从β-胡萝卜素标准储备液中准确移取10.0mL溶液于50mL棕色容量瓶中，用二氯甲烷定容。

α-胡萝卜素、β-胡萝卜素混合标准工作液（色谱条件一用）：准确移取α-胡萝卜素标准中间液0.50mL、1.00mL、2.00mL、3.00mL、4.00mL、10.00mL溶液至6个100mL棕色容量瓶中，分别加入3.00mL β-胡萝卜素中间液，用二氯甲烷定容，得到α-胡萝卜素浓度分别为0.5μg/mL、1.0μg/mL、2.0μg/mL、3.0μg/mL、4.0μg/mL、10.00μg/mL，β-胡萝卜素浓度均为3.0μg/mL的系列混合标准工作液。

β-胡萝卜素标准工作液（色谱条件二用）：从β-胡萝卜素标准中间液中分别移取0.50mL、1.00mL、2.00mL、3.00mL、4.00mL、10.00mL溶液至6个100mL棕色容量瓶。用二氯甲烷定容，得到浓度为0.5μg/mL、1.0μg/mL、2.0μg/mL、3.0μg/mL、4.0μg/mL、10.00μg/mL的系列$\beta$-胡萝卜素标准工作液。

除非另有说明，该方法所用试剂均为分析纯，水为GB/T 6682—2008规定的一级水。

**4. 仪器和设备**

匀浆机；高速粉碎机；恒温振荡水浴箱：控温精度±1℃；旋转蒸发器；氮吹仪；紫外-可见光分光光度计；高效液相色谱仪（HPLC仪）：带紫外检测器。

**5. 分析步骤**

以下整个实验操作过程应注意避光。

（1）试样制备

试样用匀质器混匀，4℃冰箱保存。

（2）试样处理

预处理：准确称取混合均匀的试样1～5g（精确至0.001g），转至250mL锥形瓶中，加入1g抗坏血酸、75mL无水乙醇，于（60±1）℃水浴振荡30min。

皂化：加入25mL氢氧化钾溶液，盖上瓶塞。置于已预热至（53±2）℃恒温振荡水浴箱中，皂化30min。取出，静置，冷却到室温。

（3）试样萃取

将皂化液转入500mL分液漏斗中，加入100mL石油醚，轻轻摇动，排气，盖好瓶塞，室温下振荡10min后静置分层，将水相转入另一分液漏斗中按上述方法进行第二次提取。合并有机相，用水洗至近中性。弃水相，有机相通过无水硫酸钠过滤脱水。滤液收入500mL蒸发瓶中，于旋转蒸发器上在（40±2）℃下减压浓缩，近干。用氮气吹干，用移液管准确加入5.0mL二氯甲烷，盖好瓶塞，充分溶解提取物。经0.45μm膜过滤后，弃初始约1mL滤液后收集至进样瓶中，备用。

必要时可根据待测液中胡萝卜素的含量水平进行浓缩或稀释，使待测液中$\alpha$-胡萝卜素和（或）$\beta$-胡萝卜素浓度在0.5～10μg/mL。

（4）色谱测定

1）色谱条件一（适用于柑橘中$\alpha$-胡萝卜素、$\beta$-胡萝卜素及总胡萝卜素的测定）

a. 参考色谱条件

色谱柱：$C_{30}$柱（4.6mm×150mm，5μm）或等效柱。流动相——A相：甲醇：乙腈：水=73.5：24.5：2，B相：甲基叔丁基醚；流动相洗脱程序见表5.6。流速：1.0mL/min；检测波长：450nm；柱温：（30±1）℃；进样体积：20μL。

表 5.6 梯度洗脱程序

| 时间/min | 0 | 15 | 18 | 19 | 20 | 22 |
|---|---|---|---|---|---|---|
| A/% | 100 | 59 | 20 | 20 | 0 | 100 |
| B/% | 0 | 41 | 80 | 80 | 100 | 0 |

b. 绘制α-胡萝卜素标准曲线并计算all-trans-β-胡萝卜素响应因子

将α-胡萝卜素、β-胡萝卜素混合标准工作液注入HPLC仪，根据保留时间定性，测定α-胡萝卜素、β-胡萝卜素各异构体的峰面积。

α-胡萝卜素根据系列标准工作液浓度及峰面积，以浓度为横坐标，峰面积为纵坐标绘制标准曲线，计算回归方程。

β-胡萝卜素根据标准工作液标定浓度、all-trans-β-胡萝卜素6次测定峰面积平均值、all-trans-β-胡萝卜素色谱纯度（CP，计算方法见附录B），按公式（5.12）计算all-trans-β-胡萝卜素响应因子。

$$RF = \frac{\overline{A}_{all\text{-}E}}{\rho \times CP} \tag{5.12}$$

式中，RF为all-trans-β-胡萝卜素响应因子（AU·mL/μg）；$\overline{A}_{all\text{-}E}$为all-trans-β-胡萝卜素标准工作液色谱峰峰面积平均值（AU）；ρ为β-胡萝卜素标准工作液标定浓度（μg/mL）；CP为all-trans-β-胡萝卜素的色谱纯度（%）。

c. 试样测定

在相同色谱条件下，将待测液注入液相色谱仪中，以保留时间定性，根据峰面积采用外标法定量。根据标准曲线回归方程计算待测液中α-胡萝卜素的浓度，β-胡萝卜素的浓度根据all-trans-β-胡萝卜素响应因子进行计算。

2）色谱条件二（适用于柑橘中β-胡萝卜素的测定）

a. 参考色谱条件

色谱柱：$C_{18}$柱（250mm×4.6mm，5μm）或等效柱。流动相：三氯甲烷-乙腈-甲醇（体积比3∶12∶85），含抗坏血酸0.4g/L，经0.45μm膜过滤后备用。流速：2.0mL/min；检测波长：450nm；柱温：（35±1）℃；进样体积：20μL。

b. 标准曲线的制作

将β-胡萝卜素标准工作液注入HPLC仪中，以保留时间定性，测定峰面积。以标准系列工作液浓度为横坐标，峰面积为纵坐标绘制标准曲线，计算回归方程。

c. 试样测定

在相同色谱条件下，将待测试样液分别注入液相色谱仪中，进行HPLC分析，以保留时间定性，根据峰面积外标法定量，依据标准曲线回归方程计算待测液中β-胡萝卜素的浓度。

注：该色谱条件适用于α-胡萝卜素含量较低（小于总胡萝卜素10%）的食品试样中β-胡萝卜素的测定。

**6. 结果计算**

（1）色谱条件一

试样中α-胡萝卜素含量按公式（5.13）计算。

$$X_\alpha = \frac{\rho_\alpha \times V \times 100}{m} \tag{5.13}$$

式中，$X_\alpha$为试样中α-胡萝卜素的含量（μg/100g）；$\rho_\alpha$为从标准曲线得到的待测液中α-胡萝卜素浓度（μg/mL）；$V$为试样定容体积（mL）；"100"为将结果表示为微克每百克（μg/100g）的系数；$m$为试样质量（g）。

试样中β-胡萝卜素含量按公式（5.14）计算。

$$X_\beta = \frac{(A_{\text{all-}E} + A_{9Z} + A_{13Z} \times 1.2 + A_{15Z} \times 1.4 + A_{zZ}) \times V \times 100}{RF \times m} \tag{5.14}$$

式中，$X_\beta$为试样中β-胡萝卜素的含量（μg/100g）；$A_{\text{all-}E}$为试样待测液中all-trans-β-胡萝卜素峰面积（AU）；$A_{9Z}$为试样待测液中9-cis-β-胡萝卜素峰面积（AU）；$A_{13Z}$为试样待测液中13-cis-β-胡萝卜素峰面积（AU）；"1.2"为13-cis-β-胡萝卜素的相对校正因子；$A_{15Z}$为试样待测液中15-cis-β-胡萝卜素峰面积（AU）；"1.4"为15-cis-β-胡萝卜素的相对校正因子；$A_{zZ}$为试样待测液中其他顺式β-胡萝卜素的峰面积（AU）；$V$为试样定容体积（mL）；"100"为将结果表示为微克每百克（μg/100g）的系数；RF为all-trans-β-胡萝卜素响应因子（AU·mL/μg）；$m$为试样质量（g）。

注：由于β-胡萝卜素各异构体百分吸光系数不同（见下文附录D），所以在β-胡萝卜素含量计算过程中，需采用相对校正因子对结果进行校正。如果试样中其他顺式β-胡萝卜素含量较低，可不进行计算。

试样中总胡萝卜素含量按公式（5.15）计算，计算结果保留3位有效数字。

$$X_{总} = X_\alpha + X_\beta \tag{5.15}$$

式中，$X_{总}$为试样中总胡萝卜素的含量（μg/100g）；$X_\alpha$为试样中α-胡萝卜素的含量（μg/100g）；$X_\beta$为试样中β-胡萝卜素的含量（μg/100g）。必要时，α-胡萝卜素、β-胡萝卜素可转化为微克视黄醇当量（μg RE）。

（2）色谱条件二

试样中β-胡萝卜素含量按公式（5.16）计算，计算结果保留3位有效数字。

$$X_\beta = \frac{\rho_\beta \times V \times 100}{m} \tag{5.16}$$

式中，$X_\beta$为试样中β-胡萝卜素的含量（μg/100g）；$\rho_\beta$为从标准曲线得到的待测液中β-胡萝卜素的浓度（μg/mL）；$V$为试样定容体积（mL）；"100"为将结果表示为微克每百克（μg/100g）的系数；$m$为试样质量（g）。

注：结果中包含all-*trans*-$\beta$-胡萝卜素、9-*cis*-$\beta$-胡萝卜素、13-*cis*-$\beta$-胡萝卜素、15-*cis*-$\beta$-胡萝卜素、其他顺式异构体；不排除可能有部分$\alpha$-胡萝卜素。

## 7. 精密度

在重复性条件下获得的两次独立测定结果的绝对差值不得超过其算术平均值的10%。

## 8. 其他

试样称样量为5g时，$\alpha$-胡萝卜素、$\beta$-胡萝卜素检出限均为0.5μg/100g，定量限均为1.5μg/100g。

## 9. 附录A（标准溶液浓度标定方法）

（1）$\alpha$-胡萝卜素标准储备液的标定

$\alpha$-胡萝卜素标准储备液（浓度约为500μg/mL）10μL，注入含3.0mL正己烷的比色皿中，混匀。比色杯厚度为1cm，以正己烷为空白，入射光波长为444nm，测定其吸光度，测定3次重复，取平均值。

溶液浓度按公式（5.17）计算。

$$X = \frac{A}{E} \times \frac{3.01}{0.01} \tag{5.17}$$

式中，$X$为$\alpha$-胡萝卜素标准储备液的浓度（μg/mL）；$A$为$\alpha$-胡萝卜素标准储备液的紫外吸光度；$E$为$\alpha$-胡萝卜素在正己烷中的比吸光系数，为0.2725；$\frac{3.01}{0.01}$为测定过程中稀释倍数的换算系数。

（2）$\beta$-胡萝卜素标准储备液的标定

取$\beta$-胡萝卜素标准储备液（浓度约为500μg/mL）10μL，注入含3.0mL正己烷的比色皿中，混匀。比色杯厚度为1cm，以正己烷为空白，入射光波长为450nm，测定其吸光度值，测定3次重复，取均值。

溶液浓度按公式（5.18）计算。

$$X = \frac{A}{E} \times \frac{3.01}{0.01} \tag{5.18}$$

式中，$X$为$\beta$-胡萝卜素标准储备液的浓度（μg/mL）；$A$为$\beta$-胡萝卜素标准储备液的紫外吸光度；$E$为$\beta$-胡萝卜素在正己烷中的比吸光系数，为0.2620；$\frac{3.01}{0.01}$为测定过程中稀释倍数的换算系数。

## 10. 附录B

*β*-胡萝卜素异构体保留时间的确认及all-*trans*-*β*-胡萝卜素色谱纯度的计算。

注：采用色谱条件一进行*β*-胡萝卜素的测定，需要确定*β*-胡萝卜素异构体保留时间，并对*β*-胡萝卜素标准溶液色谱纯度进行校正。

（1）试剂

碘溶液（$I_2$）：0.5mol/L。

（2）试剂配制

碘乙醇溶液（0.05mol/L）：吸取5mL碘溶液，用乙醇稀释至50mL，混匀。

异构化*β*-胡萝卜素溶液：取10mL *β*-胡萝卜素标准储备液于烧杯中，加入20μL碘乙醇溶液，摇匀后于日光下或距离40W日光灯30cm处照射15min，用二氯甲烷稀释至50mL。摇匀后过0.45μm滤膜，以备HPLC分析用。

（3）*β*-胡萝卜素异构体保留时间的确认

分别取*β*-胡萝卜素标准中间液（100μg/mL）和异构化*β*-胡萝卜素溶液，按照色谱条件一注入HPLC仪进行色谱分析。根据*β*-胡萝卜素标准中间液的色谱图确认all-*trans*-*β*-胡萝卜素的保留时间；对比*β*-胡萝卜素标准中间液和异构化*β*-胡萝卜素溶液色谱图中各峰面积变化，以及与all-*trans*-*β*-胡萝卜素的位置关系确认*cis*-*β*-胡萝卜素异构体的保留时间：all-*trans*-*β*-胡萝卜素前较大的色谱峰为13-*cis*-*β*-胡萝卜素，紧邻all-*trans*-*β*-胡萝卜素后较大的色谱峰为9-*cis*-*β*-胡萝卜素，13-*cis*-*β*-胡萝卜素前是15-*cis*-*β*-胡萝卜素，另外可能还有其他较小的顺式结构色谱峰，色谱峰见图5.3。

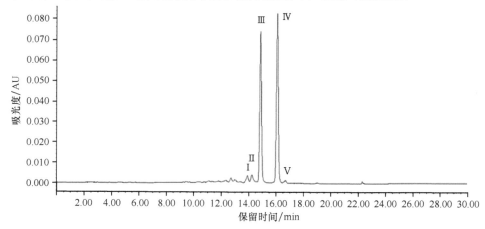

图5.3　*α*-胡萝卜素和*β*-胡萝卜素混合标准色谱图

Ⅰ——15-*cis*-*β*-胡萝卜素；Ⅱ——13-*cis*-*β*-胡萝卜素；Ⅲ——all-*trans*-*α*-胡萝卜素；
Ⅳ——all-*trans*-*β*-胡萝卜素；Ⅴ——9-*cis*-*β*-胡萝卜素

（4）all-*trans*-β-胡萝卜素标准液色谱纯度的计算

取β-胡萝卜素标准工作液（3μg/mL），按照色谱条件一进行HPLC分析，重复进样6次。计算all-*trans*-β-胡萝卜素色谱峰的峰面积、全反式与上述各顺式结构的峰面积总和，all-*trans*-β-胡萝卜素色谱纯度按公式（5.19）计算。

$$CP = \frac{\overline{A}_{\text{all-}E}}{\overline{A}_{\text{sum}}} \times 100\% \qquad (5.19)$$

式中，CP为all-*trans*-β-胡萝卜素色谱纯度（%）；$\overline{A}_{\text{all-}E}$为all-*trans*-β-胡萝卜素色谱峰峰面积的平均值（AU）；$\overline{A}_{\text{sum}}$为all-*trans*-β-胡萝卜素及各顺式结构峰面积总和的平均值（AU）。

**11. 附录C（胡萝卜素液相色谱图）**

（1）α-胡萝卜素和β-胡萝卜素混合标准液相色谱图（$C_{30}$柱）

采用色谱条件一获得的α-胡萝卜素和β-胡萝卜素液相色谱图，见图5.3。

（2）β-胡萝卜素液相色谱图（$C_{18}$柱）

采用色谱条件二获得的β-胡萝卜素液相色谱图，见图5.4。

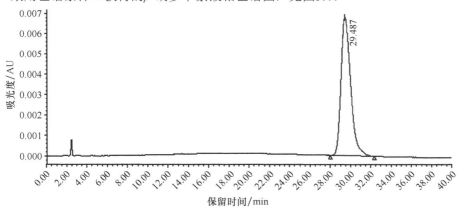

图5.4  β-胡萝卜素标准品液相色谱图

**12. 附录D（胡萝卜素百分吸光系数）**

以正己烷为溶剂，α-胡萝卜素及β-胡萝卜素异构体的百分吸光系数见表5.7。

表5.7  胡萝卜素百分吸光系数

| 组分 | 构型 | $\lambda_{\text{max}}$/nm | $E_{1\text{cm}}^{1\%}$ |
| --- | --- | --- | --- |
| α-胡萝卜素 | all-*trans* | 446 | 2725 |
| β-胡萝卜素 | all-*trans* | 450 | 2620 |
|  | 9-*cis* | 445 | 2550 |
|  | 13-*cis* | 443 | 2090 |
|  | 15-*cis* | 447 | 1820 |

**13. 数据的分析整理**

采用SPSS 19.0等数据处理软件可对测定结果进行方差分析或多重比较等。采用Excel等软件将计算结果整理成相应表或图。一般情况下果实黄色或橙色越深，相应的类胡萝卜素的含量越高。

### 5.2.3.2 柑橘类胡萝卜素分光光度计快速检测方法

Rehman等（2018）介绍了一种采用分光光度计法快速测定柑橘果实类胡萝卜素含量的方法。该方法在类胡萝卜素提取、仪器分析检测等方面比标准方法更简单、快速，可作为柑橘果实类胡萝卜素的快速分析检测法。

**1. 范围**

该方法适用于柑橘果实中总类胡萝卜素含量的测定。

**2. 原理**

柑橘果实中类胡萝卜素种类丰富，不同的类胡萝卜素极性大小有很大的差异，根据相似相溶的原理，在提取时宜选用极性与非极性溶剂配比。柑橘果实经过正己烷/丙酮/甲醇混合有机溶剂萃取，获得类胡萝卜素萃取物，在特定波长下用分光光度计测定其吸光度。该吸光度与类胡萝卜素含量呈线性关系，通过标准曲线换算即可得知样品中类胡萝卜素的含量。

**3. 材料和试剂**

（1）材料

待测柑橘果实样品

（2）试剂

类胡萝卜素提取液（正己烷-丙酮-甲醇，体积比50：25：25）：各量取500mL正己烷、250mL丙酮、250mL甲醇，混匀。

10%氯化钠溶液：称取10g氯化钠，溶于100mL水中。

$\beta$-胡萝卜素标准品：纯度≥95%，配制成系列浓度梯度标准溶液。

除非另有说明，该方法所用试剂均为分析纯，水为超纯水。

**4. 仪器和设备**

均质器；低温冷冻离心机；紫外分光光度计。

**5. 分析步骤**

（1）制备样品

将柑橘果实皮肉分离，并将果皮切成小块，立即加液氮冷冻，用冷冻磨样机磨成均匀粉末，储存在-80℃冰箱中，待下一步分析。

(2) 类胡萝卜素提取

称取0.25g果皮粉末于离心管中,加入25mL类胡萝卜素提取液,使用均质器混匀后,在4℃、6500r/min条件下离心5min。收集上清液,加入10mL 10%氯化钠溶液,将上层有色层吸出,待分光光度计检测。

(3) 分光光度计检测

将不同浓度梯度的$\beta$-胡萝卜素标准液与(2)中的提取液置于450nm条件下,测定其吸光度并记录。

**6. 结果计算**

(1) $\beta$-胡萝卜素标准曲线制作

根据不同浓度的$\beta$-胡萝卜素标准溶液在450nm下的吸光度,绘制标准曲线。

(2) 样品浓度计算

根据标准曲线求得的方程,以及样品测得的吸光度,解方程计算样品中总类胡萝卜素的浓度。

**7. 精密度**

在重复性条件下获得的两次独立测定结果的绝对差值不得超过其算术平均值的10%。

**8. 数据整理分析**

采用SPSS 19.0等数据处理软件可对测定结果进行方差分析或多重比较等。采用Excel等软件将计算结果整理成相应表或图。一般情况下果实黄色或橙色越深,果实中相应类胡萝卜素的含量越高。

### 5.2.3.3 柑橘类胡萝卜素的最新检测方法

Lu等(2017)介绍了一种采用高效液相色谱(HPLC)检测柑橘类胡萝卜素含量的分析方法,他们的方法在类胡萝卜素的提取、检测设备及条件等方面与现有文献中报道的其他方法比较都有改进,特作为新方法介绍如下。

**1. 范围**

该方法适用于柑橘果实中主要类胡萝卜素(如紫黄质、叶黄素、$\beta$-胡萝卜素等)含量的测定。

**2. 原理**

植物中类胡萝卜素不溶于水,溶于脂肪和脂溶剂,不稳定,易氧化。柑橘试样中的类胡萝卜素经正己烷、丙酮、无水乙醇混合提取液提取后,用高效液相色谱测定,以保留时间定性,外标法定量。

## 3. 材料和试剂

（1）材料

待测柑橘果实。

（2）试剂

正己烷（色谱纯）；丙酮（色谱纯）；无水乙醇（色谱纯）；甲基叔丁基醚（MTBE，色谱纯）；KOH；甲醇（色谱纯）；无水硫酸钠。

（3）试剂配制

色素提取液（正己烷-丙酮-乙醇，体积比50∶25∶25）：量取正己烷500mL、丙酮250mL、乙醇250mL，于1000mL烧杯中，加入0.1g BHT，混匀。

10% KOH-甲醇溶液（含0.1‰ BHT）：称取100g KOH用40mL水溶解，加入0.1g BHT，用甲醇定容至1000mL，混匀。

0.1% MTBE（含0.1%BHT）：称取0.1g BHT溶解于100mL MTBE中。

甲醇-丙酮（体积比2∶1）：量取60mL甲醇溶液于100mL烧杯中，再加入30mL丙酮溶液，混匀。

除非另有说明，该方法所用试剂均为分析纯，水为超纯水。

## 4. 仪器和设备

分析天平：感量0.01g；分液漏斗；LED红光灯及灯座；低温离心机；氮吹仪；通风橱；摇床；高效液相色谱仪，带有PDA检测器；$C_{30}$类胡萝卜素专用分析柱（YMC，Wilmington，NC，USA）或性能相当者。

## 5. 分析步骤

（1）制备样品

将柑橘果实皮肉分离，并将果皮和果肉切成小块，立即加液氮冷冻，用冷冻磨样机磨成均匀粉末，储存在-80℃冰箱中，待下一步分析。

（2）类胡萝卜素的提取

整个操作需避光，并在通风橱下进行。

准确称取柑橘果皮1.25g/果肉10g冻样，装入50mL离心管中，加超纯水5mL，提取液25mL，加完提取液后用锡箔纸包上离心管，黑暗处静置30min以上。在6500r/min、4℃条件下离心5min，将有颜色的正己烷上层，用塑料吸管吸至圆底烧瓶中，圆底烧瓶放在氮吹仪下吹干。

（3）皂化和纯化

吹干后的圆底烧瓶加2mL 0.1%MTBE，2mL 10% KOH-甲醇溶液（先加MTBE，振荡，使壁上附着物溶解，再加KOH-甲醇溶液），用氮气吹一下圆底烧瓶，使空气排出、氮气充满，盖上盖子，包锡箔纸，放在摇床上，25℃过夜。

过夜皂化后的溶液加入5mL超纯水，再转移至分液漏斗中，在分液漏斗中加2mL 0.1% MTBE，以分液漏斗底部为中心，轻轻晃动，静置后，有颜色的有机层和水层分开，将水放出，再用5mL超纯水润洗圆底烧瓶两次，把水倒入分液漏斗重复上述步骤。

滤纸放在小漏斗中，小漏斗下接小棕色瓶，在滤纸上倒入无水硫酸钠粉末至滤纸2/3处，将分液漏斗中的溶液漏至滤纸上，用2mL 0.1% MTBE润洗分液漏斗两次，润洗液倒入小漏斗中继续润洗无水硫酸钠。棕色瓶中的溶液用氮气吹干，吹干后在棕色瓶加入2mL甲醇-丙酮。用针管吸1.5mL棕色瓶中的溶液，通过0.22μm有机滤头注射入进样瓶中，待HPLC检测。

（4）类胡萝卜素的HPLC检测

色谱参考条件：$C_{30}$类胡萝卜素专用分析柱（250mm×4.6mm，5μm）；柱温25℃；流速1mL/min；进样量为20μL；检测波长为278nm、350nm、430nm、486nm。洗脱条件见表5.8。

表5.8 梯度洗脱条件

| 时间/min | MTBE/% | 甲醇/% | 超纯水/% |
| --- | --- | --- | --- |
| 起始 | 5 | 90 | 5 |
| 0～12 | 5 | 90～95 | 5～0 |
| 12～25 | 5～11 | 95～89 | 0 |
| 25～40 | 11～25 | 89～75 | 0 |
| 40～60 | 25～50 | 75～50 | 0 |
| 60～62 | 50～5 | 50～90 | 0～5 |

**6. 结果计算**

分别将标准溶液和试样溶液，注入液相色谱仪中，以保留时间定性，以外标法定量。计算结果以μg/g表示。

**7. 精密度**

在重复性条件下获得的两次独立测定结果的绝对差值不得超过其算术平均值的10%。

**8. 数据整理分析**

采用SPSS 19.0等数据处理软件可对测定结果进行方差分析或多重比较分析。采用Excel等软件将计算结果整理成相应表或图。一般情况下果实黄色或橙色越深，相应类胡萝卜素的含量越高。

## 5.2.4 黄酮类色素

类黄酮（flavonoid）是具有黄烷核基本骨架（C6-C3-C6）的一大类低分子量多酚化合物，是植物酚类物质中最复杂多样的一类物质。植物中已发现的类黄酮物质至少有6000种，按结构主要分为黄酮（flavone）、黄烷酮（flavanone）、黄酮醇（flavonol）、异黄酮（isoflavone）、花青素（anthocyanidin）和儿茶素（catechin）等6个类型（Iris，2004；Abad-García et al.，2009）。在上述6种类型的黄酮类化合物中，除花青素外，黄酮及黄酮醇类物质对植物的呈色也起一定的辅助作用，如在柑橘果实中，黄酮醇也有呈色作用，呈浅黄色，它们与果实中其他主要色素物质共同影响柑橘果实的色泽（Nielsen et al.，2005；Fu et al.，2018）。因目前国内外文献中对黄酮和黄酮醇类物质没有相关的标准和快速检测方法，为了强调它们对柑橘果实色泽的潜在作用，同时为了保证本书有关柑橘果实色素成分分析检测方法内容介绍的系统性和完整性，下面我们根据Yang等（2015）的研究报道介绍一种利用UPLC-QTOF-MS分析检测柑橘黄酮、黄酮醇的快速方法，根据Fu等（2018）的文章介绍柑橘果实总黄酮含量的最新检测方法。

### 5.2.4.1 柑橘果实黄酮和黄酮醇的快速检测方法——UPLC-QTOF-MS法

Yang等（2015）介绍了一种椪柑果皮类黄酮（黄酮和黄酮醇）的UPLC-QTOF-MS分析检测方法，该方法在检测设备上采用了目前色谱分析中最先进的UPLC-QTOF-MS设备，物质检测精度更高，耗时短，是一种很好的柑橘类黄酮快速分析检测法。

**1. 范围**

该方法介绍了柑橘果实中类黄酮成分分析测定的UPLC-QTOF-MS方法，适用于柑橘果实中类黄酮含量的测定。

**2. 原理**

柑橘果实中的类黄酮经有机溶剂提取，微孔滤膜过滤，采用UPLC-QTOF-MS测定。对于有标准品的化合物，通过比较标准品的保留时间、紫外吸收光谱、一级和二级质谱信息对其进行鉴定。没有标准品的化合物可以依据实验得出的精确分子质量，通过在分子质量误差为5MDa范围内的元素组成分析，计算其可能的元素组成，将高分辨的分子质量及可能的元素组成输入Waters中药数据库，以及Chemspider在线数据库搜索，并结合前人的研究成果及化合物的保留时间、高能状态下的碎片离子信息进行综合分析。根据标准品标准曲线进行定量分析。

**3. 材料和试剂**

（1）材料

待测柑橘果实样品。

（2）试剂

无水乙醇；甲酸：色谱纯；甲醇：色谱纯。

（3）黄酮醇标准品

芦丁（$C_{27}H_{30}O_{16}$），CAS号153-18-4，纯度≥98.0%；槲皮素（$C_{15}H_{10}O_7$），CAS号117-39-5，纯度≥98.0%；山柰酚（$C_{15}H_{10}O_6$），CAS号520-18-3，纯度≥98.0%。

（4）标准储备溶液配制

准确称取各黄酮醇标准品，用甲醇配制成浓度为1.00mg/mL的标准储备液，置于冰箱（-20℃）保存。

除非另有说明，该方法所用试剂均为分析纯，水为超纯水。

## 4. 仪器设备

电热恒温鼓风干燥箱DHG-9240A；粉碎机；电子天平，感量0.1mg；超声清洗器；漩涡混合器；台式低速大容量离心机；ACQUITY超高效液相色谱（UPLC）分析系统，美国Waters公司；Xevo G2-S QTof高分辨四级杆飞行时间质谱仪，配有LockSpray接口、电喷雾离子源（ESI源），美国Waters公司。

## 5. 分析步骤

（1）样品制备

柑橘果实采摘后用干净的抹布擦去外部灰尘，果皮、果肉被分离并置于40℃鼓风干燥箱中干燥，果皮烘干48h，果肉烘干72h，之后用粉碎机粉碎并过60目筛。

（2）柑橘果实类黄酮成分的提取

精确称取干粉0.5000g于15mL离心管中，加入7mL 70%乙醇提取，混匀后超声提取30min，5000r/min离心10min，取上清液，残渣再加5mL 70%乙醇重复提取2次，合并上清液，旋转蒸发至干后用甲醇定容至25mL，储存在4℃冰箱备用。测定样品时，取0.1mL提取液，加入0.9mL超纯水稀释后，过0.2μm亲水性聚四氯乙烯（PTFE）膜到2mL进样小瓶，待测。

（3）类黄酮成分的检测

1）色谱参考条件

ACQUITY UPLC BEH $C_{18}$色谱柱（2.1mm×100mm，1.7μm）；柱温40℃，进样体积1μL。流动相：A为0.01%甲酸，B为甲醇。洗脱程序：0~0.6min，90%~80% A；0.6~5min，80%~30% A；5~7min，30%~10% A；7~8min，10%~90% A。流速：0.4mL/min。

2）质谱参考条件

毛细管电压0.45kV，脱溶剂温度400℃，扫描范围100~1000m/z，扫描时间0.2s。

**6. 结果分析**

对有标准品的化合物,通过比较标准品的保留时间、紫外吸收光谱、一级和二级质谱信息对其进行鉴定。没有标准品的化合物可以依据实验得出的精确分子质量,通过在质量误差为5MDa范围内的元素组成分析,计算其可能的元素组成,将高分辨的分子质量及可能的元素组成输入Waters中药数据库、Chemspider在线数据库搜索,并结合前人的研究成果及化合物的保留时间、高能状态下的碎片离子信息进行综合分析。

**7. 精密度**

在重复性条件下获得的两次独立测定结果的绝对差值不得超过其算术平均值的10%。

**8. 数据整理分析**

采用SPSS 19.0等数据处理软件对测定结果进行方差分析或多重比较等。采用Excel等绘图软件将计算结果整理成相应表或图。

### 5.2.4.2 柑橘果实总黄酮最新检测方法

Fu等(2018)介绍了一种利用分光光度计测定柑橘果实总黄酮含量的方法。该方法利用分光光度计快速测定柑橘中总黄酮的含量,相对于液相色谱检测法更快速、简便,是一种快速测定柑橘果实总黄酮的新方法。

**1. 范围**

该方法规定了柑橘果实中总黄酮含量测定的分光光度法,适用于柑橘果实中总黄酮含量的测定。

**2. 原理**

在中性或弱碱性及亚硝酸钠存在的条件下,黄酮类化合物与铝盐生成螯合物,加入氢氧化钠溶液后显红橙色,在500nm波长处有吸收峰且符合定量分析的朗伯-比尔定律,再以芦丁为标准品定量。

**3. 材料和试剂**

(1)材料

待测柑橘果实样品。

(2)试剂

$NaNO_2$;$Al(NO_3)_3$;$NaOH$;提取液:甲醇;标准品:芦丁。

(3)试剂配制

5% $NaNO_2$:称取5g $NaNO_2$,加水定容至100mL。

10% Al(NO$_3$)$_3$：称取10g Al(NO$_3$)$_3$，加水定容至100mL。

1mol/L NaOH：称取10g NaOH加水定容至250mL。

0.4mg/mL芦丁母液：称取10mg芦丁标准品，用无水或者95%乙醇定容至25mL。

除非另有说明，该方法所用试剂均为分析纯，水为超纯水。

### 4. 仪器设备

分析天平：感量0.001g；冷冻磨样机；低温离心机；紫外可见分光光度计。

### 5. 分析步骤

（1）制备样品

将柑橘果实皮肉分离，并将果皮和果肉切成小块，立即加液氮冷冻，用冷冻磨样机磨成均匀粉末，储存在-80℃冰箱中，待下一步分析。

（2）总黄酮的提取

准确称取样品粉末（果皮1g/果肉2g）于10mL离心管中，加8mL甲醇，振荡器混匀，50℃超声波辅助提取30min，10 000r/min下离心5min，残渣再加8mL相同的提取剂重复提取两次，合并3次提取的上清液，用提取液定容至25mL。取10mL装入10mL离心管中再次10 000r/min离心，上清液转入另一支10mL离心管中保存于-20℃冰箱备用，用于测定总黄酮含量。

（3）总黄酮含量的测定

取0.5mL提取液，加入0.7mL蒸馏水、0.2mL 5% NaNO$_2$，摇匀，避光放置6min，加入0.2mL 10% Al(NO$_3$)$_3$，摇匀，避光放置6min，加入1mol/L NaOH 2mL，摇匀，加1.4mL蒸馏水定容至5mL，摇匀，避光放置15min，于500nm处测定吸光度。每个样品重复3次。

（4）芦丁标准曲线制作

配制10mL不同浓度的芦丁标准液，见表5.9。

表5.9 10mL不同浓度的芦丁标准液

| 序号 | 标液浓度/（μg/mL） | 所需母液体积/mL | |
|---|---|---|---|
| 1 | 20 | 0.5 | |
| 2 | 40 | 1 | |
| 3 | 80 | 2 | |
| 4 | 120 | 3 | |
| 5 | 160 | 4 | 用蒸馏水定容至10mL |
| 6 | 200 | 5 | |
| 7 | 240 | 6 | |
| 8 | 280 | 7 | |
| 9 | 320 | 8 | |
| 10 | 360 | 9 | |

精确吸取0.5mL各浓度的芦丁标准液于10mL容量瓶中，加入0.7mL蒸馏水、0.2mL 5% $NaNO_2$摇匀，避光放置6min，加入0.2mL 10% $Al(NO_3)_3$，摇匀，避光放置6min，加入1mol/L NaOH 2mL，摇匀，加1.4mL蒸馏水定容至5mL，摇匀，避光放置15min，于500nm处测定吸光度。每个样品重复3次。

**6. 结果计算**

以芦丁标样制作标准曲线，总黄酮含量用芦丁当量（rutin equivalent，RT）表示，单位为mg CTE/g。

**7. 精密度**

在重复性条件下获得的两次独立测定结果的绝对差值不得超过其算术平均值的10%。

**8. 数据整理分析**

采用SPSS 19.0等数据处理软件对测定结果进行方差分析或多重比较等。采用Excel等绘图软件将计算结果整理成相应表或图。

## 5.3 柑橘果实特征色泽及其主要决定成分的识别分析

色泽是人通过眼观识别的最重要的果实商品品质特征，对消费者选择柑橘的影响很大。不同类型的柑橘果实色泽特征明显不同，如柠檬果实具有典型的柠檬黄，红橘果实具有典型的橘红色，血橙果实具有典型的紫红色。**这种由一种果实所具有的、稳定且不同于其他同类柑橘果实的色泽特征，我们称为特征色泽或色泽分型。**

一种柑橘果实的特征色泽受许多因素的影响，如品种（Ben Abdelaali et al.，2018）、色素成分的种类和含量（Lu et al.，2017）、光照与施肥（沈生元等，2011）、果实成熟度（Yoo and Moon，2016）等。系统分析影响柑橘果实特征色泽形成的因素，特别是色素成分（种类、含量、相互间的比例关系）对柑橘果实特征色泽形成的影响，不仅对柑橘果实色泽品质变化的评价具有重要作用，而且对进一步研究柑橘果实的营养和保健品质具有重要意义。

在这一章的前两节，我们分别介绍了柑橘果实的色泽与其色素成分的关系、柑橘果实主要色素成分的分析测定方法，在这一节我们重点讨论柑橘果实特征色泽及其主要决定成分的识别分析方法，目的是希望能找到不同柑橘果实特征色泽的主要贡色成分。由于目前国内外对柑橘果实特征色泽与其主要贡色成分的研究并不深入，特别是基于色素成分的种类、含量及相互间的比例关系等信息去综合识别果实特征色泽的主要贡色成分的方法还很不完善，为此我们专门在这一节总结现有方法以说明该问题的重要性。下面我们主要介绍两种可用于柑橘果实特征色泽及其主要贡色成分识别分析的方法，柑橘果实色素成分与果实色差指数的相关性分析法、不同类型柑橘果实特征色素成分的主成分分析法。

## 5.3.1 柑橘果实色素成分与色差指数的相关性分析

在柑橘色泽的研究中，常用柑橘色差指数（citrus color index，CCI）来反映柑橘鲜果的颜色。色差指数主要反映果实颜色差别的大小，它主要与色素成分的含量、种类、比例有关，是目前用于评价柑橘类水果颜色的标准参数（Cubero et al., 2014）。

### 5.3.1.1 概念和原理

色差是由于透镜成像缺陷而使所有颜色聚焦到相同汇聚点的色散所导致的效果（Marimont and Wandell, 1994），简单来说，就是指两个颜色在颜色知觉上的差异，包括明度差、色调差和彩度差3个方面（师萱等，2009）。明度差表示颜色明暗的差异，色调差表示色相的差异（即偏红或偏蓝等），彩度差表示鲜艳程度的差异。色差的客观评定在食品品质评价中具有重要意义。

色差指数（CCI）是根据国际照明协会（Commission Internationale de L'Eclairage，CIE）推荐的标准色差公式，采用仪器和计算机测量计算，用精确的数字来表示的色差评定参数。1931年，CIE建立了一系列表示可见光光谱的颜色空间标准，基本的CIE空间标准是CIE-XYZ系统，它是三维模型，其中$x$和$y$两维定义颜色，第三维定义亮度。基于该系统，CIE后续又定义了CIE-Lab、CIE-Lch等颜色空间（程玉娇等，2016；Pannitteri et al., 2017）。目前，最常用的是CIE-1976 Lab颜色空间，它是利用$L^*$、$a^*$、$b^*$三个不同的坐标轴，指示颜色在几何坐标图中的位置及代号（图5.5）。用于食品色泽评价的便携式色差仪，其测量原理就是基于CIE-Lab色度系统来定义

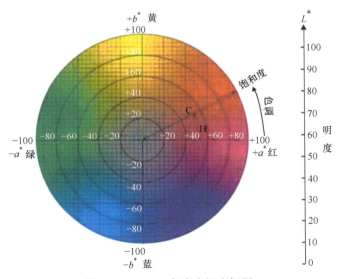

图 5.5　CIE-Lab色彩空间坐标图

的（徐吉祥和楚炎沛，2010）。据现有文献，柑橘果实色差评价时，通常采用$L^*$（lightness，明度）、$a^*$、$b^*$、$C^*$（chroma，饱和度）、$H°$（hue，色调、色相）等5个指标，它们的具体含义如下。

$L^*$（0~100）：$L^*$=0指示黑色，$L^*$=100指示白色，$L^*$下降表示果实色泽加深，反之则色泽变浅。

$a^*$（-60~60）：$a^*$为负值指示绿色，正值指示红色，$a^*$值越大，表示果实越偏红。

$b^*$（-60~60）：$b^*$为负值指示蓝色，正值指示黄色，$b^*$值越大，表示果实越偏黄。

$C^*$（0~60）：$C^*=(a^{*2}+b^{*2})^{1/2}$，指示色彩的饱和程度，也称纯粹度，指彩色中不含白、灰、黑等无彩色成分色彩的程度，$C^*$=0表示完全无彩色，$C^*$越大，彩色程度越高。

$H°$（0°~360°）：$H°=\arctan(b^*/a^*)$，指示颜色的种类，0°代表红色，45°代表橙色，90°代表黄色，180°代表蓝绿色，270°代表蓝色。

在柑橘产业中，指示柑橘果实色差指数总体变化时，国际上通常采用CCI指标来表示，其计算公式：$CCI=1000×a^*/(L^*×b^*)$。CCI值越小，果实越呈深绿色，值越大，越呈深橙红色（图5.6）。

图5.6  不同CCI值及其色泽类型变化（Cubero et al.，2014）

相关分析（correlation analysis）是研究随机变量之间的相关关系的一种数学统计方法，它分析的是研究现象之间是否存在某种依存关系，并对具体有依存关系的现象探讨其相关方向及相关程度。在具体的相关性分析中，皮尔逊相关系数（Pearson correlation coefficient）也称皮尔逊积矩相关系数（Pearson product-moment correlation coefficient），是目前研究中最常用的一种线性相关系数，通常用$r$表示（$-1<r<1$），它描述的是两个变量间线性相关的强弱程度，$r$的绝对值越大表明相关性越强（Galton，1886；Stigler，1989）。

#### 5.3.1.2　色泽类型及不同色素成分与果实色泽的关系确定

根据柑橘色差指数并结合皮尔逊相关系数，可以确定柑橘果实外观色泽类型，并确定不同色素成分与果实色泽的关系。

（1）色泽类型

在测定了果实色差指数的基础上，计算CCI值后，根据CCI值指示颜色的不同，可以将柑橘果实外观色泽分为绿色、黄色、橙色、橙红色、红色几种基本类型，详见表5.10。

表 5.10　CCI值及其对应的基本色泽类型

| CCI值范围 | 基本色泽类型 |
| --- | --- |
| CCI≤-2 | 绿色 |
| -2＜CCI≤0 | 黄色 |
| 0＜CCI≤2 | 橙色 |
| 2＜CCI≤5 | 橙红色 |
| 5＜CCI | 红色 |

（2）不同色素成分与色泽关系的确定

根据皮尔逊相关系数的定义，在计算获得单个色素成分与色差指标之间的相关系数后，可确定该色素成分与各个色差指标之间相关性的大小（表5.11）。当$|r|\geq 0.40$时，可判定单个色素成分与相应色差指标之间存在一定的正/负相关性，并且$|r|$的取值越大，相关程度就越大，表明这种色素成分对柑橘果实色泽类型的决定性也越高。

表 5.11　$|r|$的取值与相关程度

| $|r|$的取值范围 | 相关程度 |
| --- | --- |
| 0.00～0.19 | 极低相关 |
| 0.20～0.39 | 低度相关 |
| 0.40～0.69 | 中度相关 |
| 0.70～0.89 | 高度相关 |
| 0.90～1.00 | 极高相关 |

### 5.3.1.3　色差指数和色素成分的相关性分析

用Microsoft office Excel（2010）软件可以进行色差指数和色素成分的相关性分析，其软件的主界面见图5.7，具体操作步骤如下。

图 5.7　Microsoft office Excel（2010）软件主界面

1）获取原始数据：柑橘果实色差指数及色素成分含量的测定。

2）打开Microsoft office Excel软件，录入数据，选择 数据 标签下 数据分析 工具，在分析工具中选择 相关系数 ，点击 确定 按钮。

3）在弹出的对话框中，依次选择相应的 输入区域 、 输出区域 ，并选中 标志位于第一行 ，然后点击 确定 按钮，输出结果。

4）结果评价：利用软件输出的皮尔逊相关系数，并根据表5.11中$|r|$的取值与相关程度的定义，判断不同变量之间线性相关程度的大小。

### 5.3.1.4 应用实例

Ben Abdelaali等（2018）采用皮尔逊相关系数对不同品种甜橙果汁的色素成分与色差指数进行了相关性分析。他们的研究发现，Lutein与红色指数$a^*$之间存在正相关关系（$r=0.427$），表明Lutein含量越高，果实含量越偏向于红色。9Z-紫黄质与黄色指数$b^*$之间存在正相关关系（$r=0.488$），表明9Z-紫黄质含量越高，果实越偏向于黄色（Ben Abdelaali et al.，2018）。他们的研究表明，通过分析色素成分含量与色差指数之间的相关性，可以将色素成分与色泽联系起来。同时，因为不同色差指标的组合显示的色泽是已知，这样我们就可以把色素成分和果实的色泽联系起来，从而实现色泽分型的目的。他们的做法如下。

（1）果实材料的选择或准备

采摘的新鲜柑橘果实立即运往实验室，用榨汁机收集果汁，并用1mm不锈钢筛过滤后用液氮冷冻，保存在-80℃条件下待测。

（2）色差值测定

1）仪器：CR-400（Konika Minolta）型色彩色差仪或其他性能相当者。

2）测定指标：$L^*$、$a^*$、$b^*$、$C^*$、$H°$。

3）测定方法：将待测果汁置于透明容器中，采用手持色彩色差仪进行测量，记录各参数值，计算柑橘色差指数（CCI值）。

（3）色素成分分析

取2mL待测果汁与3mL色素提取液（甲醇-丙酮-二氯甲烷，体积比25：25：50）混合后，在室温下超声提取5min。混合液在4℃、3500g条件下离心5min，收集上清液，用1.5mL二氯甲烷再次萃取，并超声提取，离心至无色。提取物用5mL KOH-甲醇溶液（12%，$p/v$）于黑暗、室温条件下皂化2h后，用二氯甲烷萃取皂化后的提取物，并用5% NaCl水溶液洗涤至中性。将萃取物氮吹浓缩至干燥后，贮藏在-20℃条件下待测。

浓缩干燥后的色素提取物经氯仿-甲醇-丙酮（体积比3：2：1）混合溶液复溶后，于10 000g条件下离心2min，采用HPLC对色素成分及含量进行测定、分析（具体见5.2）。

(4) 色差指数和色素成分的相关性分析

Ben Abdelaali等（2018）采用Microsoft office Excel 2010进行相关性分析，方法如下。

第一步：检测数据整理。将所测得的25种甜橙果汁的CCI值及类胡萝卜素含量汇总整理成表5.12和表5.13，其中未检测出成分含量记为0。

表 5.12  25种甜橙果汁的色差值

| 品种 | $L^*$ | $a^*$ | $b^*$ | $C^*$ | $H°/(°)$ | CCI |
|---|---|---|---|---|---|---|
| BRH | 70.49 | 2.80 | 17.25 | 17.12 | 80.68 | 2.30 |
| WNN | 71.30 | 6.50 | 28.70 | 30.60 | 76.31 | 3.18 |
| MEM | 81.17 | 0.50 | 34.25 | 35.50 | 89.59 | 0.18 |
| MEH | 80.75 | 25.50 | 25.50 | 19.87 | 79.25 | 12.38 |
| MEA | 85.96 | 1.05 | 9.85 | 9.88 | 83.70 | 1.24 |
| MES | 95.21 | 0.15 | 35.45 | 41.95 | 89.89 | 0.04 |
| MBM | 83.10 | 0.55 | 8.96 | 8.72 | 80.56 | 0.74 |
| MEI | 86.15 | -0.10 | 6.75 | 6.80 | 89.15 | -0.17 |
| MTR | 90.02 | 0.74 | 19.07 | 18.97 | 87.90 | 0.43 |
| MTW | 87.01 | 0.57 | 6.50 | 6.52 | 83.75 | 1.01 |
| MSW | 88.76 | -0.21 | 2.16 | 1.67 | 80.96 | -1.10 |
| MBB | 77.51 | 1.50 | 15.42 | 13.77 | 81.67 | 1.26 |
| MDW | 86.15 | 0.81 | 7.90 | 7.92 | 83.60 | 1.19 |
| BAL | 80.24 | 0.02 | 4.50 | 4.50 | 88.93 | 0.06 |
| BAB | 81.57 | 0.68 | 7.56 | 7.48 | 84.77 | 1.10 |
| MPP | 68.40 | 4.99 | 13.96 | 14.83 | 70.33 | 5.23 |
| DFM | 63.38 | 6.19 | 14.50 | 15.43 | 66.17 | 6.74 |
| MDM | 66.81 | 7.50 | 18.50 | 19.71 | 73.96 | 6.07 |
| MLS | 63.38 | 6.59 | 19.00 | 17.75 | 69.24 | 5.47 |
| MSS | 54.21 | 14.03 | 16.50 | 21.64 | 49.38 | 15.69 |
| CHE | 52.75 | 16.21 | 16.00 | 28.54 | 46.39 | 19.21 |
| MRO | 47.16 | 56.66 | 17.00 | 59.18 | 13.94 | 70.67 |
| BKH | 50.09 | 29.57 | 13.12 | 32.70 | 24.05 | 45.00 |
| BAH | 62.25 | 8.13 | 25.75 | 36.19 | 51.22 | 5.07 |
| SAK | 48.93 | 32.12 | 12.77 | 34.74 | 21.66 | 51.41 |

表 5.13　25种甜橙果汁中类胡萝卜素的含量　　　　　　（单位：mg/L）

| 品种 | 八氢番茄红素 | 六氢番茄红素 | ζ-胡萝卜素 | 番茄红素 | 叶黄素 | β-胡萝卜素 | β-隐黄质 | 玉米黄质 | 花药黄质 | all-E-紫黄质 | 9Z-紫黄质 |
|---|---|---|---|---|---|---|---|---|---|---|---|
| BRH | 0.353 | 0.062 | 0.022 | 0 | 0.467 | 0 | 0.431 | 0.284 | 0.695 | 0.813 | 2.844 |
| WNN | 0.794 | 0.170 | 0.235 | 0 | 0.027 | 0 | 1.328 | 0.259 | 1.338 | 1.625 | 3.521 |
| MEM | 0.309 | 0.085 | 0 | 0 | 0.183 | 0 | 0.424 | 0.154 | 1.210 | 1.204 | 4.030 |
| MEH | 0.677 | 0.237 | 0.127 | 0.409 | 0.417 | 0 | 0.112 | 0.113 | 0.439 | 0.809 | 2.697 |
| MEA | 2.019 | 0.092 | 0 | 0 | 0.171 | 0 | 0.408 | 0.185 | 0.552 | 0.996 | 2.010 |
| MES | 1.622 | 0.174 | 0.134 | 0 | 0.231 | 0 | 0.264 | 0.071 | 0.765 | 1.303 | 4.406 |
| MBM | 0.337 | 0.099 | 0.119 | 0 | 0 | 0 | 0.701 | 0.786 | 0.841 | 1.192 | 3.192 |
| MEI | 0.758 | 0 | 0 | 0 | 0.134 | 0 | 0.123 | 0.030 | 0.269 | 0.513 | 1.135 |
| MTR | 0.477 | 0.136 | 0 | 0 | 0 | 0 | 0.755 | 0.194 | 0.970 | 0.501 | 3.396 |
| MTW | 0 | 0 | 0 | 0 | 0.063 | 0 | 0.245 | 0.047 | 0.329 | 0.462 | 1.454 |
| MSW | 0 | 0 | 0 | 0 | 0.014 | 0 | 0.079 | 0.123 | 0.089 | 0.361 | 0.821 |
| MBB | 0.249 | 0.028 | 0.016 | 0 | 0.114 | 0 | 0.798 | 0.261 | 0.728 | 1.050 | 2.485 |
| MDW | 0.299 | 0 | 0.011 | 0 | 0.435 | 0 | 0.716 | 0.201 | 0.497 | 0.779 | 2.565 |
| BAL | 3.072 | 0.183 | 0 | 0 | 0 | 0 | 0.581 | 0.206 | 1.372 | 0.473 | 3.072 |
| BAB | 0.400 | 0 | 0.035 | 0 | 0 | 0 | 0.013 | 0.021 | 0.251 | 0.469 | 0.400 |
| MPP | 0.146 | 0 | 0 | 0 | 0.142 | 0 | 0.077 | 0.039 | 0.368 | 0.548 | 1.469 |
| DFM | 1.566 | 0.093 | 0.115 | 0 | 0 | 0.024 | 0.539 | 0.639 | 1.166 | 0.523 | 2.380 |
| MDM | 1.122 | 1.229 | 0.876 | 0 | 3.976 | 0.051 | 0.089 | 0.405 | 0.515 | 1.059 | 1.122 |
| MLS | 0.251 | 0.064 | 0.166 | 0 | 0 | 0 | 0.853 | 0.412 | 1.122 | 0.826 | 3.205 |
| MSS | 0.200 | 0 | 0 | 0 | 0.376 | 0.255 | 0.090 | 0.095 | 0.522 | 1.823 | 0.200 |
| CHE | 0.647 | 0.079 | 0.066 | 0 | 0.357 | 0 | 0.579 | 0.174 | 0.426 | 0.407 | 2.521 |
| MRO | 0.340 | 0 | 0 | 0 | 2.865 | 0 | 0.284 | 0.161 | 0.503 | 0.333 | 1.289 |
| BKH | 1.083 | 1.232 | 0.331 | 0 | 0.153 | 0 | 0.166 | 0.175 | 0.681 | 1.362 | 1.083 |
| BAH | 0.575 | 0.100 | 0.054 | 0 | 0.310 | 0 | 0.092 | 0.138 | 0.497 | 0.336 | 0.575 |
| SAK | 0.461 | 0.156 | 0.107 | 0 | 0 | 0 | 0.523 | 0.192 | 0.531 | 0.248 | 2.766 |

　　第二步：数据录入与相关性分析。将第一步中的数据录入Microsoft office Excel表格，根据5.3.1.3中介绍的步骤操作进行相关性分析，软件输出结果。

　　第三步：结果的整理。将Excel输出结果汇总整理（表5.14）。

表 5.14　果汁色差指数与单个色素成分之间的相关性

| | CCI | $L^*$ | $a^*$ | $b^*$ | $C^*$ | $H°/(°)$ |
|---|---|---|---|---|---|---|
| 八氢番茄红素 | -0.097 | 0.116 | -0.113 | -0.020 | -0.055 | 0.150 |
| 六氢番茄红素 | 0.243 | -0.277 | 0.221 | 0.102 | 0.172 | -0.257 |
| ζ-胡萝卜素 | 0.086 | -0.232 | 0.108 | 0.198 | 0.135 | -0.122 |
| 番茄红素 | 0.025 | 0.113 | 0.252 | 0.229 | -0.009 | 0.087 |
| 叶黄素 | 0.366 | -0.308 | 0.427 | 0.116 | 0.361 | -0.283 |
| β-胡萝卜素 | 0.049 | -0.296 | 0.069 | 0.024 | 0.008 | -0.183 |
| β-隐黄质 | -0.124 | 0.037 | -0.151 | 0.157 | 0.009 | 0.134 |
| 玉米黄质 | -0.080 | -0.114 | -0.091 | -0.042 | -0.122 | 0.015 |
| 花药黄质 | -0.149 | -0.006 | -0.158 | 0.401 | 0.152 | 0.167 |
| 反式-紫黄质 | -0.148 | 0.019 | -0.127 | 0.426 | 0.125 | 0.117 |
| 9-顺式-紫黄质 | -0.206 | 0.309 | -0.203 | 0.488 | 0.163 | 0.340 |
| 总类胡萝卜素 | -0.017 | 0.006 | 0.008 | 0.461 | 0.269 | 0.118 |

第四步：结果的分析与评价。表5.14中的数据反映出各色差指标与不同色素成分之间存在不同程度的正/负相关性。根据皮尔逊相关系数的定义，|r|的取值越大，相关程度就越大，表明这种色素成分对柑橘果实色泽类型的决定性也越高。叶黄素与$a^*$之间相关系数为0.427，说明叶黄素与红色指标$a^*$之间存在正相关关系，即叶黄素含量越高，果实$a^*$指标可能越高，果实色泽越偏向于红色。花药黄质（antheraxanthin）、反式-紫黄质（all-*trans*-violaxanthin）、9-顺式-紫黄质（9-*cis*-violaxanthin）3种成分与$b^*$之间的相关系数分别为0.401、0.426、0.488，表明这3种色素成分与黄色指标$b^*$之间存在正相关关系，即花药黄质、反式紫黄质、9-顺式-紫黄质3种成分含量越高，果实$b^*$指标可能越高，果实色泽越偏向于黄色。

## 5.3.2　柑橘果实特征色泽及其主要决定成分的主成分分析

### 5.3.2.1　概念及原理

主成分分析（PCA）是数据处理中最常用的一种降维数学统计方法。PCA通过一个正交变换（orthogonal transformation）将一组可能存在相关性的变量转换为一组线性不相关（linearly uncorrelated）的变量，转化后的这组变量称为主成分（principal component）。这种转换的定义是，第一个主成分具有尽可能大的方差（variance），即尽可能多地解释数据的可变性，并且每一个后继组件在其与前一个组件正交的约束下依次具有最高的方差，最后得到的向量是一个不相关的正交基集（orthogonal basis set）（Pearson，1901；Hotelling，1933）。

在研究不同类型柑橘果实的色素成分与果实色泽的关系时，涉及变量较多，如品种、不同品种果实的色差指标（$L^*$、$a^*$、$b^*$、$C^*$、$H°$）、色素成分的种类和含量等，这些变量都在不同程度上反映柑橘果实色泽的变化，并且各变量之间存在一定的相关性。为避免变量太多而增加柑橘果实特征色泽及其主要贡色成分识别分析的复杂性，我们可借助主成分分析方法，对柑橘果实主要色素成分和色泽类型的关系进行识别分析。

#### 5.3.2.2 方法和步骤

利用OriginPro 2015软件进行主成分分析的方法和步骤如下。

1）获取样品原始数据。

2）打开OriginPro 2015软件，主界面见图5.8，将原始数据依次录入。

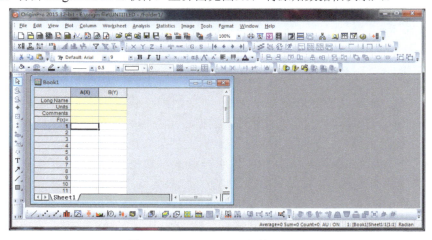

图5.8 OriginPro 2015软件主界面

3）依次选择 Statistics 、 Multivariate Analysis 、 Principal Component Analysis 工具，在弹出的对话框"Component Plot Type"中设置需要的主成分个数，2个主成分则输入"2"，若需3个主成分则输入"3"，其余参数保持默认选项。

4）完成参数设置后，点击 OK 按钮，软件输出PCA聚类结果。

5）结果的整理、分析与评价。软件输出结果中包括各色素成分在每个主成分上的得分、碎石图、PCA聚类散点图等。需首先判断主成分1与主成分2累计贡献率是否达到85%以上，若未达到，则需要在第3）步中增加主成分个数，使各个主成分累计贡献率在85%以上。在实际操作中可根据具体需求，对散点图进行个性化调整，以便对结果进一步分析、评价。

### 5.3.2.3 应用实例

Stinco等（2016）使用OriginPro 2015软件，基于类胡萝卜的种类、含量，对22个甜橙品种果汁色泽与类胡萝卜素组分的关系进行了主成分分析。结果表明，基于已知类胡萝卜素含量，利用主成分分析可以将不同品种的甜橙果实分成3类：第一类为叶黄素、玉米黄质、$\alpha$-胡萝卜素积累型，代表品种如Delta Valencia、Midknight Valencia、Salustiana等品种；第二类为番茄红素、$\beta$-胡萝卜素积累型，代表品种为番茄红素含量较高的Cara Cara；第三类为$\beta$-隐黄质积累型，代表品种为Rohde late和Ambersweet。根据他们的研究，我们可以看到基于已知类胡萝卜素含量，可以利用主成分分析的方法将具有不同色泽的柑橘果实进行聚类，并且可以找出不同色泽类型的果实中主要色素成分是什么，从而得出不同"贡色"成分与不同色泽特征之间的关联程度。Stinco等（2016）采用OriginPro 2015软件进行的色泽与主要贡色成分的主成分分析方法如下。

（1）果实材料的选择或准备

柑橘果实在采摘当天立即运往实验室，并收集果实可食部分的果汁，过滤后储存在-20℃条件下，待测。

（2）色素成分的分析

取500μL待测果汁与等量的色素提取液（甲醇-丙酮-二氯甲烷，体积比25∶50∶25）混匀，收集有色层提取物，用KOH-甲醇溶液（30g/100mL）于黑暗、室温条件下皂化1h。将皂化后的提取物用水洗涤数次（通常为3次）。洗涤后的提取物在旋转蒸发器中（低于30℃）浓缩至干燥后，复溶于60μL乙酸乙酯中，进行HPLC检测（具体见5.2）。

（3）色素成分的主成分分析

第一步：数据整理。将所测得类胡萝卜素的种类及含量整理成表（表5.15），其中未检测到的成分含量记为0。

表 5.15 不同品种甜橙果汁的类胡萝卜素含量　　（单位：mg/L）

| | 品种 | 叶黄素 | 玉米黄质 | $\beta$-隐黄质 | $\alpha$-胡萝卜素 | $\beta$-胡萝卜素 | 番茄红素 | 八氢番茄红素 | 六氢番茄红素 |
|---|---|---|---|---|---|---|---|---|---|
| 1 | Barnfield | 0.681 | 0.558 | 1.849 | 0.159 | 0.221 | 0 | 1.301 | 0.418 |
| 2 | Cara Cara | 0.313 | 0.340 | 1.322 | 0.154 | 1.799 | 3.377 | 11.803 | 2.726 |
| 3 | Chislett | 0.465 | 0.500 | 1.373 | 0.155 | 0.233 | 0 | 1.235 | 0.434 |
| 4 | Fisher | 0.392 | 0.352 | 1.180 | 0.153 | 0.112 | 0 | 0.611 | 0.154 |
| 5 | Foyos | 0.514 | 0.414 | 1.501 | 0.160 | 0.151 | 0 | 0.752 | 0.215 |
| 6 | Fukumoto | 0.415 | 0.351 | 1.089 | 0.148 | 0.107 | 0 | 0.469 | 0.134 |

续表

| 品种 | | 叶黄素 | 玉米黄质 | $\beta$-隐黄质 | $\alpha$-胡萝卜素 | $\beta$-胡萝卜素 | 番茄红素 | 八氢番茄红素 | 六氢番茄红素 |
|---|---|---|---|---|---|---|---|---|---|
| 7 | Lane late | 0.612 | 0.500 | 1.468 | 0.163 | 0.217 | 0 | 1.136 | 0.371 |
| 8 | Nave late | 0.421 | 0.407 | 1.386 | 0.157 | 0.186 | 0 | 1.206 | 0.380 |
| 9 | Navelina | 0.623 | 0.593 | 1.813 | 0.155 | 0.184 | 0 | 1.049 | 0.301 |
| 10 | Powell | 0.540 | 0.500 | 1.306 | 0.161 | 0.221 | 0 | 1.150 | 0.371 |
| 11 | Rohde late | 0.271 | 0.303 | 6.283 | 0.148 | 0.530 | 0 | 0.941 | 0.524 |
| 12 | Rohde summer | 0.618 | 0.678 | 2.214 | 0.165 | 0.424 | 0 | 1.187 | 0.560 |
| 13 | Ambersweet | 0.231 | 0.283 | 4.446 | 0 | 0.285 | 0 | 1.011 | 0.417 |
| 14 | Barberina | 0.699 | 0.521 | 1.287 | 0.187 | 0.209 | 0 | 1.001 | 0.271 |
| 15 | Cadenera | 0.301 | 0.293 | 0.650 | 0.138 | 0.059 | 0 | 0.520 | 0.129 |
| 16 | Delta Valencia | 1.024 | 0.610 | 1.531 | 0.203 | 0.250 | 0 | 1.129 | 0.321 |
| 17 | Hamlin | 0.560 | 0.484 | 1.799 | 0.157 | 0.153 | 0 | 1.149 | 0.292 |
| 18 | Midknight Valencia | 0.842 | 0.720 | 1.730 | 0.183 | 0.282 | 0 | 1.063 | 0.261 |
| 19 | Pera | 0.731 | 0.613 | 1.346 | 0.179 | 0.201 | 0 | 0.844 | 0.165 |
| 20 | Salustiana | 0.734 | 0.737 | 1.464 | 0.160 | 0.181 | 0 | 0.894 | 0.195 |
| 21 | Shamoutti | 0.432 | 0.393 | 1.215 | 0.156 | 0.144 | 0 | 0.701 | 0.170 |
| 22 | Sanguinelli | 0.622 | 0.536 | 1.637 | 0.165 | 0.125 | 0 | 1.250 | 0.178 |

第二步：打开OriginPro软件，录入表5.15中的数据，根据5.3.3.2"方法和步骤"介绍的操作步骤进行软件分析。

第三步：结果整理。主成分1与主成分2的累计贡献率达到82.39%，说明该结果可以用来解释不同品种柑橘与类胡萝卜素种类之间的关系。查看PCA载荷图，双击图片，可依次对图中图标与文字的大小、颜色、坐标轴尺度等进行适当的调整，使图更加美观，也使其对结果的体现更加直观。

第四步：结果分析与评价。从图5.9我们可以看到，基于果实中类胡萝卜素成分及含量，可将22个不同甜橙品种聚集成了三类，同时识别出每一类中主要"贡色"成分。第一类为主要集中在PC 1负半轴的Delta、Midknight、Salustiana等品种，其主要贡献色素成分或特征成分是叶黄素（lutein，LUT）、玉米黄质（zeaxanthin，ZEA）、$\alpha$-胡萝卜素（$\alpha$-carotene，ACAR）；第二类为单独处于第一象限的脐橙Cara Cara，其主要色素成分为八氢番茄红素（phytoene，PT）、六氢番茄红素（phytofluene，PF）、番茄红素（lycopene，LYC）、$\beta$-胡萝卜素（$\beta$-carotene，BCAR）；第三类为位于第四象限的Rohde late和Ambersweet，其主要特征或贡献色素成分为$\beta$-隐黄质（BCR）。

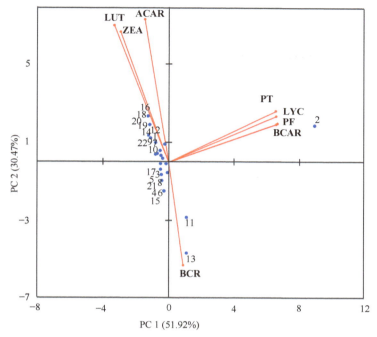

图 5.9　基于类胡萝卜素种类及含量对22个不同品种柑橘的主成分分析

图中编号为样品品种名称，见表5.15

基于上述例子可以看到，通过色素成分检测及使用计算机分析软件，我们可根据不同色泽柑橘果实中色素成分的种类和含量，将色素组成成分和含量相近的种类聚在一起。因特定的色素成分及含量与相应的色泽类型有关，由此可判定在得分图中分布相近的果实具有相似的色泽类型。同时，根据PCA的成分载荷图，可以同时得到每一类色型的主要贡献成分，由此便可确定单个色素成分与柑橘果实色泽之间的关联程度，或确定特定色泽类型果实的主要"贡色"成分。但有关主成分分析目前仍待解决的问题是，主成分分析并不一定总是能将样品聚成不同的类，有时会存在无法完全分开的情况，得不到好的聚类结果，此时便需要借助其他聚类或评价方法。

## 5.4　柑橘果实色泽品质评价与分级方法

在了解了色泽的概念，弄清了柑橘果实的主要色素成分及其分析检测方法，讨论了柑橘果实特征色泽及其主要贡色成分的识别方法后，柑橘果实色泽品质的评价方法就成了关键问题。在现有文献中，有关柑橘果实色泽品质的研究并不少见，但已有报道基本集中在以下3个方面：①不同类型柑橘果实色素组成成分及含量分析；②不同因素（品种、成熟期、产地、采后商品化处理等）对果实色泽的影响；③果实色泽的发育和形成调控等。由于不同类型柑橘果实中色素成分的种类差别不是很大（绿色果实与其他色泽类型果实相比除外），柑橘果实色泽的差别主要体现在不同类型柑橘果实中色素成分含量不同。特别是，不同色素成分之间特定的组合与比例关系，决定了各类柑橘果实典型的外观色泽。例如，脐橙相对于夏橙具有更深的外观色泽，是因为夏橙中紫黄质/$\beta$-隐黄质的比值更高（Oberholster et al., 2001）。因此，如何利用柑橘果实的色素成分或主要贡色成分及其含量变化科学地评价柑橘果实的色泽品质是仍待解决的问题。

在现有的柑橘果实色泽品质评价方法中，感官评价法和层次聚类分析法是最常用的方法。但这些方法都无法利用色素成分的种类、含量及其相互间的比例关系等3个方面的信息对柑橘果实的色泽品质进行全面、系统、规范和数值化评价。为此，本节在介绍柑橘果实色泽品质感官评价法、柑橘果实色泽品质层次聚类分析法的基础上，我们特别介绍了柑橘果实色泽品质的"三度"评价法。"三度"评价法是我们提出的有关柑橘果实色泽品质评价的新方法，我们希望3D色泽指数能为柑橘果实色泽的等级划分、品质选优和质量监管等提供有用信息。

### 5.4.1 柑橘果实色泽品质的感官评价法

感官评价（sensory evaluation）法是目前柑橘果实色泽品质评价中最主要、最直接的方法。在进行色泽品质感官评价时，一般是由经过专业训练的人员完成，同时还要参考一定的标准，如相应的国家标准、行业标准或者相应文献报道中对柑橘果实色泽的规定或评价标准等。例如，曹琦等（2015）采用感官评价法评价了不同浓度的己醛处理对脐橙果实色泽的影响。他们首先选出10位经过培训的品评人员，参照卢军等（2012b）建立的温州蜜柑色泽鉴评标准（表5.16），然后将待评定的样品随机呈给品评人员，并采用随机数字对样品进行编号。品评人员在安静、舒适、光线充足的室内对样品进行评分，评价结果见表5.17。从评价结果可以看出，有8名品评人员同时认为100μL/L己醛处理组果实色泽为优，表明根据感官评价结果，此处理组果实色泽品质最好。

表 5.16 脐橙果实色泽品质鉴评标准

| 鉴评标准 | 鉴评分值 | 鉴评等级 |
| --- | --- | --- |
| 很光鲜，光亮，无缺陷 | 8~9分 | 优 |
| 较新鲜，色微暗，有缺陷 | 4~7分 | 中 |
| 色暗，褐变，果皮塌陷 | 1~3分 | 劣 |

表 5.17　脐橙果实色泽品质感官评价结果

| 处理 | 色泽优 | 色泽中 | 色泽劣 |
|---|---|---|---|
| 对照 | 7 | 2 | 1 |
| 50μL/L己醛 | 6 | 4 | 0 |
| 100μL/L己醛 | 8 | 2 | 0 |
| 150μL/L己醛 | 5 | 3 | 2 |

感官评价法简单、直接，最接近消费者的评价，但该方法也有许多局限性，如评估的主观性、品评人员的身体状况和情绪等都会对产品的最终评价带来不可避免的误差。同时，感官评价法还存在重复性不高等问题。针对这些问题，果实色泽品质的层次聚类分析法就更为客观。

## 5.4.2　柑橘果实色泽品质的层次聚类分析法

### 5.4.2.1　概念和原理

层次聚类分析（hierarchical cluster analysis，HCA）是指尝试在不同层次对数据集进行划分，从而形成树形的聚类结构的一种方法，主要使用距离矩阵作为聚类标准。HCA的基本聚类结构根据层次的分解方向可分为凝聚的（agglomerative）和分裂的（divisive）层次聚类两种（周志华，2016）。由于我们可以基于果实样品的色差指数、色素的成分和含量等，计算样品与标准样品相关数值之间的距离，因此我们可以采用HCA方法评价不同柑橘果实样品间色泽品质的差异。样品值与标准值之间的距离越近，则说明其色泽品质越接近于标准（越好）；反之，样品值与标准值之间的距离越远，则表明其色泽品质偏离标准越远，即色泽品质越差，从而实现果实品质的区分。

### 5.4.2.2　方法和步骤

这里我们根据Lu等（2017）的研究，介绍HCA的方法和步骤。

**1. 第一步：数据收集与整理**

根据测得的相关色素的种类及含量，将有关数据汇总，整理成表5.18。

表 5.18　5个不同产地脐橙Cara Cara类胡萝卜素的含量　　（单位：μg/g DW）

| 色素种类 | Hubei | Fujian | Chongqing | Jiangxi | Hunan |
|---|---|---|---|---|---|
| 玉米黄质 | 5.58 | 2.45 | 2.46 | 2.52 | 3.29 |
| 八氢番茄红素 | 678.83 | 726.33 | 577.03 | 538.04 | 538.01 |
| $\beta$-隐黄质 | 2.14 | 2.44 | 5.02 | 5.43 | 6.89 |

续表

| 色素种类 | Hubei | Fujian | Chongqing | Jiangxi | Hunan |
|---|---|---|---|---|---|
| 六氢番茄红素 a | 136.26 | 166.56 | 165.19 | 140.79 | 95.03 |
| 六氢番茄红素 b | 81.06 | 146.99 | 130.26 | 130.03 | 150.02 |
| $\zeta$-胡萝卜素 | 1.57 | 2.59 | 4.59 | 4.36 | 3.89 |
| $\beta$-胡萝卜素 | 16.48 | 102.40 | 126.06 | 167.62 | 98.25 |
| 番茄红素 | 20.72 | 68.01 | 80.29 | 85.98 | 39.22 |
| 总类胡萝卜素 | 1005.77 | 1295.48 | 1190.57 | 1167.20 | 989.49 |

**2. 第二步：数据的层次聚类分析**

以SPSS 19.0软件为例，对层次聚类分析操作步骤介绍如下。

1）将表5.18中的数据和相关参数通过软件界面（图5.10）录入，在数据编辑窗口的主菜单中选择 分析 、 分类 、 系统聚类 工具。

图 5.10　SPSS 19.0 软件主界面

2）在弹出的"系统聚类分析"对话框中，将 产地 变量选入"标注个案（C）"，将其他变量选入"变量"中。在"分群"单选框中选中 个案 ，表示进行的是 Q 型聚类。在"输出"复选框中选中 统计量 和 图 ，表示要输出的结果包含以上两项。

3）单击 统计量 按钮，在"系统聚类分析：统计量"对话框中选择 合并进程表 、 相似性矩阵 ，表示输出结果将包括这两项内容。

4）单击 绘制 按钮，在"系统聚类分析：图"对话框中选择 树状图 ，表示输出的结果为谱系聚类图（树状）。

5）单击 方法 按钮，弹出"系统聚类分析：方法"对话框。在"聚类方法（M）"处选择聚类方法 Ward法 ，在"度量标准"下选择 区间 、 Euclidean距离 ，在"转换值-标准化（s）"处选择 Z得分 。

6）参数设置完毕后，单击 确定 ，软件自动输出结果。

## 3. 第三步：结果分析与评价

上述操作步骤完成后，软件自动输出距离矩阵（表5.19）、聚类表（表5.20）及聚类树状图（图5.11）等聚类结果。

表 5.19  Euclidean距离矩阵

| 案例 | Euclidean 距离 | | | | |
|---|---|---|---|---|---|
| | 1:Hubei | 2:Fujian | 3:Chongqing | 4:Jiangxi | 5:Hunan |
| 1:Hubei | 0.000 | 4.838 | 5.384 | 5.730 | 5.016 |
| 2:Fujian | 4.838 | 0.000 | 2.904 | 3.575 | 4.863 |
| 3:Chongqing | 5.384 | 2.904 | 0.000 | 1.275 | 3.589 |
| 4:Jiangxi | 5.730 | 3.575 | 1.275 | 0.000 | 3.198 |
| 5:Hunan | 5.016 | 4.863 | 3.589 | 3.198 | 0.000 |

注：这是一个不相似矩阵

表 5.20  Ward 联结聚类表

| 阶 | 群集组合 | | 系数 | 首次出现阶群集 | | 下一阶 |
|---|---|---|---|---|---|---|
| | 群集1 | 群集2 | | 群集1 | 群集2 | |
| 1 | 3 | 4 | 0.637 | 0 | 0 | 2 |
| 2 | 2 | 3 | 2.585 | 0 | 1 | 3 |
| 3 | 2 | 5 | 4.851 | 2 | 0 | 4 |
| 4 | 1 | 2 | 8.075 | 0 | 3 | 0 |

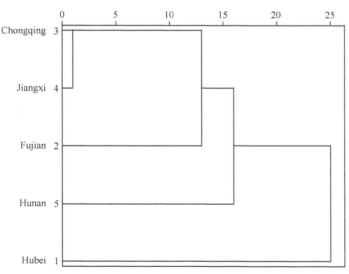

图 5.11  层次聚类树状图

从距离矩阵（表5.19）我们可以知道不同产地样品两两之间的Euclidean距离。假设我们以产地"Chongqing"作为标准值，则"Jiangxi""Fujian""Hunan""Hubei"与标准值"Chongqing"之间的距离依次为1.275、2.904、3.589、5.384。从聚类树状图（图5.11）也可以看出，"Chongqing"与"Jiangxi"之间距离最小，因此最先聚集在一起，随后按照距离从小到大，再依次与"Fujian""Hunan""Hubei"聚集。由此我们可以得出，在以"Chongqing"作为标准值的基础上，与"Chongqing"距离最小或最先聚集在一起的变量品质与其最接近。综上可以判定，假设以"Chongqing"果实色泽作为最优标准品质，其余4个产地果实色泽品质的排序为"Jiangxi"＞"Fujian"＞"Hunan"＞"Hubei"。

### 5.4.2.3 层次聚类分析中品质评价方法

根据上述原理和方法的介绍，我们知道基于样品中色素的成分和含量，可以对样品进行层次聚类分析。在假设已有标准样品的条件下，以标准样品作为原点，根据聚类结果（聚类树状图等），比较样品与标准品之间的聚类距离如欧氏距离（Euclidean distance）。品质评价的标准是，与标准值聚类距离越小，或在树状图中越先与标准样品聚在一起的样品，其色泽品质与标准样品就越接近，即该样品色泽品质就越好，在此基础上我们可以根据不同样品间距离的大小（一个距离范围）对柑橘果实色泽品质进行分级。

## 5.4.3 柑橘果实色泽品质"三度"评价法

众所周知，每一种柑橘果实都有其典型的色泽，如柠檬的黄色、甜橙的橙色、红橘的橘红色等。同时，现有的研究清楚地表明柑橘果实的色泽品质受多种因素影响，包括不同种类、同种类不同品种、同品种不同产地、同产地不同年份、不同采收期、不同采后处理等。但影响柑橘果实色泽的因素无论怎样变化，其最终的色泽品质是由果实中色素成分的种类、含量及相互间的比例关系的变化来决定的。在上文介绍的柑橘果实色泽品质的评价方法中，感官评价法存在受主观因素影响、重复性不高的问题，而HCA法并不能解决色泽品质的数值化分类、定级等问题。

"三度"评价法是2018年我们课题组与浙江大学陆柏益教授等为了全面、系统、规范和数值化评价果品营养价值而提出的一种新方法（刘哲等，2018）。"三度"原指果品中营养素的多样度（degree of diversity，DD）、匹配度（degree of match，DM）和平衡度（degree of balance，DB），其中多样度评价的是一种果品中营养素的种类，匹配度评价的是各种营养素含量的高低，平衡度评价的是各种营养素间的平衡关系。鉴于柑橘果实色素成分（种类、含量等）与色泽品质的关系，我们认为可以借用"三度"评价法的思想，用"多样度"评价果品中色素成分的种类变化，用"匹配度"评价不同样品中色素成分的含量变化，用"平衡度"评价不同色素成分相互间比例关系的变化。最后，我们用检测样品偏离标准样品的程度，即偏离指数（deviation index，DI），来评价被分析果品的色泽品质的变化。理论上，"三度"值偏离标准值愈小，果品的色泽品质愈接近标准，变化愈小，品质愈高。这样，用"三度"色泽指数便可实现对不同样品柑橘果实色泽品质的分类、评优和定级。同"三度"风味品质评价做法一样，"三度"色泽品质评价法的标准也是人为选定的，它可以是一个品种的"典型"色泽，也可以是任何人为选定或公认的"最好"色泽。同时，"三度"评价法使用的数据，可以是自己的实际检测数据，也可以是文献报道的数据，只要方法统一、真实可靠，无论是数据覆盖全部色素成分还是部分色素成分，只要有三种以上的色素成分的数据，就可以用"三度"评价法计算出不同果实样品色泽品质的差异，并对其加以区别。下面我们用Yoo和Moon（2016）报道的文献数据为例，对如何计算"三度"色泽指数具体说明如下。

#### 5.4.3.1 原始数据采集

为了规范采集数据，我们编制了表5.21，记录柑橘果实色素成分种类、含量。

**表 5.21 不同成熟度Yuza果皮中类胡萝卜素的种类及含量**　　（单位：mg/100g）

| 色素成分 | green | yellow | deep yellow |
|---|---|---|---|
| 角黄素 | 9.8 | 4.8 | 3.5 |
| 虾青素 | 17.0 | 13.3 | 10.0 |
| 玉米黄质 | 10.0 | 14.0 | 15.5 |
| $\beta$-隐黄质 | 6.1 | 17.5 | 37.5 |
| 番茄红素 | 0.2 | 0.4 | 0.7 |
| $\alpha$-胡萝卜素 | 1.5 | 1.4 | 1.2 |
| $\beta$-胡萝卜素 | 0.3 | 7.7 | 11.4 |

#### 5.4.3.2 "三度"色泽指数计算

表5.21中数据为Yuza（*Citrus junos* Sieb ex Tabaka）果皮中类胡萝卜素的种类及含量，其中green、yellow、deep yellow表示不同成熟度，我们以完全正常成熟，即"deep yellow"时的数据作为标准数据，采用"三度"评价法对另外两个成熟期的果实色泽品质进行评价。

**1. 多样度**

多样度（DD）代表果实中含有的色素成分的种类数。与标准值"1"相比，DD值越接近标准值，样品（果实）中含有的色素种类就越多，多样度就越好。根据表5.21中的标准数据，成熟度为"deep yellow"时Yuza果皮中含有的类胡萝卜素种类为7种。样品中每种色素成分，存在记为"1"，缺乏记为"0"，最后将所有"1"

加起来即为样品中含有色素种类总数。待测样品中含有的色素种类总数占标准样品中色素种类总数的百分比即为该样品的多样度，由公式（5.20）计算样品（果实）的DD值。

$$DD值 = \frac{待测样品中色素种类总数}{标准样品中色素种类总数} \quad (5.20)$$

表5.22是基于文献数据（表5.21）的不同成熟度Yuza果品的色泽品质的DD值。从表5.22可以看出，在同一柑橘品种中，尽管果实成熟度不同，但是果实色泽品质的DD值一样。

表 5.22　不同成熟度Yuza果实色泽品质的多样度（DD值）

| 色素成分 | green | yellow |
| --- | --- | --- |
| 角黄素 | 1 | 1 |
| 虾青素 | 1 | 1 |
| 玉米黄质 | 1 | 1 |
| $\beta$-隐黄质 | 1 | 1 |
| 番茄红素 | 1 | 1 |
| $\alpha$-胡萝卜素 | 1 | 1 |
| $\beta$-胡萝卜素 | 1 | 1 |
| 种类总数 | 7 | 7 |
| DD值 | 1 | 1 |

## 2. 匹配度

匹配度（DM）是指样品中所含有的色素成分的含量及其与标准值之间的匹配程度。柑橘果实色泽品质的DM值按照公式（5.21）进行计算，公式（5.21）中$X_c$表示样品中色素的含量，$S_c$表示标准值，根据公式的定义，匹配度最优时DM值为"0"。由此可以看出，DM值越小，则样品含量与标准值之间的匹配度愈高。

$$DM值 = \frac{1}{k}\sum_{i=1}^{k}\left|\frac{X_c}{S_c} - 1\right| \quad (5.21)$$

根据表5.21中数据，以"deep yellow"成熟度的值作为标准值，计算成熟度为"green"和"yellow"时果实色泽品质的DM值，结果见表5.23。从表5.23中可以看出，成熟度为"green"时，果实DM值为0.803，而成熟度为"yellow"时，果实DM值为0.320。所以，就DM值而言，果实色泽品质"yellow"果实＞"green"果实。

表 5.23 不同成熟度 Yuza 果实色泽品质的匹配度（DM 值）

| 色素成分 | green | | yellow | |
|---|---|---|---|---|
| | 含量/（mg/100g） | 含量比值 | 含量/（mg/100g） | 含量比值 |
| 角黄素 | 9.8 | 2.80 | 4.8 | 1.37 |
| 虾青素 | 17.0 | 1.70 | 13.3 | 1.33 |
| 玉米黄质 | 10.0 | 0.65 | 14.0 | 0.90 |
| $\beta$-隐黄质 | 6.1 | 0.16 | 17.5 | 0.47 |
| 番茄红素 | 0.2 | 0.29 | 0.4 | 0.57 |
| $\alpha$-胡萝卜素 | 1.5 | 1.25 | 1.4 | 1.17 |
| $\beta$-胡萝卜素 | 0.3 | 0.03 | 7.7 | 0.68 |
| DM 值 | 0.803 | | 0.320 | |

## 3. 平衡度

平衡度（DB）是指果品中所含有的各种色素成分含量之间的比例与标准值间的比例的接近程度。柑橘果实色泽不仅与色素成分种类、含量相关，而且各成分之间的比例也是影响因素之一，DB 值评价的是柑橘中各种色素成分之间的平衡程度。

果实色泽品质的 DB 值按照公式（5.22）进行计算。

$$DB值 = 1 - \frac{1}{C_k^2} \sum_{i=1}^{C_k^2} \frac{|X_{ij} - S_{ij}|}{X_{ij} + S_{ij}} \tag{5.22}$$

式中，$k$ 表示色素成分的种类数（如本例中色素种类为 7 种，则 $k$ 取 7），$C_k^2$ 表示 $k$ 个数的两两组合数（如 $C_7^2$ 等于 21），$X_{ij}$ 为样品中任意两种色素成分之间的比例，$S_{ij}$ 则表示该两种色素成分在标准样品中的比例。因此，DB 值的最大值为 1，用该方法可以计算柑橘果实色泽品质的平衡程度。

下面我们根据表 5.21 中数据，以成熟度"deep yellow"的值作为标准值，计算成熟度为"green"和"yellow"时果实色泽品质的 DB 值。

第一步，收集、整理数据（即表 5.21）。

第二步，计算标准样品（即"deep yellow"）中各色素成分两两之间的比值，结果如表 5.24 所示。

表 5.24 标准样品（"deep yellow"）中各色素成分含量两两间的比值

| 色素成分 | 角黄素 | 虾青素 | 玉米黄质 | $\beta$-隐黄质 | 番茄红素 | $\alpha$-胡萝卜素 | $\beta$-胡萝卜素 |
|---|---|---|---|---|---|---|---|
| 角黄素 | 1.00 | | | | | | |
| 虾青素 | 2.86 | 1.00 | | | | | |
| 玉米黄质 | 4.43 | 1.55 | 1.00 | | | | |

续表

| 色素成分 | 角黄素 | 虾青素 | 玉米黄质 | $\beta$-隐黄质 | 番茄红素 | $\alpha$-胡萝卜素 | $\beta$-胡萝卜素 |
|---|---|---|---|---|---|---|---|
| $\beta$-隐黄质 | 10.71 | 3.75 | 2.42 | 1.00 | | | |
| 番茄红素 | 0.20 | 0.07 | 0.05 | 0.02 | 1.00 | | |
| $\alpha$-胡萝卜素 | 0.34 | 0.12 | 0.08 | 0.03 | 1.71 | 1.00 | |
| $\beta$-胡萝卜素 | 3.26 | 1.14 | 0.74 | 0.30 | 16.29 | 9.50 | 1.00 |

第三步,计算待测样品中(即"green"和"yellow")各色素成分两两之间的比值,结果如表5.25和表5.26所示。

表5.25 "green"样品中各色素成分含量两两间的比值

| 色素成分 | 角黄素 | 虾青素 | 玉米黄质 | $\beta$-隐黄质 | 番茄红素 | $\alpha$-胡萝卜素 | $\beta$-胡萝卜素 |
|---|---|---|---|---|---|---|---|
| 角黄素 | 1.00 | | | | | | |
| 虾青素 | 1.73 | 1.00 | | | | | |
| 玉米黄质 | 1.02 | 0.59 | 1.00 | | | | |
| $\beta$-隐黄质 | 0.62 | 0.36 | 0.61 | 1.00 | | | |
| 番茄红素 | 0.02 | 0.01 | 0.02 | 0.03 | 1.00 | | |
| $\alpha$-胡萝卜素 | 0.15 | 0.09 | 0.15 | 0.25 | 7.50 | 1.00 | |
| $\beta$-胡萝卜素 | 0.03 | 0.02 | 0.03 | 0.05 | 1.50 | 0.20 | 1.00 |

表5.26 "yellow"样品中各色素成分含量两两间的比值

| 色素成分 | 角黄素 | 虾青素 | 玉米黄质 | $\beta$-隐黄质 | 番茄红素 | $\alpha$-胡萝卜素 | $\beta$-胡萝卜素 |
|---|---|---|---|---|---|---|---|
| 角黄素 | 1.00 | | | | | | |
| 虾青素 | 2.77 | 1.00 | | | | | |
| 玉米黄质 | 2.92 | 1.05 | 1.00 | | | | |
| $\beta$-隐黄质 | 3.65 | 1.32 | 1.25 | 1.00 | | | |
| 番茄红素 | 0.08 | 0.03 | 0.03 | 0.02 | 1.00 | | |
| $\alpha$-胡萝卜素 | 0.29 | 0.11 | 0.10 | 0.08 | 3.50 | 1.00 | |
| $\beta$-胡萝卜素 | 1.60 | 0.58 | 0.55 | 0.44 | 19.25 | 5.50 | 1.00 |

第四步,因共有7种色素成分,故$k=7$,$C_7^2=21$。已知表5.18中数据为$S$,表5.24和表5.25中数据为$X$,分别将每种色素成分对应的$S$和$X$代入公式(5.21),得到"green"和"yellow"样品中色泽品质的DB值,分别为DB值(green)=0.359,DB值(yellow)=0.751,可见"yellow"样品DB值大于"green"样品,所以就DB值而言,"yellow"样品色泽品质优于"green"样品。

从上述计算过程我们可以看到，利用色素成分的种类和含量数据，采用"三度"评价法可以对成熟度为"green"和"yellow"的Yuza果实进行色泽品质评价。根据"三度"指数可知两个不同成熟度的果实DD值一致，但DM值和DB值"yellow"样品均优于"green"样品，因此我们可以判断基于"三度"评价法，"yellow"样品果实色泽品质高于"green"样品，并且该结果与实际情况相符。但要对样品进行分类和定级我们还需要计算偏离指数。

**4. 偏离指数**

偏离指数（DI）是指样品的DD值、DM值和DB值偏离标准值的程度。根据上述定义，DD值、DB值的标准值为"1"，DM值的标准值为"0"。由公式（5.23）计算样品的DI值。

$$偏离指数（DI）= |1-DD| + DM + |1-DB| \tag{5.23}$$

根据定义，DI值越低，样品（果实）色泽品质偏离标准的程度越低，其色泽品质越好。

根据"green""yellow"样品的DD值、DM值和DB值，按照公式（5.23）计算DI值（表5.27）。从表5.27中可知，"green""yellow"样品偏离指数分别为1.444、0.569，由此可以判定，基于果实色泽品质的"三度"评价法，"yellow"样品色泽品质优于"green"样品。

表 5.27 不同成熟度Yuza果实色泽品质偏离指数（DI值）

| 成熟度 | green | yellow |
| --- | --- | --- |
| DD 值 | 1 | 1 |
| DM 值 | 0.803 | 0.320 |
| DB 值 | 0.359 | 0.751 |
| DI 值 | 1.444 | 0.569 |

## 5.4.4 柑橘果实色泽品质分级方法

### 5.4.4.1 传统柑橘果实色泽品质的分类定级方法

传统柑橘果实色泽品质的定级主要采用感官评价法，主要是凭借人体的感觉（主要是视觉）对果实的色泽进行鉴别和定级。感官评价定级需要一个明确的标准，它可以是国家标准、行业标准或相关文献报道的标准等，如农业行业标准《柑橘等级规格》（NY/T 1190—2006），其中对柑橘色泽品质的等级划分标准及分级规定见表5.28。

表 5.28　柑橘色泽品质划分标准

| | 特等品 | 一等品 | 二等品 |
|---|---|---|---|
| 色泽 | 具有该品种典型色泽，完全均匀着色 | 具有该品种典型色泽，75%以上果面均匀着色 | 具有该品种典型色泽，35%以上果面均匀着色 |

### 5.4.4.2　基于计算机视觉的柑橘自动化色泽分级方法

机器视觉又称计算机视觉，是随着计算机技术的发展而迅速成长起来的，是指计算机对三维空间的感知，包括捕获、分析、识别等过程（赵茂程和侯文军，2007）。随着计算机技术的迅猛发展，计算机视觉技术在农业生产中的应用越来越普遍。利用机器视觉可针对柑橘果实的颜色进行分级，可观性强、标准一致、效率高，属于无损检测，是解决人工分级问题的有效途径（卢军等，2012a）。

机器视觉分级系统主要包括三部分：图像的获取、图像的处理和分析、输出或显示。一套完整的机器视觉分级系统通常需要CCD摄像机、检测装置、传送带、计算机、伺服控制系统等设备。在水果分级过程中，水果位于传送带上方，CCD摄像机装置在传送带上方及周边，在传送带两侧装有检测装置。当水果通过CCD摄像机时，摄像机便将采集到的水果图像传入计算机，由计算机对图像进行一系列处理，确定水果的颜色特征，再根据处理结果控制伺服机构，完成柑橘果实色泽分级（赵茂程和侯文军，2007；周雪青等，2013）。其工作示意图如图5.12所示。

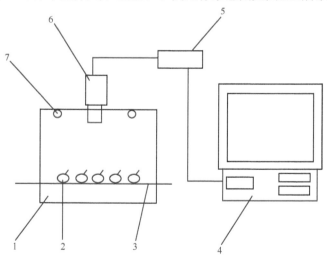

图5.12　基于计算机视觉的柑橘色泽分级系统硬件组成示意图
1. 图像采集室；2. 待分级柑橘果实；3. 水果传输带；4. 计算机；
5. 图像采集卡（插入计算机内）；6. CCD摄像机；7. 光源

### 5.4.4.3 基于"三度"指数的柑橘果实色泽品质的分类定级方法

利用"三度"指数可以对柑橘果实色泽品质进行单一或综合的评价。具体评价时根据需要可以基于DD值、DM值和DB值中的任何一个指数进行单一评价，也可以基于"三度"指数计算的偏离指数对柑橘果实色泽品质进行综合评价。例如，偏离指数（DI）越大，则样品色泽品质偏离标准就越大，即果实色泽品质越差；DI值越小，则样品色泽品质越接近于标准，即果实色泽品质越好。基于此，便可以根据检测样品DI值偏离标准的程度对样品的色泽品质进行分级。

# 第6章 柑橘果实香气品质评价方法

香气（fragrance）是指人体通过嗅觉器官感受到的、使人感到愉悦的气味的总称。香气品质同风味品质、色泽品质一样，是影响消费者对果品的感官接受度（sensory acceptability）的最重要的因素之一，它们与基本商品品质共同构成了柑橘果实鲜食品质的基础，也在很大程度上决定了柑橘果实的商品价值，并直接影响价格。

"香气"与"香味"仅一字之差，消费者对柑橘果实的香味和香气似乎也不加区分。但我们在这里想强调的是，香气和香味本质上是两个不同的概念，尽管决定柑橘果实香味和香气的化学成分可能相似甚至基本相同。然而，对于柑橘果实我们需要区分的是，香味的评价对象是果肉，而香气的评价对象是果实（果皮），香味是吃（口）的感觉，有鼻的感受，但香气是闻（鼻）的感觉，没有口的参与。另外，柑橘果实的香气成分主要存在于果皮中，它们不仅影响果实的商品品质，而且愈来愈多的研究表明，柑橘中的各种香气成分对人体健康具有许多有益的作用（周志钦，2012；靖丽，2014）。例如，柑橘 $d$-柠檬烯是一种单萜类的香气物质，本身呈柠檬香气，它不仅是柑橘精油（essential oil）最主要的成分（其含量按重量比可达精油总含量的73.9%～97%）（Wei et al.，2017；Satari and Karimi，2018），而且具有广泛的生物活性（Jing et al.，2014），特别是对高脂肪、高能量膳食诱导的代谢综合征具有明显的调节作用（Jing et al.，2013；靖丽，2014；Lone and Yun，2016）。更为重要的是，柑橘果实的果皮和果肉在组织结构上存在差异，有关分析检测的预处理方法也会有所不同。为了更好地评价柑橘果实的香气品质，将香气和香味的评价方法分开介绍不仅是研究果实商品品质的需要，也对未来科学地评价柑橘果实的保健甚至医药品质有重要意义。

柑橘果实的香气主要由果皮中的挥发性成分（volatile compound）和极少量的非挥发性成分（non-volatile compound）决定。据现有报道，柑橘的挥发性成分至少受下列因素影响，如品种（唐会周，2011b；Ren et al.，2015；张涵等，2017）、栽培环境（Asai et al.，2016；Zhang et al.，2017）、栽培措施（Asikin et al.，2015；Cuevas et al.，2017）、果实成熟度（Hara et al.，1999；Tounsi et al.，2010；米兰芳和伊华林，2011）、采收期（施学骄，2012）、采后贮藏条件（Obenland et al.，2011；王长锋，2012；Sheng et al.，2017）、防腐保鲜处理（胡桂仙等，2006；Sdiri et al.，2017）等。面对如此复杂的香气品质影响因素，建立科学的果实香气成分分析检测方法，将为未来柑橘果实香气品质的评价研究奠定良好基础（Lin et al.，1993；Miyazaki et al.，2012）。

因此，在这一章我们系统介绍柑橘果实的主要香气成分及其贡香类型，柑橘果实主要香气成分的分析检测方法，柑橘果实的香型及其主要贡香成分的识别分析方法和柑橘果实香气品质评价方法。在上述内容中，我们要特别强调的是柑橘果实3D香气品质的评价方法，它是我们根据果品营养价值"三度"评价法提出的新方法（刘哲等，2018）。尽管目前柑橘果实3D香气品质还是一个概念，但它是利用香气成分全面、系统、规范和数值化的评价柑橘果实香气品质的一种新尝试，需要改进之处希望读者批评指正。

## 6.1 柑橘果实的主要香气成分及其贡香类型

柑橘的香气成分主要存在于果实的外果皮（黄皮层，flavedo）的油胞中（图6.1），是柑橘精油（essential oil）的主要成分。通常情况下，柑橘精油中挥发性成分占85%~99%，非挥发性成分仅占1%~15%（Satari and Karimi，2018）。所谓挥发性成分（volatile organic compound，VOC）是指在室温下具有高蒸气压和较低的沸点，导致大量分子易从化合物的液体或固体形式蒸发或升华并进入周围空气中的一类有机物；而非挥发性成分（non-volatile organic compound，NVOC）则是指在常温常压下不具挥发性或难以挥发的有机化合物。柑橘精油的成分非常复杂，其中已鉴定出的挥发和非挥发性香气物质已超过200种（Mehl et al.，2014）。根据它们的结构大体上分为萜类及其衍生物（如单萜、倍半萜、单萜衍生物和倍单萜衍生物）、酯类、醇类、醛类、烷烃类等（Rouseff et al.，2009；江倩，2013；涂勋良等，2016；Cuevas et al.，2017；Zhang et al.，2017）。在这些物质中，对柑橘果实香气特征贡献最大（或起决定作用的）组分被称为关键香气成分（key odorant）或香气活性成分（aroma-active compound）（Feng et al.，2018；Zhang et al.，2019）。不同类型的柑橘果实因香气活性成分的种类和含量不同，从而各有其特征香气类型。更重要的是，不同香气活性成分的贡香阈值（aroma threshold，即人们开始闻到香气时挥发性物质的最小浓度，单位g/m³）是不同的，关键香气成分在不同类型的柑橘果实中的含量及它们的贡香阈值是决定果品香气特征的最主要因素。

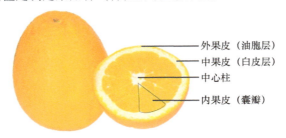

图6.1 柑橘果实结构简图

为了今后更好地评价柑橘果实的香气品质，我们根据现有报道将柑橘果实主要香气成分及其贡香类型归纳于表6.1。从表6.1中我们可以看到，柑橘果实主要香气成分至少可以归纳为果香、青香、木香、醛香、花香、甜香等13种香型（张晓萌，2005；Choi，2005；Miyazaki et al.，2012）。每一种香型都包含了多种不同化学结构的香气活性物质，贡香物质与其香型间的关系非常复杂，许多问题都需要深入研究。

表 6.1 柑橘果实主要香气成分及其贡香类型

| 序号 | 贡香类型 | 香气成分 |
| --- | --- | --- |
| 1 | 果香型 | 1）酯类：乙酸丁酯、乙酸乙酯、己酸乙酯、丙酸乙酯、异丁酸乙酯、丁酸甲酯、丁酸乙酯、2-甲基丁酸乙酯、异戊酸乙酯、乙酸异戊酯、戊酸乙酯、癸酸乙酯<br>2）单萜及其衍生物：单萜烯类，如$\beta$-月桂烯、$p$-伞花烃、异松油烯；单萜醛类，如香茅醛；单萜酮类，如$\beta$-紫罗兰酮<br>3）酚类：麝香草酚<br>4）醚类：三甲苄基甲基醚 |
| 2 | 花香型 | 1）单萜烯类：$\alpha$-萜品烯<br>2）倍半萜烯类：长叶烯<br>3）烷烃类：异戊二烯 |
| 3 | 甜香型 | 1）酯类：乙酸乙酯、丙酸乙酯、异丁酸乙酯、丁酸甲酯、丁酸乙酯、乙酸丁酯、戊酸乙酯<br>2）醛类：庚醛、香茅醛、癸醛<br>3）萜烯类及其衍生物：萜烯类，如$\beta$-松油烯、异松油烯；单萜醇类，如4-松油烯醇、$\alpha$-松油醇、香茅醇<br>4）酮类：1-戊烯-3-酮 |
| 4 | 青香型 | 1）醛类：己醛、戊醛<br>2）醇类：$cis$-3-己烯醇、苯甲醇 |
| 5 | 橙香型 | 1）倍半萜烯类：瓦伦烯、环异酒剔烯、古巴烯<br>2）醇类：$trans$-3-己烯-1-醇<br>3）单萜醇：橙花醇<br>4）醛类：己醛、辛醛<br>5）酮类：$\beta$-大马士酮 |
| 6 | 柚香型 | 1）倍半萜烯及其衍生物：倍半萜烯类，如$\alpha$-人参烯、瓦伦烯、巴伦西亚橘烯；倍半萜醇类，如金合欢醇<br>2）单萜烯类：$\beta$-罗勒烯<br>3）酮类：诺卡酮 |
| 7 | 柠檬香型 | 1）倍半萜烯类：$\alpha$-水芹烯、$\alpha$-甜没药烯<br>2）单萜类及其衍生物：单萜烯类，如$d$-柠檬烯；单萜醛类，如香叶醛 |
| 8 | 枸橼香型 | 1）单萜类及其衍生物：单萜烯类，如$d$-柠檬烯；单萜醛类，如香叶醛<br>2）倍半萜烯类及其衍生物：倍半萜烯类，如大根香叶烯B、$cis$-$\alpha$-没药烯、甘香烯、$\beta$-没药烯；倍半萜醇类，如$\alpha$-没药醇<br>3）酮类：樟脑 |
| 9 | 橘香型 | 1）醛类：(4-甲基-3-环己烯基)丙醛、2,6-十二碳二烯醛<br>2）醇类：叶醇<br>3）烷烃类：1-甲基-4-(1-甲基乙基)环己烯 |
| 10 | 柑香型 | 1）单萜烯类及其衍生物：单萜烯类，如$d$-柠檬烯、$\gamma$-松油烯、$\beta$-月桂烯、$\alpha$-蒎烯；单萜醇类，如芳樟醇<br>2）醛类：辛醛、4-癸烯醛<br>3）烷烃类：1-异丙基-2-甲氧基-4-甲基苯 |

续表

| 序号 | 贡香类型 | 香气成分 |
|---|---|---|
| 11 | 油香型 | 1）醛类：庚醛、(E,E)-2,4-非二烯醛、(E,E)-2,4-癸二烯醛<br>2）醇类：α-萜品醇、香叶醇<br>3）萜烯类：大根香叶烯D |
| 12 | 草本香型 | 1）醛类：(E)-2-壬烯醛、癸醛、橙花醛<br>2）萜烯类及其衍生物：百里香酚、1,8-桉树脑、樟脑 |
| 13 | 蘑菇香型 | 1）醇类：1-辛烯-3-醇<br>2）酮类：1-辛烯-3-酮 |

## 6.2 柑橘果实主要香气成分的分析检测方法

柑橘果实香气成分的研究最早可追溯至1925年，早期柑橘精油的研究主要使用蒸馏分离法（distillative separation method）（Hall and Wilson，1925）。直到20世纪60年代，气相色谱（gas chromatography，GC）技术和质谱（mass spectrometry，MS）技术的出现才使得相关的研究得到真正的发展。GC技术具有样品用量少、分析速度快、分离效率高等诸多优点，而通过质谱技术可以有效鉴别大量物质，同时对样品进行定性和定量分析。特别是20世纪70年代，气相色谱-质谱（GC-MS）联用技术使植物香气物质的分析检测得到了空前的发展，也极大地推动了柑橘香气物质的研究。不仅如此，在GC-MS技术的基础上20世纪90年代出现的固相微萃取（solid-phase microextraction，SPME）技术和电子鼻（E-nose）技术更使得植物香气成分的分析检测达到了全新的高度。SPME技术（1993年问世）系统集成了样品处理与萃取两种技术，具有操作简单、样品用量少、重现性好、灵敏度高等优势，很好地解决了传统的香气物质萃取方法如蒸馏萃取、液-液萃取、顶空取样、超临界流体萃取法等技术存在的操作繁杂、分配系数低、溶剂残留严重、分析范围窄等一系列问题（Horvat et al.，1990；王建华和王汉忠，1996；刘春香等，2003；Mesquita et al.，2017）。与此同时，电子鼻技术的出现更是为香气物质的分析提供了一种简单、快速、灵敏和经济的检测方法。与GC-MS分析方法相比，电子鼻技术具有价格便宜、操作简单、检测速度快、重现性好等诸多优点，是开展香气成分快速分析的重要方法。如今，植物香气物质的分析检测方法在经历了几十年的发展之后，已经可以为柑橘果实香气成分的分析检测提供各种先进的科学方法。为了整章内容的系统性，下面我们先介绍蒸馏分离法、气相色谱-质谱联用技术和顶空固相微萃取结合气相色谱-质谱分析检测方法。对于电子鼻技术，因它主要用于香型识别，我们将在下一节介绍。

### 6.2.1 蒸馏分离法

蒸馏分离法是柑橘中香气物质分离、富集的传统方法，是一种低成本且适用于工厂化大规模进行的方法，但其缺点是较高的温度容易使香气物质在蒸馏过程中发生变化。

### 6.2.1.1 蒸汽蒸馏法

**1. 原理**

蒸汽蒸馏法（steam distillation）是基于挥发性物质的沸点不同，将香气物质混合提取物加热，当香气物质达到其沸点时便会升华成气态而从基质中逸散出来，根据香气物质的沸点，收集不同温度下逸散出来的气体便可以得到不同的香气物质（Dugo and Mondello，2010）。

**2. 方法步骤**

（1）材料准备

香气物质的液态混合物，如柑橘精油或果汁。

（2）仪器设备

蒸汽蒸馏法的主要仪器设备包括蒸馏设备（配备搅拌器、温度计等量具），馏出物接收装置和冷凝器等。

（3）蒸馏、收集和成分分析

蒸馏参数设置：根据文献或预试验设置适宜的蒸馏参数，包括蒸馏压力、蒸馏速率等，将香气混合物（液态）进行加热蒸馏。

馏分收集：根据不同馏分的冷凝温度收集不同温度下的馏分。

馏分组分分析：根据物质沸点并采用相关生化分析确定馏分的组分。

**3. 蒸馏分离法举例**

Hall和Wilson于1925年最早采用蒸馏分离法分离、富集了夏橙果汁中的香气物质，他们的具体做法如下。

（1）材料准备

将果实榨汁后收集果汁。

（2）香气物质的富集与识别

1）粗馏分获取

参数设置如下：蒸馏压力为120mm；蒸馏速率为12L/h。将2025L果汁在相同条件下反复蒸馏3次，得到2L最终馏分。

2）香气物质的富集

将上述1）中得到的馏分用醚萃取3次后，再次进行蒸馏，收集最终的两种馏分：低于70℃馏分及70~90℃馏分。

3）香气物质的识别

通过生化反应或文献报道的方法识别各馏分中香气物质的成分。

低于70℃馏分：丙酮——碘仿反应；乙醛——还原氢氧化铜。
70~90℃馏分：乙醇——嗅闻，碘仿反应；甲酸——氯化汞还原反应。
具体的步骤如图6.2所示。

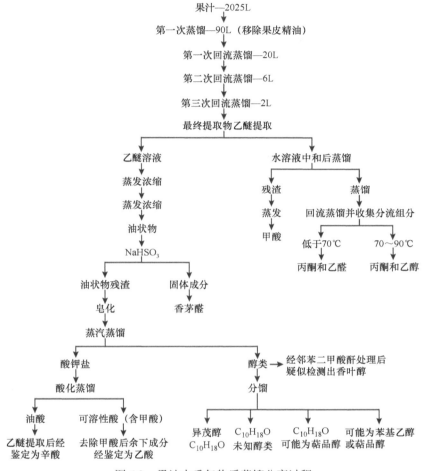

图 6.2 果汁中香气物质蒸馏分离过程

（3）结果分析

夏橙果汁中溶于水的挥发性成分为乙醇、丙酮、甲醛、乙酸。难溶于水的挥发性成分为烯烃醇、戊（可能是异戊基）醇、苯乙酯、甲酸酯和辛酸。

## 6.2.1.2 分子蒸馏法

分子蒸馏法（molecular distillation method）基于物质的不同沸点对特定化合物进行浓缩分离，是一种适合分离、纯化热敏性混合物料的新型分离技术。分子蒸馏可以在较高的真空下进行，蒸馏的温度远远低于化合物的沸点，避免了化合物的碳化，很好地保留了被分离物质的性质（代守鑫，2017）。

**1. 原理**

分子蒸馏法是利用不同化合物之间分子运动平均自由程的差异来实现化合物的高效分离。在高真空环境中加热物料，利用逸出料液表面的分子运动平均自由程具有差异实现分离。一般轻分子平均自由程较大，容易到达冷凝面；重分子平均自由程较小，未到达冷凝面就相互碰撞而返回溶液，从而达到分离轻、重分子的目的（胡居吾等，2016）。

**2. 方法步骤**

（1）材料准备

按照分子蒸馏设备准备好待蒸馏的物料，如柑橘精油等。

（2）仪器设备

分子蒸馏装置：目前市场常用的仪器型号有KDL-5型分子蒸馏系统，UIC德国；MD-S80型分子蒸馏装置，广州汉维冷气机电有限公司；MDS-80型分子蒸馏装置，广州市浩立生物科技有限公司。

（3）参数设置及馏分收集

根据文献报道或预试验设置适宜的蒸馏参数，包括真空度、刮膜转速、进料流速、蒸馏温度、冷却温度等。馏分的收集按照设备操作规程进行，在冷凝、浓缩后分别收集轻、重组分馏分物。

（4）馏分的组分分析和成分鉴定

对于挥发性成分，通常可以使用GC-MS技术对其进行组分分析、成分鉴定及含量计算。

**3. 分子蒸馏法应用举例**

胡居吾等（2017）采用了分子蒸馏法分离了脐橙精油中的成分，对他们的做法简介如下。

（1）材料准备

柑橘精油，实验室自制，采用冷榨法制得，呈黄色。

（2）柑橘精油的分离及GC-MS分析

1）参数设置：真空度200Pa，进料流速0.2~0.3L/h，刮膜转速350r/min，蒸馏温度40~50℃，冷却温度20~25℃。将500g脐橙精油按以上条件进行分子蒸馏。

2）轻、重组分馏分物的分离。

3）GC-MS成分分析（参见下文6.2.2）。

（3）结果分析

轻组分：橘香味明显、清甜的果香。$d$-柠檬烯92.104%；$\alpha$-蒎烯3.856%；$\beta$-水芹烯0.847%；肉豆蔻醛0.452%；香茅醛0.134%；罗勒烯0.121%等。

重组分：具木香、果香气息。芳樟醇45.601%；乙酸25.130%；癸醛12.407%；4-萜烯醇5.513%；香叶醇2.143%等。

## 6.2.2 气相色谱-质谱联用技术

气相色谱技术（GC）是20世纪60年代发展起来的一种香气（挥发性成分）的重要检测技术，它的主要特点是样品用量少、分析速度快、分离效率高，但GC技术有一个缺点就是进行分析检测时需要标准品。由于果实香气物质组分复杂，香气物质的标准品库有限，仅依靠GC技术无法满足研究者对大量挥发性物质定性研究的需求。20世纪70年代发展起来的气相色谱-质谱（GC-MS）联用技术，在没有标准物质的情况下通过质谱分析可以有效鉴别大量物质，同时对有关物质进行定性和定量分析，极大地推动了果实香气物质的研究。目前，GC-MS技术已成为果实香气物质分析检测的最重要的手段。

### 6.2.2.1 原理

**1. 气相色谱原理**

气相色谱对待测试样的分离主要依靠其固定相与待测试样中各组分间吸附能力的差异来实现。气相色谱的流动相是惰性气体（如氢气），固定相为具有一定活性的吸附剂（如活性炭、硅胶等）。当试样进入色谱柱后，由于吸附剂对每种组分的吸附力不同，经过一定时间后，各组分在色谱柱中的运行速度也就不同。吸附力弱的组分容易被解吸下来，最先离开色谱柱进入检测器，而吸附力最强的组分最不容易被解吸下来，最后离开色谱柱（图6.3）。因此，依靠吸附剂与各组分在色谱中吸附力的差异可将不同组分彼此分离开，依次进入检测器中被检测并记录下来。

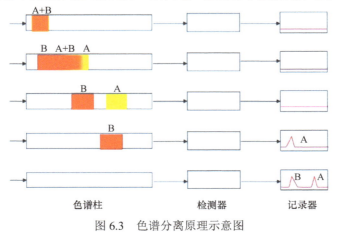

图 6.3 色谱分离原理示意图

## 2. 质谱原理

质谱分析是一种测量离子荷质比（电荷-质量比）的分析方法。质谱分析的基本原理是使试样中各组分在离子源中发生电离，生成不同荷质比的带正负电荷的离子，经加速电场的作用，形成离子束，进入质量分析器。在质量分析器中，利用电场和磁场使带上不同电荷的离子发生相反的速度色散，使其分别聚焦而得到质谱图，最后通过质谱图确定其质量（图6.4）。

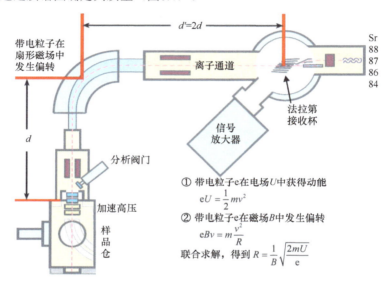

图 6.4 质谱原理示意图

所示为表面热电离质谱，引自北京离子探针中心网www.bjshrimp.cn

### 6.2.2.2 GC-MS分析

GC-MS联用技术可以在无标准品的条件下分离、鉴定大量物质，同时进行定性、定量分析，该方法适用于柑橘果实香气成分的分析、检测和鉴定。

**1. 材料与试剂**

（1）材料

待检测的果品材料。

（2）试剂

GC-MS分析需要色谱级的有机试剂，主要包括甲基叔丁基醚、壬酸甲酯、$C_7 \sim C_{30}$正构烷烃等。

（3）挥发性物质标准品

GC-MS分析时香气新物质的定性和已知物质的定量分析需要标准品，常见的标准品见表6.2。

表 6.2　香气物质GC-MS分析常用标准品

| 物质种类 | 标准物质 |
|---|---|
| 单萜烯类（monoterpenes） | α-蒎烯（α-pinene）、香桧烯（sabinene）、β-蒎烯（β-pinene）、β-月桂烯（β-myrcene）、α-萜品油烯（α-terpinene）、d-柠檬烯（d-limonene） |
| 倍半萜烯类（sesquiterpenes） | α-水芹烯（α-phellandrene）、β-罗勒烯（β-ocimene）、γ-萜品烯（γ-terpinene）、异松油烯（terpinolene）、石竹烯（caryophyllene）、β-金合欢烯（β-farnesene）、瓦伦烯（valencene） |
| 醛类（aldehydes） | 己醛（hexanal）、反式-2-己烯醛（trans-2-hexenal）、辛醛（octanal）、壬醛（nonanal）、癸醛（decanal）、香茅醛（citronellal）、β-柠檬醛（β-citral）、十一醛（undecanal） |
| 醇类（alcohols） | β-芳樟醇（β-linalool）、α-萜品醇（α-terpineol）、橙花醇（nerol）、顺式-丁香醇（cis-carveol）、反式-香叶醇（trans-geraniol）、金合欢醇（farnesol） |
| 酯类（esters） | 丁酸正丁酯（n-butyl butanoate）、乙酸乙烯酯（carvyl acetate）、乙酸香茅酯（citronellyl acetate）、橙花醇乙酸酯（nerol acetate）、乙酸香叶酯（geranyl acetate）、棕榈酸甲酯（methyl palmitate）、乙酸癸酯（decyl acetate） |
| 酮类（ketones） | L-香芹酮（L-carvone） |
| 其他类物质（others） | 异丙基甲苯（m-cymene）、顺式-丁烯水合物（cis-sabinene hydrate）、十一（碳）烷（undecane）、d-樟脑（d-camphor）、龙脑（borneol）、石竹烯氧化物（caryophyllene oxide） |

## 2. 仪器与设备

（1）设备

常见的GC-MS分析设备有Qplus 2010 GC-MS，日本Shimadzu公司；TRACE GC Ultra气相色谱耦联DSQ II质谱，美国Thermo Scientific公司；TR-5 MS型毛细管柱（30m×0.25mm×0.25μm），美国Thermo Scientific公司；HP-Innowax型毛细管柱（60m×0.25mm×0.25μm），美国Agilent公司。

（2）仪器

与GC-MS设备配套的主要实验室仪器：PB3002-S/FACT分析天平（感量0.01g），瑞士Mettler Toledo公司；Milli-Q Advantage A10超纯水系统，美国Millipore Sigma公司；5804R低温离心机，德国Eppendorf，Hamburg公司；FS60超声波清洗机，美国Fisher Scientific公司。

## 3. 分析方法和步骤

（1）样品制备

以果皮样品制备为例，其他果实样品的制备原理相同。用超纯水清洗果实，将果皮沿赤道面剥离后，切成小块，用液氮冷冻，采用冷冻磨样机磨成均匀的粉末。准确称取1g果皮粉末，加入500μL的超纯水、500μL含有43.75μg/mL壬酸甲酯（内标物）的甲基叔丁基醚溶液。在4℃条件下超声1h后，将样品取出放在4℃、12 000g下离心10min，取上清液，用0.22μm滤头过滤，每份样品做3个平行重复，上机待测。

(2) GC-MS分析检测步骤

以岛津GC-MS-QP2010 Uitra和GC-MS solution 2.7操作软件为例（其主界面见图6.5），GC-MS分析检测主要操作步骤如下。

1）第一步：启动GC-MS

分别打开GC和MS的电源，启动"GCMS Real Time Analysis"程序，根据用于分析的组件设置系统配置，单击 真空控制 启动真空系统，显示"已完成"后关闭真空控制窗口。

2）第二步：创建SCAN方法文件

设置仪器（如自动进样器、GC、MS）参数和谱库检索参数。单击 实时分析 助手栏中的 数据采集 图标，再依次选择 文件 菜单中的 新建方法文件，在弹出的窗口界面依次输入GC和MS的参数，设置好后保存方法参数，选择 采集 菜单下的 下载初始参数，将设置的方法参数传输到仪器中。

3）第三步：检漏

启动真空系统后，等待2～3h，在 调谐 助手栏中单击 峰监测窗，检查系统是否漏气。

a. 在 监视组 列表中，选择 水，空气。

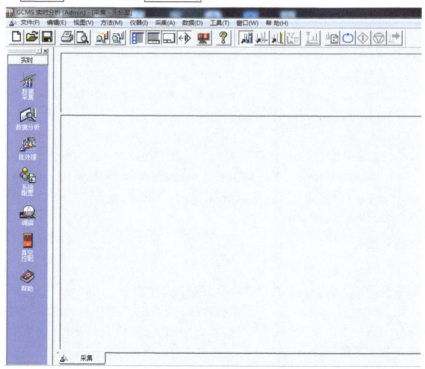

图6.5 GC-MS solution 2.7操作软件主界面

b. 单击▯（灯丝开关），打开灯丝。

c. 改变检测器电压，使18m/z（水）的峰高到显示窗口的1/2处。

d. 比较18m/z（水）的峰高与28m/z（氮气）的峰高，检查28m/z（氮气）的峰高是否为18m/z（水）的峰高的两倍以下。如果28m/z（氮气）的峰高是18m/z（水）的峰高的两倍以上，就有可能发生空气泄漏。需要使用石油醚查找气体泄漏的位置。使用石油醚查找气体泄漏的位置时，先将32m/z修改成43m/z，然后使用石油醚在怀疑漏气的部位检查，如果有漏气，则43m/z的峰高会增大。

e. 单击▯（灯丝开关），关闭灯丝。

4）第四步：调谐

单击 调谐 助手栏中的 自动调谐条件 图标，选中 调节分辨率、调节灵敏度、校准质量数，并将"峰轮廓的FWHM"设置为"0.60"，"目标质量"设置为"264"，单击 确定，选择使用的灯丝 #1 或 #2。单击 调谐 助手栏中的 开始自动调谐 图标，调谐完成后查看调谐结果。

a. 检查峰形是否有明显的分叉，峰形是否对称。

b. 检查半高峰宽值是否在0.6±0.1范围内。

c. 检查检测器电压是否超过1.5kV。

d. 检查基峰值是否为18m/z或69m/z。

e. 检查502m/z的相对强度比率是否＞2%。

f. 检查69m/z的峰强度是否至少是28m/z的峰强度的两倍。

若调谐结果满足以上条件，则保存调谐文件；若以上条件不满足，则继续等待一段时间后再进行自动调谐，直到以上条件完全满足为止。

5）第五步：数据采集

编辑样品批处理组，并选择设定好的方法文件和调谐文件，另存为批处理文件。待GC和MS准备就绪后，根据批处理表中编辑的样品名称和顺序依次放置好样品，点击 开始 图标，仪器开始数据采集。

（3）香气物质的定性和定量分析

定性分析（qualitative analysis）：即识别、鉴定香气物质的组成成分。在采用以上相同的程序升温的条件下，用$C_7 \sim C_{30}$正构烷烃作为标准，以其保留时间的不同计算样品中待检测的化合物的RI，利用RI检索图谱库（NIST 2008和Flavour 2.0），根据检索结果，结合挥发性物质标准品共同定性，并删除与图谱库相似度小于80%的物质，确定出相应的挥发性物质。

定量分析（quantitative analysis）：计算、确定每一种香气物质的含量，以外标法为例。首先用挥发性物质的标准品绘制工作曲线，测出各峰的峰面积对应的挥发性物质标准样品的浓度，绘制出标准曲线。实际应用时，测出峰面积对应标准曲线，就可以得到样品浓度。挥发性物质的含量均以鲜质量计。

（4）数据整理和分析

数据整理：将筛选后的挥发性成分按保留时间长短依次整理，并根据图谱库（NIST 2008和Flavour 2.0）匹配出的英文名称和化学结构，结合文献资料中的RI值，再根据专业的化学物质查询网站（如https://www.chemicalbank.com/）进一步确定相应物质的通俗名称及对应的中文名称。同时，可根据实验目的，将检测出的香气物质按化学结构分别归类整理，通常分为萜烯类、醛类、醇类、酮类、酯类等，并将最终结果整理为相应的图和表格。

数据分析：在完成了对实验数据的整理后，通常采用SPSS等数据分析软件，对实验结果进行相应的统计学分析。

### 6.2.2.3 利用GC-MS技术分析柑橘果实挥发性成分及含量实例

Zhang等（2017）利用GC-MS技术分析了华农本地早、贵州无核朱橘、红橘、南丰蜜橘、武隆酸橘等不同品种柑橘果皮中的香气物质，他们的具体做法如下。

（1）样品制备

选择不同类型、不同品种柑橘的代表性的成熟果实，用自来水洗净，将果皮沿赤道面剥离后，切成小块，将汁胞分离出来，分别用液氮冷冻，采用冷冻磨样机磨成均匀的粉末。

（2）香气物质的提取

分别称取1g果皮、汁胞粉末，加入500μL的超纯水、500μL含有43.75μg/mL壬酸甲酯（内标物）的甲基叔丁基醚溶液。在4℃下超声1h后，将样品取出放在4℃、12 000g下离心10min，取上清液，用0.22μm滤头过滤，每份样品做3次重复，上机待测。

（3）GC-MS分析

色谱条件：色谱柱为TRACE TR-5 MS色谱柱（30m×0.25mm，0.25μm）；升温程序：40℃保持3min，以3℃/min升至160℃，保持1min，再以5℃/min升至200℃，保持1min，最后以8℃/min升至240℃，保持3min；进样口温度250℃；分流比为50∶1；载气为氦气（纯度＞99.999%）；载气流速1mL/min。

质谱条件：电子电离源；电子能量70eV；离子源温度250℃；质量扫描范围45～400m/z。

（4）定性和定量分析

定性分析：在采用以上相同的程序升温条件下，用$C_7$～$C_{30}$正构烷烃作为标准，以其保留时间的不同计算样品中待检测的化合物的RI，利用RI检索图谱库（NIST 2008和Flavour 2.0），根据检索结果，结合挥发性物质标准品共同定性，确定出相应的挥发性物质。

定量分析：研究者使用了外标法，用挥发性物质的标准样品绘制工作曲线，测出各峰的峰面积对应的挥发性物质标准样品的浓度，并绘制出了标准曲线（表6.3）。根据表6.3中的标准品曲线方程，计算待检测样品中挥发性物质的含量（表6.4列举了部分代表性物质的含量）。

表 6.3　标准品及其标准曲线方程

| 序号 | 标准品 | 曲线方程[a] | 范围/μg | QI[b] | $R^2$ |
|---|---|---|---|---|---|
| 1 | 己醛 | $y=0.0120x+0.0135$ | 0.33～20.40 | 56 | 0.995 |
| 2 | trans-2-己烯醛 | $y=0.0130x-0.0004$ | 0.08～10.61 | 69 | 0.999 |
| 3 | α-蒎烯 | $y=0.0403x-0.0039$ | 1.38～344.00 | 93 | 0.999 |
| 4 | 香桧烯 | $y=0.0321x-0.0056$ | 1.42～356.00 | 93 | 0.999 |
| 5 | β-蒎烯 | $y=0.0305x-0.0027$ | 0.17～870.00 | 93 | 0.999 |
| 6 | β-月桂烯 | $y=0.0257x-0.0066$ | 2.60～2596.20 | 93 | 0.999 |
| 7 | 丁酸丁酯 | $y=0.0290x+0.0030$ | 0.09～10.86 | 71 | 0.999 |
| 8 | α-水芹烯 | $y=0.0278x-0.0041$ | 0.34～85.00 | 93 | 0.999 |
| 9 | 辛醛 | $y=0.0160x-0.0012$ | 0.33～82.10 | 69 | 0.999 |
| 10 | α-萜品烯 | $y=0.0410x+0.0030$ | 0.33～83.70 | 121 | 1.000 |

a. 在选择性离子检测（selective ion monitoring，SIM）模式下计算出标准曲线方程，$y$表示挥发性物质标准品峰面积与内标物峰面积之比，$x$表示挥发性物质标准品的质量

b. SIM模式下的定量离子

表 6.4　不同品种宽皮柑橘果皮的代表性挥发性成分的含量　　（单位：μg/g FW）

| 挥发性成分 | 华农本地早 | 贵州无核朱橘 | 红橘 | 南丰蜜橘 | 武隆酸橘 |
|---|---|---|---|---|---|
| 单萜烯类 | | | | | |
| β-蒎烯 | 42.92±11.57 | 213.39±58.29 | 385.65±10.28 | 595.36±104.58 | 279.60±33.79 |
| β-月桂烯 | 241.90±59.68 | 328.03±79.69 | 3 004.06±129.67 | 819.99±150.69 | 629.28±83.00 |
| d-柠檬烯 | 7 826.28±1 363.54 | 8 133.58±1 540.96 | 60 605.85±8 643.76 | 15 125.55±1 047.25 | 14 684.47±1 015.00 |
| 单萜醇类 | | | | | |
| β-芳樟醇 | 41.30±9.30 | 25.07±5.56 | 241.48±21.18 | 204.89±46.50 | 134.95±25.46 |
| α-萜品醇 | 9.45±1.49 | 9.29±1.98 | 47.02±5.78 | 50.98±8.43 | 9.20±1.62 |
| 单萜醛类 | | | | | |
| 香茅醛 | 1.61±0.10 | 5.28±1.83 | 17.73±5.10 | 4.01±0.77 | 7.98±0.71 |
| β-柠檬醛 | 0.33±0.00 | 2.13±0.22 | 10.91±1.77 | 2.87±0.86 | 0.33±0.00 |
| 单萜酮类 | | | | | |
| 樟脑 | U | U | 0.72±0.57 | 1.15±0.05 | U |
| L-香芹酮 | U | 6.18±1.52 | 0.53±0.09 | 1.31±0.54 | 0.82±0.04 |

续表

| 挥发性成分 | 华农本地早 | 贵州无核朱橘 | 红橘 | 南丰蜜橘 | 武隆酸橘 |
|---|---|---|---|---|---|
| 单萜酯类 | | | | | |
| 醋酸香茅酯 | U | 0.46±0.15 | 0.66±0.33 | 0.86±0.18 | 1.53±0.14 |
| 橙花醇乙酸酯 | 2.74±0.48 | 1.86±0.43 | 1.89±0.25 | 2.60±0.37 | 1.32±0.14 |
| 倍半萜烯类 | | | | | |
| $\alpha$-石竹烯 | 3.49±1.02 | 58.73±15.86 | 3.56±0.38 | 4.05±0.41 | 7.01±1.06 |
| $\alpha$-法尼烯 | 18.24±4.56 | U | 50.28±5.55 | 1538.16±362.95 | U |
| 倍半萜醇类 | | | | | |
| 榄香醇 | 0.96±0.11 | 6.01±1.46 | 3.52±0.48 | 0.28±0.10 | 8.36±1.65 |
| 大根香叶烯D-4-醇 | 1.29±0.04 | 2.08±0.32 | 2.36±0.32 | 2.97±0.63 | 10.47±2.72 |
| 倍半萜醛类 | | | | | |
| $\alpha$-甜橙醛 | 5.86±0.70 | U | 76.99±8.15 | U | U |
| 醛类 | | | | | |
| 己醛 | U | U | 61.29±16.08 | U | 13.33±4.65 |
| 辛醛 | 47.84±12.56 | 18.24±8.36 | 254.77±3.48 | 172.73±10.32 | 34.72±3.25 |
| 癸醛 | 22.59±6.18 | 13.23±4.14 | 46.62±5.74 | 89.50±13.11 | 14.00±1.17 |
| 酯类 | | | | | |
| 亚油酸甲酯 | 49.38±9.93 | 62.51±9.00 | U | 51.63±15.92 | 35.73±6.60 |
| 油酸甲酯 | 73.94±14.15 | 95.63±13.25 | U | 78.00±24.05 | 63.24±6.14 |
| 烷烃类 | | | | | |
| 十二烷 | 0.79±0.09 | 0.96±0.17 | U | 1.38±0.26 | 0.71±0.10 |

注：U表示未检测到

（5）数据整理与分析

通过定性和定量分析，研究者利用GC-MS技术在华农本地早、贵州无核朱橘、红橘、南丰蜜橘和武隆酸橘等果实的果皮中分别检测出52种、62种、54种、63种和55种香气物质，其中代表性挥发性成分的种类及含量见表6.4。根据所检测到的香气物质的化学结构，有关的香气成分可分为单萜烯类、单萜醇、单萜醛、单萜酮、单萜酯、倍半萜烯、倍半萜醇、倍半萜醛、醛类、酯类、烷烃类等。单萜烯类物质为柑橘挥发性成分中最主要的物质，其中d-柠檬烯含量最高，含量变化范围在7826.28～60605.85μg/g FW。此外，不同种类的柑橘果实果皮中香气物质的积累存在明显的差异，如红橘中$\beta$-月桂烯含量高达3004.06μg/g FW，但华农本地早中含量仅为241.90μg/g FW。而对香气具有重要贡献作用的酯类物质在4种柑橘果皮中均有检测出,但在红橘中却未被检测出。

（6）结果与评价

利用GC-MS技术,可以准确地检测出不同品种（种类）柑橘果实香气物质的组成及含量,分析比较其香气物质的差异。同时,我们也可以清楚地看到柑橘香气物质的积累受遗传特性的控制明显。

## 6.2.3 顶空固相微萃取结合气相色谱-质谱分析检测方法

顶空固相微萃取（head-space soild phase microextraction, HS-SPME）是20世纪90年代发展起来的新技术,它与GC-MS联用可实现对香气成分的系统化分析检测（Mesquita et al., 2017）。SPME克服了传统样品处理技术,如液-液萃取、超临界萃取、溶液萃取等操作繁杂、溶剂残留严重、耗时长、花费大等缺点,具有无需溶剂、费用低、操作简单、灵敏度高、节省样品制备时间和安全等诸多优点。同时,SPME技术还能避免一些前处理过程对分析对象的化学结构或者组成成分含量的影响,如前处理过程的高温会使柑橘精油中$d$-柠檬烯降解为异味物质$\alpha$-松油醇,加热会使壬醛、香芹酮含量降低甚至消失。因此,SPME技术是集采样、萃取、浓缩和进样为一体的前处理方法,但它的缺点是定量分析精确度不够高、重复性不好和商业可用负载聚合物品种少等。

### 6.2.3.1 原理

SPME方法的原理包括固相微萃取原理、气相色谱原理和质谱原理3个部分,其中气相色谱原理和质谱原理已在6.2.2部分介绍,这里介绍固相微萃取原理,其装置结构见图6.6。

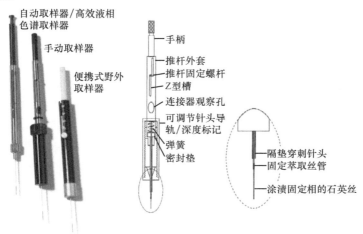

图6.6 固相微萃取装置结构示意图

固相萃取（solid phase extraction，SPE）就是利用固体吸附剂将液体样品中的目标化合物吸附，与样品的基体和干扰化合物分离，然后再用洗脱液洗脱或加热解吸附，达到分离和富集目标化合物的目的。固相微萃取（SPME）是在固相萃取的基础上发展起来的，不是将待测物全部萃取出来，其萃取原理是建立在待测物在固定相和水相之间达成的平衡分配基础上。SPME主要是以熔融石英光导纤维为基体支持物，利用物质"相似相溶"的特性，在支持物的表面涂渍不同性质的高分子固定相薄层，通过直接或顶空方式，对待测物进行提取、富集、进样和解析。其具体萃取原理如下。

设固定相所吸附的待测物的质量为$N$，因待测物总量在萃取前后不变，故可知
$$C_0 \cdot V_2 = C_1 \cdot V_1 + C_2 \cdot V_2 \tag{6.1}$$
式中，$C_0$是待测物在水样中的原始浓度；$C_1$、$C_2$分别为待测物达到平衡后在固定相和水相中的浓度；$V_1$、$V_2$分别为固定相液膜和水样的体积。

当吸附达到平衡时，待测物在固定相与水样间的分配系数$K$存在如下关系。
$$K = C_1 / C_2 \tag{6.2}$$
吸附平衡时，固定相吸附待测物的质量$N = C_1 \cdot V_1$，因此$C_1 = N/V_1$。

由公式（6.1）可知
$$C_2 = (C_0 \cdot V_2 - C_1 \cdot V_1) / V_2$$
将$C_1$、$C_2$代入公式（6.2），整理后可得
$$K = N \cdot V_2 / [V_1 \cdot (C_0 \cdot V_2 - C_1 \cdot V_1)] = N \cdot V_2 / (C_0 \cdot V_2 \cdot V_1 - C_1 \cdot V_1^2) \tag{6.3}$$
由于$V_1 \ll V_2$，公式（6.3）中$C_1 \cdot V_1^2$可忽略，整理后可得
$$N = K \cdot C_0 \cdot V_1 \tag{6.4}$$
由公式（6.4）可知，$N$与$C_0$呈线性关系，并与$K$呈正比。决定$K$的主要因素是萃取头固定相的类型，因此萃取头的选择十分重要。萃取头固定相液膜（$V_1$）越厚，$N$越大。除了萃取头的选择，SPME方法还受到萃取温度、萃取时间、搅拌强度、盐效应、溶液pH、衍生化、涂层等因素的影响。

SPME的具体过程分为萃取和解吸两个阶段（图6.7）。固相微萃取有3种基本的萃取模式：直接固相微萃取（direct extraction SPME）、顶空固相微萃取（headspace SPME）和膜保护固相微萃取（membrane-protected SPME）。如果是柑橘香气物质，我们通常采用顶空萃取。在HS-SPME方法中，被分析组分从液相中先扩散穿透到气相中，然后被分析组分从气相中转移到萃取固定相中。在气相色谱分析中，通常采用热解吸法来解吸萃取物质。将已完成萃取过程的萃取器针头插入气相色谱进样口的气化室内，压下手柄，使萃取纤维暴露在高温载气（常用氦气）中，萃取物被解吸下来，进入后续的气相色谱分析。

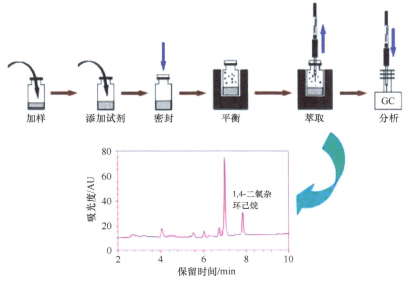

图 6.7 顶空固相微萃取原理示意图

## 6.2.3.2 HS-SPME-GC-MS技术的具体操作步骤

**1. 材料与试剂**

（1）材料

待测样品材料。

（2）试剂

分析级试剂：氯化钠；色谱级试剂：壬酸甲酯、甲基叔丁基醚；挥发性物质标准品：常见的柑橘果实挥发性物质标准品见表6.5，在具体实验时可根据需要进行选择。

表 6.5 柑橘香气物质HS-SPME-GC-MS分析常用标准品

| 物质种类 | 标准物质 |
| --- | --- |
| 单萜烯类 | α-蒎烯、香桧烯、β-蒎烯、β-月桂烯、d-柠檬烯 |
| 倍半萜烯类 | α-水芹烯、β-罗勒烯、γ-萜品烯、瓦伦烯 |
| 醛类 | 己醛、辛醛、香茅醛、β-柠檬醛 |
| 醇类 | 芳樟醇、α-萜品醇、金合欢醇 |
| 酯类 | 乙酸乙酯、丙酸乙酯、丁酸甲酯 |
| 酮类 | 甲基庚烯酮 |

## 2. 设备与仪器

（1）设备

主要设备：TRACE GC Ultra气相色谱耦联单四极杆质谱仪，美国Thermo Scientific公司；DB-5 MS型毛细管柱（60m×0.25mm×0.25μm），J&W Scientific（Folsom，CA）；50/30μm DVB/CAR/PDMS萃取头，美国Thermo Scientific公司；CombiPal自动进样器，瑞士CTC Analytics公司。

（2）配套仪器

主要配套仪器：PB3002-S/FACT分析天平（感量0.01g），瑞士Mettler Toledo公司；Milli-Q Advantage A10超纯水系统，美国Millipore Sigma公司。

## 3. 分析检测步骤

（1）样品制备

以柑橘果实为例，将果实样品用超纯水清洗干净，将果皮沿赤道面剥离后，切成小块，用液氮冷冻，采用冷冻磨样机磨成均匀的粉末。准确称取1g柑橘果皮粉末，加入500μL的超纯水、500μL含有43.75μg/mL壬酸甲酯（内标物）的甲基叔丁基醚溶液，转至20mL螺口顶空瓶中，加入3.5mg氯化钠，振荡30s。

（2）仪器分析

固相微萃取条件：以500r/min转速置于60℃磁力搅拌器上，加热平衡10min，使用50/30μm DVB/CAR/PDMS萃取头，在60℃下顶空吸附30min后，再将萃取头插入GC进样口中，解析15min。

气相色谱条件：色谱柱为DB-5 MS（60m×0.25mm，0.25μm）；升温程序：45℃保持1min，以6℃/min升至90℃，再以3℃/min升至210℃，最后以6℃/min升至250℃，保持16min；进样口温度250℃；不分流进样；载气为氦气（纯度＞99.999%）；载气流速1mL/min。

质谱条件：电子电离源；电子能量70eV；传输线温度230℃；离子源温度210℃；质量扫描范围30～300m/z。

（3）定性和定量分析

物质定性：在采用以上相同的程序升温的条件下，用$C_7$～$C_{30}$正构烷烃作为标准，以其保留时间的不同计算样品中待检测的化合物的保留指数（retention index，RI），检索图谱库（NIST 2008和Flavour 2.0）的结果，同时结合挥发性物质标准品共同定性，确定出相应的挥发性物质。

物质定量：采用外标法。首先用挥发性物质的标准品绘制工作曲线，测出各峰的峰面积对应的挥发性物质标准样品的浓度，绘制出标准曲线。在实际应用时，测出峰面积对应标准曲线，就可以得到样品浓度。挥发性物质含量均以鲜质量计。

(4)数据整理和分析

数据整理：将筛选后计算出具体含量的香气物质整理成表格，通常根据香气物质的化学结构将其分类整理，一般分为单萜烯类、倍半萜烯类、醛类、醇类、酮类、酯类及其他类物质等。

数据分析：通常采用SPSS 20.0、Origin等数据分析软件对数据进行统计学分析。

### 6.2.3.3 HS-SPME-GC-MS技术在柑橘果实挥发性成分分析检测中的应用

张涵等（2017）采用顶空固相微萃取结合气相色谱-质谱技术检测分析了芦柑、脐橙、砂糖橘和狮子柑鲜果皮中的香气成分，他们的具体做法如下。

(1)样品制备

将不同种类柑橘的果皮剥离后，立即加液氮冷冻，磨成粉末，待测。

(2)仪器分析

1)顶空固相微萃取

分别取0.5g果皮样品于20mL顶空进样瓶中，加入5mL超纯水、0.1g氯化钠，加盖密封。加入10μL 2.004mg/L甲基-2-戊醇（内标物）溶液，1.0g氯化钠，随后立即用含硅隔膜的盖子密封。萃取头（DVB/CAR/PDMS）在250℃老化1h后开始提取样品，提取时间为40min，解吸时间为5min。

2)GC-MS分析

香气物质的分析采用1310 GC-MS联用仪（美国赛默飞世尔科技有限公司）。色谱柱为TG-5MS石英毛细柱（30m×0.25mm，0.25μm）；进样口温度250℃；分流比为40:1，载气（氦气）流速为1mL/min；升温程序：35℃维持1min，然后以3℃/min的速率升温至150℃，保持1min；最后以4℃/min升至240℃，保持2min。电子电离源；电子能量70eV；质量扫描范围35～400amu。

(3)定性和定量分析

定性分析：利用Xcalibur系统NIST 2014谱库（美国国家标准与技术研究院2014谱库）对质谱数据进行自动检索对照，根据各个物质的分子式、GAS号及分子结构确定每种香气成分。

定量分析：利用面积归一法计算各组分的相对含量。

(4)数据整理与分析

用SPSS 20.0对数据进行单因素方差分析和多重比较分析。结果整理见表6.6。

表6.6 不同品种柑橘鲜果皮主要香气成分及含量

| 类别 | 序号 | 香气物质 | 相对含量/% | | | |
|------|------|----------|------|------|------|------|
| | | | 芦柑 | 脐橙 | 砂糖橘 | 狮子柑 |
| 烃类 | 1 | α-蒎烯 | — | — | 0.290 | 0.960 |
| | 2 | 桧烯 | 0.245 | 0.765 | 0.765 | 0.165 |

续表

| 类别 | 序号 | 香气物质 | 相对含量/% ||||
|---|---|---|---|---|---|---|
|  |  |  | 芦柑 | 脐橙 | 砂糖橘 | 狮子柑 |
|  | 3 | β-蒎烯 | 3.255 | 3.165 | 3.665 | 4.335 |
|  | 4 | d-柠檬烯 | 73.465 | 82.720 | 83.695 | 76.500 |
|  | 5 | γ-萜品烯 | 6.295 | 0.175 | — | 8.870 |
| 醛类 | 23 | 正己醛 | 0.025 | 0.125 | 0.110 | 0.060 |
|  | 24 | 2-己烯醛 | 0.010 | 0.080 | 0.035 | 0.350 |
|  | 25 | 正十一醛 | 0.125 | 0.050 | 0.045 | 0.025 |
|  | 26 | 月桂醛 | 0.765 | 0.540 | 0.945 | 0.120 |
|  | 27 | 正辛醛 | 0.580 | 0.935 | 0.830 | 1.385 |
| 酮类 | 42 | 5-甲基吗啉-3-氨基-2-唑烷基酮 | 0.040 | — | — | — |
|  | 43 | 香芹酮 | 0.030 | — | 0.050 | — |
| 醇类 | 45 | 芳樟醇 | 1.480 | 2.075 | 0.295 | 0.775 |
|  | 46 | 4-萜烯醇 | 0.150 | — | 0.025 | 0.085 |
|  | 47 | α-萜品醇 | — | — | — | 0.140 |
|  | 48 | 萜品醇 | 0.180 | 0.165 | 0.025 | — |
|  | 49 | β-香茅醇 | 0.160 | — | 0.535 | — |
| 酯类 | 55 | 乙酸橙花酯 | — | — | — | 0.125 |
|  | 56 | 乙酸辛酯 | — | — | — | 0.075 |
|  | 57 | 乙酸香茅酯 | — | — | — | 0.175 |
| 其他 | 72 | trans-柠檬烯氧化物 | 0.010 | 0.060 | 0.060 | 0.010 |
|  | 73 | 十甲基环五硅氧烷 | 0.190 | 0.480 | 0.240 | 0.125 |

注:"—"表示未检测出

(5) 结果与评价

利用HS-SPME-GC-MS方法,在芦柑、脐橙、砂糖橘、狮子柑鲜果皮中分别检测出了39种、37种、43种和41种香气成分,其峰面积分别占各自总峰面积的96.67%、95.23%、96.19%和98.93%。这4种柑橘果实的香气成分主要是萜烯类、醛类、酮类、酯类和一些其他类化合物。这些物质在人体呈现不同类型的嗅觉感受,果实呈现出的香气就是这些物质在人体共同作用的结果。通过对其成分的具体比较可知,金合欢烯、正十一醛、紫苏醛、对薄荷三烯、4-癸烯醛、5-甲基吗啉-3-氨基-2-唑烷基酮、1-异丙基-2-甲氧基-4-甲基苯可能是决定芦柑特殊香气的物质;桧烯、月桂醛、3-蒈烯、3-己烯-1-醇、4-萜品醇、正己醇、辛酸甲酯、丁酸己酯、2-己烯丁酸酯、丁酸正辛酯、异胆酸乙酯可能是决定脐橙特殊香气的物质;桧烯、2-癸烯醛、1-甲基-4-(1-甲基乙烯基)环己烯、(4-甲基-3-环己烯基)丙醛、cis-十二碳-5-烯醛、2,6-十二碳二烯醛、叶醇可能是决定砂糖橘特殊香气的物质;癸醛、紫苏醛、异丁香烯、1,5-二甲基-8-异丙烯基-环癸-1,5-二烯、香茅醛、$L$-香芹酮、$\alpha$-萜品醇、乙酸橙花酯、醋酸辛酯、甲酸乙烯酯、乙酸香茅酯、3-(1-丙基丁亚基)肼基甲酸乙酯、香芹酚可能是决定狮头柑特殊香气的物质。

## 6.3 柑橘果实特征香型及其主要贡香成分的识别分析方法

香气是消费者通过嗅觉识别的最重要的果实品质特征,对消费者的选择影响很大。因柑橘果实类型不同,它们的香气特征也明显不同,如柚果实香气和柠檬果实的香气就很容易区别,香型特征明显。**我们建议把一种柑橘果实所固有的、稳定且不同于其他果实的典型香气特征称为特征香型。**

现有研究表明,柑橘果实的香气成分不仅受品种遗传的控制,同时还受土壤、气候、栽培条件等诸多外在因素的影响。不同类型、品种的柑橘果实理论上都有自己特有的特征香型,但果实的特征香型在受到外界因素的影响后会使其特征变得不明显,引起这种变化的最主要的原因是果实中的挥发性成分及其含量发生了变化。但我们必须清楚,挥发性成分有贡香和非贡香成分之分,而且不同贡香成分还有贡香阈值问题。因此,评价柑橘果实的香气品质,不仅需要弄清柑橘果实不同香气成分的贡香类型,建立主要香气成分的分析检测方法,而且更重要的是要弄清不同类型柑橘果实的特征香型的主要贡香成分及其贡香阈值,只有如此才有可能对不同香型的柑橘果实香气品质的变化进行科学的评价。基于上述认识,在这一节我们先介绍柑橘果实特征香型的鉴定方法,然后讨论主要贡香成分的识别分析方法。

### 6.3.1 柑橘果实特征香型的鉴定方法

在现有文献中,鉴定柑橘果实香型的方法主要有感官评价法和电子鼻模糊感官评价法两种,下面分别介绍。

#### 6.3.1.1 感官评价法

感官评价法(organoleptic evaluation)是果实香气品质的经典分析方法,也是目前果实香气成分研究中必不可少的基础方法。感官评价法凭借的是人体的感觉器官,主要是嗅觉器官对果实的香气品质进行综合性的鉴别和评价,感官评价的人员必须是经过专业训练的人员,也称作评价员或嗅辨师。感官评价简便、迅速,是理化分析和仪器分析所替代不了的,它能全面、真实地反映所分析果品的香气品质。但感官评价结果易受环境条件、样品制备、评价过程和评价员等多种因素的影响,在分析结果的客观性上存在一定的问题。

**1. 原理**

经过训练的评价员在对果品进行感官评价时,首先他们的感觉器官(主要是鼻）受香气物质刺激，人体将感受到的刺激信号转化为神经信号传输到大脑，大脑根据以往的经验（专业训练）将感觉整合为知觉，最终基于主体的知觉而形成反应，并用特定的术语对形成的反应进行规范性描述。其中感觉是指客观刺激作用于感觉器官所产生的对事物个别属性的反映，知觉是指大脑的一系列组织并解释外界客体或事件所产生的感觉信息的加工过程。

**2. 方法与步骤**

感官评价法适合柑橘果实全果、果汁、果肉等香气品质的分析。

（1）材料和标准香气物质

a. 待评价果实材料。

b. 标准香气物质。通常为食品级香精化合物，如乙酸异戊酯、$L$-香芹酮、丁香酚、石竹烯、芳樟醇等（表6.7）。

**表 6.7 评价人员训练常用的香精**

| 序号 | 香气类型 | 代表性香气物质 | 序号 | 香气类型 | 代表性香气物质 |
| --- | --- | --- | --- | --- | --- |
| 1 | 香蕉香 | 乙酸异戊酯 | 21 | 草莓香 | 芳樟醇 |
| 2 | 留兰香 | $L$-香芹酮 | 22 | 牛奶香 | 二甲基硫醚、二甲基丁醇 |
| 3 | 巧克力香 | 5-甲基-2-苯基-2-己烯醛 | 23 | 肉桂香 | 肉桂油、肉桂醛 |
| 4 | 丁香 | 丁香酚、石竹烯 | 24 | 桂花香 | $\beta$-水芹烯、苯乙醇 |
| 5 | 青香 | $cis$-3-己烯醛 | 25 | 香橙香 | 香橙醛、柠檬醛 |
| 6 | 柠檬香 | 柠檬醛 | 26 | 烟熏香 | 愈创木酚、二甲苯酚 |
| 7 | 紫罗兰香 | $\alpha$-紫罗兰酮 | 27 | 薰衣草香 | 乙酸芳樟酯、薰衣草醇 |
| 8 | 樱桃香 | 苯甲醛 | 28 | 生姜香 | 姜油酮、姜油酚、姜烯 |
| 9 | 菠萝香 | 辛酸戊酯、丁酸乙酯 | 29 | 牛肉香 | 甲基吡嗪、3-巯基-2-丁酮 |
| 10 | 茉莉香 | $cis$-茉莉酮 | 30 | 葡萄香 | 邻氨基苯甲酸酯、芳樟醇 |
| 11 | 橙花香 | 邻氨基甲苯甲酸甲酯、$\beta$-萘甲醚 | 31 | 焦糖香 | 2,5-二甲基-4-羟基-3($2H$)-呋喃酮 |
| 12 | 薄荷香 | 薄荷酮、薄荷脑 | 32 | 花生油香 | 2-甲基-5-甲氧基吡嗪、2,5-二甲基吡嗪 |
| 13 | 木香 | 乙酸柏木酯、$\beta$-石竹烯 | 33 | 大蒜香 | 大蒜素、二烯丙基二硫醚 |
| 14 | 蘑菇香 | 1-辛烯-3-醇、蘑菇素 | 34 | 洋葱香 | 洋葱油、二丙基二硫醚 |
| 15 | 玫瑰香 | 2-苯乙醇、芳樟醇 | 35 | 爆米花香 | 2-乙酰基吡啶、2-乙酰基吡嗪 |
| 16 | 奶油香 | 3-羟基丁酮、3,3-二苯基丙酮 | 36 | 香菜 | 芳樟醇 |
| 17 | 咖啡香 | 糠硫醇、咖啡酊 | 37 | 酱油香 | 酱油酮 |
| 18 | 生梨香 | $trans$-2-$cis$-4-癸二烯酸乙酯 | 38 | 醋香 | 乙酸乙酯、乙酸 |
| 19 | 水蜜桃香 | 桃醛 | 39 | 黄瓜 | $trans,cis$-2,6-壬二烯醛 |
| 20 | 苹果香 | 2-甲基丁酸乙酯/苯甲醛 | | | |

## 第6章 柑橘果实香气品质评价方法

（2）仪器和器皿

仪器：分析天平（感量0.01g），如瑞士Mettler Toledo公司的PB3002-S/FACT分析天平；超纯水系统，如美国Millipore Sigma公司的Milli-Q Advantage A10超纯水系统等。

器皿：专用棕色带塞磨口试管。

（3）方法与步骤

1）样品准备及评审室要求

果皮样品准备：超纯水清洗干净，将果皮沿赤道面剥离后，切成小块。称取5g样品，放入瓶中，每个样品制备3~4个重复。

果汁样品准备：将果实用超纯水清洗净，去果皮，用果肉榨汁。取5mL果汁样品，放入瓶中，每个样品制备3~4个重复。

样品准备应注意问题：①保证样品均一，除每次所要评价的特性外，其他特性尽量保证完全相同；②样品的数量，每次待评价样品的数量控制在6~8个；③样品的摆放，待评价样品要随机呈给评价员，用3位随机数字对样品进行编号。

审评室条件要求：室内要求安静舒适、无异味、通风良好、光线充足，审评时温度控制在21℃左右，湿度在65%左右。感官评价在10:00~11:30或15:00~16:30进行。

2）评价人员感官训练

在进行正式感官评价前，评价人员需要接受正规的感官训练，让感官接受刺激，提高感官灵敏度。

训练方法：使用表6.7中的香气物质训练评价人员的感官。训练时要浅吸，吸入次数不能过多，隔10min休息一下，以免造成嗅觉混乱或迟钝。根据表6.7中的香气类型对评价对象的香气进行描述，并按照表6.8填写记录。

表 6.8 评价人员气味辨别训练

姓名_____ 检验员编号_____ 日期_____

试管内的样品你已经收到。请试辨别这种物质的气味，并将结果写在表格的"气味辨别"栏里。若不能辨认这种气味，请努力去描述它，并写在"气味描述"栏里。

假若你能很快地辨认这种气味，并且也能正确地形容它，那么为你以后的检验奠定了基础。

| 样品号 | 气味描述 | 气味辨别 | 样品号 | 气味描述 | 气味辨别 |
|---|---|---|---|---|---|
| | | | | | |
| | | | | | |
| | | | | | |

3）正式感官评价

正式感官评价是在评价人员感官训练结束后挑选出合格的人员，组成专业感官评价小组对样品香气特征进行的正式评价。其主要步骤如下：

第一步：建立果实香气评价标准化词汇

在对果实香气特征的描述中，首先需要评价小组成员各自对果实样品进行嗅闻，然后各自记录能反映果实香气特征的描述词汇，并给出定义。评价员各自完成了评定后，由评价小组组长汇总全部词汇，与小组全体人员共同讨论，确定最终的描述词汇表。例如，在对柑橘果实香型进行描述时，常用的词汇有水果香、橙香、青草香、花香等。

第二步：建立评分标尺

选择一种评分标尺，对一种果实的某一种香气的强度进行定量的评价。感官评价中香气特征强度的评估方式通常有以下3种。

a. 数字评估法：即用0～9的整数来表示某种香气的强度，如0=不存在该种香气，1=该香气刚好可识别，3=该香气强度较弱，5=该香气强度为中等，7=该香气强度较大，9=该香气强度非常强。

b. 标度点评估法：即在每个标度的两端写上相应的叙述词，中间级数或点数根据香气特征的改变，在标度点"□"上写出符合该香气强度的如1～7的数值。

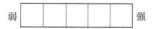

c. 直线评估法：即在一条直线段两端规定叙述词（如弱—强），然后测量记号与线段左右端之间的距离，以此来表示强度数值。

第三步：评价小组成员定量评价

根据第一步中建立的柑橘香气评价标准描述词汇，评价小组各成员按照制定的评分标尺，各自独立在每一个描述词汇下面进行定量评价。

4）数据整理与分析

实验结束后，评价小组组长对全部评价人员的数据进行汇总、整理，并经统计分析得出平均值，然后根据平均值，作出相应的蜘蛛网图。蜘蛛网图是由图的中心向外延伸出一些放射状的线构成，一条线代表一个香气特征描述词汇，线的长短表示强度的大小。

5）结果评价

根据上述4）中得到的蜘蛛网图，对果实样品香气特征作出评价。蜘蛛网图中放射线越长，即表明该种香气强度越强，越能代表样品这种特征香型。

## 3. 感官评价法在鉴定柑橘果实特征香型中的应用

在现有文献中，我们没有找到应用感官评价法评价柑橘果实果皮特征香型的专门报道，但Ren等（2015）利用感官评价法鉴定了6个不同品种柑橘果汁的特征香型。在此我们以他们的方法为例介绍果实特征香型的评价方法。具体做法如下。

注：本例中样品准备方法及感官描述词的选取仅针对本研究实例。在具体操作时请参考前文感官评价法中描述的方法与步骤，以及表6.7中柑橘香型的描述。

（1）样品准备

将采摘后的国庆1号（Guoqing No. 1，GN）、宫川（Miyagawa wase，MW）、大叶尾张（Owari，OW）、哈姆林甜橙（Hamlin，HL）、粉色葡萄柚（Pink grapefruit，PG）、白色葡萄柚（White grapefruit，WG）用超纯水清洗干净，去果皮，将果肉榨汁。取5mL果汁放入棕色带盖小瓶中，每个样品制备3个重复。

（2）感官训练

9名评价员（6女、3男），首先熟悉6个品种柑橘果汁和6个感官描述词，即水果味、柑橘味、橙子味、青草味、花香和酸味。所有评价员都要训练嗅闻这6个感官描述符标准的气味，要求记住每一种气味，然后描述其强度。强度等级评价按照：1=极弱强度，3=弱强度，5=中等强度，7=强强度，9=极强强度，并将有关结果按照表6.8的格式进行记录。所有的测试都是3次重复（一式3份样品）。

（3）正式感官评价

第一步：建立感官特征描述词，即水果味、柑橘味、橙子味、青草味、花香味和酸味。

第二步：评价人员强度评价。采用数字评估法，评价感官特性强度的分值为0～9。1=极弱强度，3=弱强度，5=中等强度，7=强强度，9=极强强度。

（4）数据处理

使用方差分析（analysis of variance，ANOVA）区分6个品种柑橘果实果汁之间的感官评价分数（表6.9），用Excel根据6个感官特性强度的数值制作感官雷达图（图6.8）。

表 6.9 感官评价描述的几何平均数

| 描述符 | 水果味 | 柑橘味 | 橙子味 | 青草味 | 花香 | 酸味 |
| --- | --- | --- | --- | --- | --- | --- |
| 重复率 /% | 94.4 | 100 | 100 | 75.9 | 83.3 | 96.3 |
| 强度 /% | 44.7 | 79.4 | 78.5 | 14.9 | 23.5 | 43.8 |
| 几何平均数 | 64.9 | 89.1 | 88.6 | 33.7 | 44.2 | 65.0 |

（5）结果分析与评价

根据9位评价人员对6个品种柑橘果实果汁样品进行感官评价得到雷达图（图6.8），并对样品的整体香气特征进行了分析。由图6.8可得，宽皮柑橘（GN、MW、OW）、葡萄柚（PG、WG）、甜橙（HL）的香气轮廓是不一样的，说明不同栽培类型的柑橘果实具有不同的特征香型。其中，PG和WG的果汁感官特征很相似，说明同一类型不同品种的柑橘果实果汁的香气属性相似。同时，从表6.9中6个感

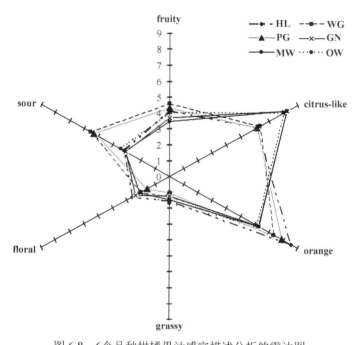

图 6.8 6个品种柑橘果汁感官描述分析的雷达图

orange，橙味；citrus-like，柑橘味；sour，酸味；fruity，水果味；floral，花香。后同

官描述符的几何平均数、重复率和强度，可知柑橘味（强度为79.4%）和橙子味（强度为78.5%）在这6个品种柑橘果汁的香气品质中起重要作用，其次为水果味（强度为44.7%）和酸味（强度为43.8%）。

#### 6.3.1.2 电子鼻模糊感官评价法

电子鼻（E-nose）又称气味扫描仪或人工嗅觉分析系统，是利用气体传感器阵列的响应信号和模式识别算法来区别简单或复杂的样品气体的检测仪器（Gardner and Bartlett，1994）。电子鼻通过识别气味来识别物质的种类和成分，是20世纪90年代发展起来的香气分析检测技术。电子鼻模糊感官评价法具有操作简单、检测速度快、重现性好、灵敏度高等优点，是近年来用于快速判断食物气味状况的便捷装置。但电子鼻分析的结果呈现"模糊评价"特征，即无法确定挥发性物质的具体组分，如果需要鉴别出造成样品香气差异的具体物质，必须与GC/GC-MS等技术联用（江倩，2013）。

**1. 原理**

电子鼻主要由气敏传感器阵列、信号预处理和模式识别三部分组成。电子鼻的主要工作原理是，某种气味呈现在一种活性材料的传感器面前，传感器将化学输入信号转换成电信号,由不同传感器对同一种气味的不同响应构成传感器阵列对该气味的完整响应谱。常用的气体传感器阵列包括金属氧化物型半导体(metal oxide semiconductor,MOS)传感器及其阵列、表面声波(surface acoustic wave,SAW)传感器、石英晶体微天平(quart crystal microbalance,QCM)传感器、表面等离激元共振(surface plasmon resonance,SPR)传感器等。对水果气味的吸附大多数采用MOS传感器,并且不同的MOS传感器类型对不同水果气味的吸附效果不同(Benedetti et al.,2008;Gómez et al.,2008;Zhang et al.,2008a,2008b)。由于任何一种气味中的各种化学成分均会与敏感材料发生作用,所以电子鼻检测的响应谱为该气味的广谱响应谱。为了实现对气味的定性或定量分析,必须将传感器的信号进行适当的预处理,如消除噪声、特征提取、信号放大等,然后再采用合适的模式识别分析方法实现对香气类型的判别。目前,电子鼻常用的模式识别技术有主成分分析(principal component analysis,PCA)、线性判别分析(linear discriminant analysis,LDA)、支持向量机(support vector machine,SVM)、人工神经网络(artificial neural network,ANN)和负荷加载分析法(loadings)等(胡桂仙等,2006;邹小波和赵杰文,2007;Parpinello et al.,2007;唐会周,2011a)。

**2. 方法与步骤**

该方法适用于不同品种柑橘果实香气品质的鉴定、非呼吸跃变型柑橘果实成熟度的监控及无损检测柑橘果实香气品质变化的分析。

(1)材料准备

待测果实样品,清水洗净后晾干,待测。

(2)仪器与设备(与下面列举性能相当者均可)

PEN2型号便携式电子鼻(WMA Airsense Analysentechnik GmbH,Schwerin,德国),配有10种金属氧化物传感器(W1C、W5S、W3C、W6S、W5C、W1S、W1W、W2S、W2W、W3S)。

(3)具体方法与步骤

1)样品制备

柑橘果实用清水洗净后自然晾干,待测。

2)仪器分析

将单个果实放置在密闭玻璃罐(1L)中,待0.5h后玻璃罐中顶部气体达到稳定状态时,将电子鼻信号采集针头插入玻璃罐中吸取顶部的气体,由泵将吸取的气体传送到电子鼻传感器上。总获取时间60s,数据收集时间间隔1s,清洗时间为60s。环境温度控制在(20±1)℃。每个样品在上述条件下重复分析3次。

3)传感器信号分析

基于电子鼻的检测过程,需要相关的数据处理程序对产生的信号进行分析。传感器的信号处理主要包括以下两个步骤。

　　a. 信号预处理：该步骤包括滤波、基线处理、漂移补偿和信息压缩等过程。该步骤使用商业电子鼻仪器内置的硬件和自带的相关软件自动处理好，每隔1s进行1次信号采集。

　　b. 模式识别：包括特征值选择、特征值降维、数据预处理、建模及验证分析等。该步骤主要过程如下。

　　Ⅰ. 特征值选择：从信号值中选择具有代表性的数据，如最大值、最小值、面积值、稳定值及某个点的值等。

　　Ⅱ. 特征值降维：通过一定的映射方法将大量的原始特征值降到少量的变量的过程。

　　Ⅲ. 建模：根据具体的任务要求，利用多种统计方法和模式识别方法建立分类器、回归模型等的过程。

　　Ⅳ. 验证分析：对已建立的模型的有效性进行评估的整个过程。常用的验证分析方法有交叉验证法（cross-validation，CV）和留一验证法（leave-one-out validation，LOOCV）。

　　4）数据统计与分析

　　将电子鼻获得的样品数据用Alpha SOFTV 9.1软件进行数据降维处理，常用的数据降维处理方法包括统主成分分析（PCA）、线性判别分析（LDA）和偏最小二乘回归分析（partial least squares regression，PLSR）。

　　a. 主成分分析（PCA）：PCA是一种观察多变量相关性的统计方法。在基于线性变换的基础上，PCA将原始数据矩阵的内部结构通过几个重要的主成分来揭示，且这几个主成分之间互不相关。

　　b. 线性判别分析（LDA）：LDA的基本原理就是通过投影的方式将$K$组样品投影到某个方向，使组与组之间的差异尽量变大，保证样本在新空间中具有最佳的可分离性，同时对特征空间维数进行了压缩。但LDA与PCA不同的地方在于LDA是一种有监督的算法，即在建模时，必须知道样品的分类情况。

　　c. 偏最小二乘回归分析（PLSR）：PLSR是结合了多元线性回归（multiple linear regression，MLR）、PCA和方差分析的一种化学计量方法。在其建模时，$X$矩阵和变量$Y$都进行分解，在两者中同时提取因子，并根据相关性将这些因子从小到大排列，逐次进行最小二乘法原则建模和累加，直至模型的误差降低到一定阈值以下后结束迭代。该算法可以实现回归建模、数据简单化和两组变量之间的相关性分析。

　　5）结果评价

　　根据上述4）将电子鼻数据降维、可视化后的结果，将柑橘果实依据其香气特征的差异分成不同的类，每一类具有其独有的香型。至此，该技术可实现对柑橘果实香型特征的鉴别。

## 3. 电子鼻模糊感官评价法在柑橘果实特征香型识别中的应用

Gómez等（2007年）利用电子鼻模糊感官评价法鉴定了宽皮柑橘Zaojin Jiaogan果实贮藏过程中香气特征的变化，他们的具体做法如下。

（1）样品处理

将采摘后的宽皮柑橘Zaojin Jiaogan果实于采摘当天运抵实验室，清水洗净晾干。将果实随机分成3组，在以下不同条件下贮藏。

第一组：果实放置在4个塑料袋中，每个塑料袋20个果实，在（20±1）℃、相对湿度（relative humidity，RH）50%~60%条件下贮藏12天，并分别于贮藏第3天、6天、9天、12天时取出一袋果实，进行电子鼻香气评价。

第二组：果实放置在4个纸箱中，每个纸箱20个果实，在（20±1）℃、RH 50%~60%条件下贮藏12天，并分别于贮藏第3天、6天、9天、12天时取出一箱果实，进行电子鼻香气评价。

第三组：果实放置在4个塑料袋中，每个塑料袋20个果实，放置于冰箱中，在（4±0.5）℃、RH 85%~90%条件下冷藏，并分别于贮藏第15天、30天、45天、60天时取出一袋果实，进行电子鼻香气评价。

交叉验证：用采自另一个果园、相同品种的柑橘进行相同的上述3种处理。于采摘当天对果实香气进行电子鼻分析，作为day 0的数据，余下的果实分为4组，用于贮藏实验和后续评估。

（2）电子鼻分析

实验采用PEN2型号便携式电子鼻（WMA Airsense Analysentechnik GmbH，Schwerin，德国），配有10种金属氧化物传感器（W1C、W5S、W3C、W6S、W5C、W1S、W1W、W2S、W2W、W3S）（图6.9）。

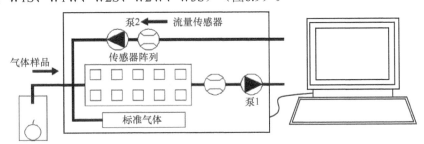

图6.9　PEN2型号便携式电子鼻检测气体流动示意图

电子鼻分析在（20±2）℃、RH 50%~60%条件下进行。将单个果实放置在密闭玻璃罐（1L）中，待0.5h后玻璃罐中顶部气体达到稳定状态时，将电子鼻信号采集针头插入玻璃罐中吸取顶部的气体，由泵将吸取的气体传送到电子鼻传感器上。总获取时间60s,数据收集时间间隔1s,清洗时间为60s(清洁电路,等待传感器信号返回基线)。

(3)电子鼻模式识别分析

采用PCA法及LDA法对数据进行模式识别分析。采用PCA法将获取的数据转化成二维(2D)或三维(3D)坐标,使原始数据在投影子空间的各个维度具有最大的方差。采用LDA法对原始数据进行降维,使原始数据在这些维度上投影,使不同类别的香气尽可能地区分开来。

(4)数据处理与分析

将样品气体通过传感器的电导率$G$与清洗空气(或者基准气体)通过时的传感器电导率$G_0$的比值作为电子鼻的原始数据,即$G/G_0$。图6.10为电子鼻的10个传感器响应曲线的变化,传感器的信号值随着检测时间的推移而改变,并最终达到稳态。在具体研究中,取电子鼻传感器的稳态值,即第42s时的信号值作为最终的电子鼻数据。

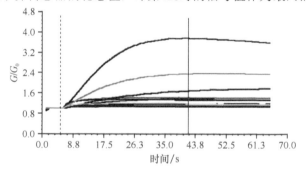

图6.10 电子鼻传感器阵列响应图

将不同处理、不同贮藏天数的柑橘果实电子鼻检测数据绘制成折线图。图6.11为不同贮藏条件下的柑橘果实在贮藏过程中电子鼻传感器信号的变化,每条线代表一个传感器的平均信号变化。从图6.11可以看出,在贮藏过程中,由于果实香气的逸散,随着贮藏时间的增加,电子鼻传感器响应值随着降低。其中,低温条件下贮藏的果实香气响应值降低较少,是因为低温抑制了果实的呼吸作用,从而减少了果实

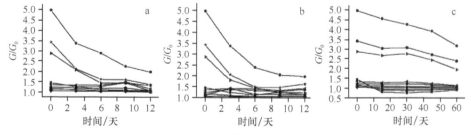

图6.11 电子鼻传感器平均响应值

a. 塑料袋;b. 纸箱;c. 低温冷藏

与空气之间的气体交换，更大程度地保留了香气物质；反之，贮藏在纸箱中的柑橘果实香气响应值下降得最快。

根据电子鼻传感器平均响应值，对原始数据进行PCA和LDA模式识别分析。图6.12为PCA及LDA降维分析结果。

从图6.12a中可以看出，PC1的贡献率高达90.90%，不同贮藏天数的柑橘果实沿着X轴（PC1）被区分开来，但是day 0、day 6、day 9、day 12的数据存在重叠。图6.12b为LDA降维分析结果，可以看出，day0、day 3（或day 6）、day 9的数据沿着Y轴依次往下排列。day 6在X轴上明显与其他组分开。综合来看，采用LDA法可以根据香气的变化较好地将不同贮藏天数的柑橘果实分开。

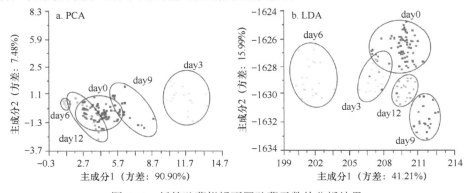

图 6.12　纸箱贮藏柑橘不同贮藏天数的分析结果

图6.13为装于塑料袋中的柑橘果实模式识别结果。从图6.13a来看，在X轴方向上，day 12明显地与其他天数的数据区分开来，但是其余天数的数据有较大区域的重叠。图6.13b为LDA分析结果，图中day 0和day 12的数据被明显地区分开来，但是day 3、day 6、day 9的数据仍有重叠。

低温贮藏果实模式识别分析结果见图6.14。从图6.14a来看，day60被明显地与其

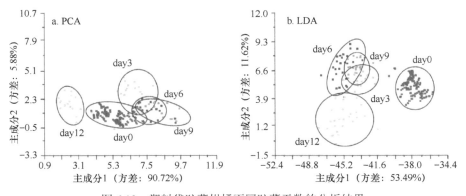

图 6.13　塑料袋贮藏柑橘不同贮藏天数的分析结果

他组区分开来,但是其余组有较大重叠部分。采用LDA法则将各个组明显地区分开(图6.14b)。

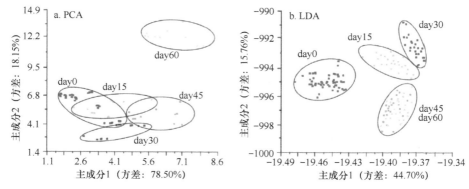

图6.14 低温贮藏柑橘不同贮藏天数的分析结果

(5) 结果评价

在本研究中,基于不同贮藏期的柑橘果实的香气特征,采用电子鼻模糊感官评价法,可以对不同贮藏期的柑橘果实进行模式识别分析。随着贮藏时间的增加,柑橘果实的香气物质发生变化,从而导致果实的香气特征发生改变。根据不同贮藏期柑橘果实的香气特征,采用PCA及LDA模式识别法可成功地将不同贮藏期的柑橘果实分开,从而鉴别出不同贮藏期柑橘果实的特征香型变化。因此,采用电子鼻模糊感官评价法,可以根据柑橘果实的香气特征将不同香型的柑橘果实进行分类,从而实现柑橘果实香型的鉴别。

## 6.3.2 柑橘果实特征香型主要贡香成分的识别分析方法

在上文我们介绍了通过感官评价法和电子鼻模糊感官评价法确定不同柑橘果实的特征香型,但要系统评价一种果实的香气品质我们还需要弄清不同特征香型的柑橘果实的主要贡香成分,因为不同香型贡香成分的组成和含量变化是决定果实香气品质变化的主要因素(表6.10)。不仅如此,除特征香气成分的种类和含量外,关键贡香成分的比例如单萜烯类和倍半萜烯的比例也会对不同种类品种柑橘果实的香气类型产生影响(Hosni et al., 2010; Asikin et al., 2012; Asikin et al., 2018)。因此,任何一种柑橘果实的特征香型都是由它们的主要贡香成分的种类、含量及相互间的比例关系决定的。但问题是,一种特定的柑橘果实香型究竟有多少种特征贡香成分,有关的特征贡香成分的含量及相互间的比例关系变化又是如何影响香型的特征的,这些都是目前柑橘果实香气品质评价中仍待解决的关键问题(亿兰春等,2004)。为了更好地评价柑橘果实的香气品质,我们在这一部分专门讨论柑橘果实特征香型主要贡香成分的识别分析方法。下面先根据现有文献介绍柑橘果实不同香型主要贡香成分的多变量统计分析法、气相色谱-嗅闻（GC-O）"香气指纹"识别法和基于香气活力值识别柑橘果实主要贡香成分分析方法。

表 6.10 不同品种柑橘果实特征香气成分

| 品种 | 特征香气成分 |
| --- | --- |
| 甜橙 | 瓦伦烯 |
| 酸橙 | 环异酒剔烯、古巴烯、trans-3-己烯-1-醇、橙花醇、己醛、辛醛、β-大马士酮 |
| 杂柑 | 乙酸辛酯 |
| 柚 | α-人参烯、金合欢醇、瓦伦烯 |
| 葡萄柚 | 巴伦西亚橘烯、β-罗勒烯、诺卡酮 |
| 柠檬 | α-水芹烯、α-香柠檬烯、α-甜没药烯 |
| 枸橼 | 大根香叶烯B、甘香烯、β-没药烯、樟脑、α-香柠檬烯、trans-香叶醛和柠檬醛 |
| 温州蜜柑 | d-柠檬烯、γ-松油烯、β-月桂烯、α-蒎烯、芳樟醇、辛醛 |
| 芦柑 | 薄荷三烯、4-癸烯醛、5-甲基吗啉-3-氨基-2-唑烷基酮、1-异丙基-2-甲氧基-4-甲基苯 |
| 砂糖橘 | 1-甲基-4-(1-甲基乙烯基)环己烯、(4-甲基-3-环己烯基)丙醛、2,6-十二碳二烯醛、叶醇 |

参考文献：乔宇等，2007；江倩，2013；张涵等，2017

### 6.3.2.1 柑橘果实特征香型主要贡香成分的多变量统计分析法

由于柑橘果实香气成分种类众多、成分复杂，而且影响因素很多，要确定任何一种果实香型的主要贡香成分都不可避免地涉及多因素分析。为克服变量太多给柑橘果实香气特征成分识别分析带来的困难，借助主成分分析（PCA）或偏最小二乘法判别分析（partial least squares discrimination analysis，PLS-DA）方法，采用较少的变量可对柑橘果实的特征性香气成分进行识别分析。

**1. 原理**

PCA是目前一种对多元数据的变量数目进行有效减维的最常用的分析方法，它的主要原理在前文已做详细解释，这里不再赘述。

PLS-DA是一种根据观察或测量得到的若干变量值，来判断研究对象如何分类的一种多变量统计分析方法。PLS-DA分析的原理是对不同处理样本（如观测样本、对照样本）的特性分别进行训练，产生训练集，并检验训练集的可信度。PLS-DA集主成分分析、典型相关分析和多元线性回归分析3种分析方法的优点于一身。它和主成分分析的目的都是试图提取出反映数据变异的最大信息，但主成分分析法只考虑一个自变量矩阵，而偏最小二乘法还有一个"响应"矩阵，因此采用PLS-DA法，可通过分析已知样本数据而对未知样本进行预测（Wold et al.，2001；Qiu and Wang，2015）。因此，下面我们重点介绍利用PLS-DA分析方法结合感观分析识别柑橘果实特征香型主要贡香成分的方法。

## 2. 分析步骤

采用XLSTAT 2010进行PLS-DA分析的主要操作步骤如下。

（1）获取原始数据

样品香气物质的检测参照本章6.2"柑橘果实主要香气成分的分析检测方法"，果实香气感官评价参照本章6.3.1.1"感官评价法"。

（2）数据录入

在获取样品原始检测数据后，在表格第一列依次录入样品名称，在第一行依次录入香气物质名称及感官评价指标，然后在对应的表格中录入相应的数值。

（3）软件分析步骤

选择 Modeling data 下的 PLS Regression ，在所弹出的对话框中，在 $Y$ 矩阵（dependent variable）处选中表格中录入的全部香气物质名称及其含量，在 $X$ 矩阵（explanatory variable）处选择表格中录入的感官评价指标及其得分值。依次点击 OK 、Done ，软件输出PLS图。

## 3. 不同品种柑橘果汁主要贡香成分的PLS-DA识别分析实例

Ren等（2015）利用GC-MS对Guoqing No.1（简称GN）、Miyagawa wase（简称MW）、Owari（简称OW）、Hamlin（简称HL）、Pink grapefruit（简称PG）和White grapefruit（简称WG）果汁中的43种香气物质进行了检测（表6.11），同时结合感官评价与PLS-DA分析，确定了果实中的特征香气物质。他们的做法如下。

表 6.11 不同品种柑橘果汁的香气物质

| 序号 | 香气物质 | 甜橙/（μg/L） | 葡萄柚/（μg/L） | | 宽皮柑橘/（μg/L） | | |
| --- | --- | --- | --- | --- | --- | --- | --- |
| | | HL | WG | PG | GN | MW | OW |
| 1 | 丁酸乙酯 | 4 190±367 | nd | nd | nd | nd | nd |
| 2 | 2-己烯醛 | 1 510±459 | 93±11 | nd | 62±23 | 251±9 | 141±7 |
| 3 | α-蒎烯 | 2 800±263 | 272±28 | 267±7 | nd | 134±18 | 402±15 |
| 4 | β-月桂烯 | 12 600±394 | 1 850±456 | 2 520±291 | 111±15 | 578±61 | 947±121 |
| 5 | 己酸乙酯 | 3 300±368 | nd | nd | nd | nd | nd |
| 6 | 3-蒈烯 | 531±69 | 40±11 | 370±21 | | 22±8 | 146±6 |
| 7 | d-柠檬烯 | 750 000±1 470 | 99 000±42 | 115 000±1 020 | 6 980±473 | 34 500±2 380 | 81 600±4 590 |
| 8 | γ-萜品烯 | 972±94 | 207±40 | 1 180±64 | 308±21 | 1 640±98 | 5 740±168 |
| 9 | 芳樟醇氧化物 | nd | 653±71 | 662±109 | nd | nd | nd |
| 10 | 1-辛醇 | 891±21 | nd | nd | nd | 21±5 | nd |

续表

| 序号 | 香气物质 | 甜橙/(μg/L) | 葡萄柚/(μg/L) | | 宽皮柑橘/(μg/L) | | |
|---|---|---|---|---|---|---|---|
| | | HL | WG | PG | GN | MW | OW |
| 11 | 萜品油烯 | 599±68 | 89±23 | 160±7 | 11±0.9 | 95±10 | 57±13 |
| 12 | 芳樟醇 | 4890±124 | nd | nd | nd | nd | nd |
| 13 | 壬醛 | nd | 57±9 | 93±4 | 81±43 | 132±25 | 147±33 |
| 14 | 莰烯 | 61±9 | nd | nd | nd | nd | nd |
| 15 | 3-羟基酸乙酯 | 2680±214 | 106±18 | nd | nd | nd | nd |
| 16 | 萜品-4-醇 | 2490±154 | 341±39 | 74±16 | 24±7 | 76±30 | 135±10 |
| 17 | α-萜品醇 | 1140±81 | 224±53 | 10±2 | 67±14 | 202±30 | 241±70 |
| 18 | 辛酸乙酯 | 455±31 | 91±14 | 121±19 | nd | nd | nd |
| 19 | 癸醛 | 1440±92 | 26±8 | 24±2 | nd | 58±10 | 78±9 |
| 20 | 香芹酮 | 487±21 | nd | nd | nd | nd | nd |
| 21 | 乙酸芳樟酯 | 240±28 | nd | nd | nd | nd | nd |
| 22 | 柠檬醛 | 1740±51 | nd | nd | nd | nd | nd |
| 23 | 香芹醇 | 78±9 | nd | 48±5 | 201±45 | 16±2 | nd |
| 24 | 葛缕醇乙酸酯 | nd | 95±5 | nd | nd | nd | nd |
| 25 | 荜澄茄油烯 | 386±74 | 170±21 | 125±32 | nd | nd | 21±3 |
| 26 | 丁酸香茅酯 | nd | nd | 175±14 | nd | nd | 30±4 |
| 27 | 醋酸香茅酯 | 405±24 | nd | nd | nd | nd | nd |
| 28 | 香叶醇 | 313±21 | 113±9 | 123±22 | nd | 7±2 | nd |
| 29 | 橙花醇乙酸酯 | 109±12 | nd | 134±15 | nd | nd | nd |
| 30 | β-榄香烯 | nd | nd | 115±22 | nd | nd | 230±61 |
| 31 | 石竹烯 | 173±18 | 26500±893 | 53000±1240 | nd | nd | 114±34 |
| 32 | 别香橙烯 | 96±9 | 94±11 | 117±17 | nd | 14±2 | nd |
| 33 | 乙酸紫苏酯 | 107±15 | nd | nd | nd | nd | nd |
| 34 | 可巴烯 | 405±23 | nd | 47±13 | nd | nd | 44±5 |
| 35 | β-古芸烯 | nd | nd | 29±4 | nd | nd | 22±4 |
| 36 | γ-衣兰油烯 | nd | 50±10 | nd | nd | nd | nd |
| 37 | 大根香叶烯D | nd | 9±3 | nd | nd | nd | nd |
| 38 | 蛇床烯 | 148±16 | 101±16 | 55±9 | nd | nd | 106±9 |
| 39 | 瓦伦烯 | 6750±381 | 162±23 | 421±23 | 399±43 | 1100±56 | 258±8 |

续表

| 序号 | 香气物质 | 甜橙/(μg/L) | 葡萄柚/(μg/L) | | 宽皮柑橘/(μg/L) | | |
|---|---|---|---|---|---|---|---|
| | | HL | WG | PG | GN | MW | OW |
| 40 | δ-杜松烯 | 895±22 | 1 020±21 | 856±39 | nd | nd | 162±48 |
| 41 | 金合欢醛 | nd | 273±2 | 405±23 | nd | nd | nd |
| 42 | 诺卡酮 | 59±8 | 645±36 | 191±12 | nd | nd | nd |
| 43 | 金合欢烯 | nd | 232±33 | nd | nd | nd | 175±25 |

注：nd表示未检测出

第一步：感官分析

由9名人员（6女、3男）经专业训练后组成感官评价小组，对6个品种柑橘果汁进行感官评价，评价结果见图6.15。评价等级为1~9分，其中"1"代表香气强度极弱、"9"代表香气强度极强。

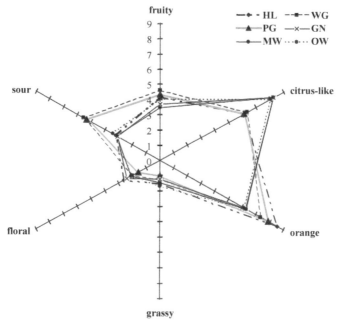

图6.15 6个品种柑橘果汁感官描述分析的雷达图

第二步：香气物质的检测

采用SPME-GC-MS法测定果汁中的香气物质，具体方法详见6.2.3。GC-MS仪器型号为Agilent 6890 N，配备Agilent 5975B MS-spectrometer。色谱柱为J&W HP-5MS熔融石英毛细管柱。电离源为EI（70eV）。载气为氦气（He），流速为1.2mL/min。进样口温度为250℃。升温程序如下：以初始温度40℃维持3min，然后以3℃/min的速率升至160℃，再保持2min，最后以8℃/min的速率升至220℃，保持3min。香气物质的定性根据保留指数（RI）及与香气物质数据库（NIST05.RIs）对比进行，根据内标法定量。结果见表6.11。

第三步：PLS-DA分析

把上文6个品种柑橘果汁的感官数据（fruity、citrus-like、orange、grassy、floral、sour）作为X变量，将43种香气化合物作为Y变量，用XLSTAT 2010软件得到香气物质与感官评价的PLS的载荷图（图6.16），即利用PLS-DA分析了不同柑橘果汁的感官评价数据和香气物质之间的关系。从图6.16可以看出，"orange"（橙味）离HL橙汁的位置最近，与感官评价结果一致。萜类化合物（$\alpha$-蒎烯、$\beta$-月桂烯、3-蒈烯、$d$-柠檬烯、芳樟醇、香叶醇）、醛类（癸醛、柠檬醛）和酯类（己酸乙酯、羟基己酸乙酯）与"橙味"的感官属性是相关联的，说明这些化合物是"橙味"的特征性香气成分。同样，$\gamma$-萜品烯和壬醛是与"citrus-like"（柑橘味）感官属性是相关联的。"sour"（酸味）和"fruity"（水果味）的位置离两种葡萄柚果汁（PG和WG）很近，可能是受葛缕醇乙酸酯、石竹烯、金合欢醛、乙酸橙花酯、别香橙烯、丁酸香茅酯和诺卡酮的影响。而"grassy"（青草味）和"floral"（花香）这两种感官属性远离柑橘果汁及香气物质，这表明"青草味"和"花香"不是柑橘果汁重要的风味，也因此缺乏相关的特征性香气物质。由此，通过PLS-DA可以找出不用柑橘果汁的风味属性及对应的贡香物质。

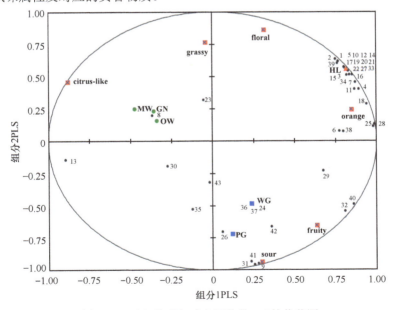

图6.16 香气物质与感官评价的PLS的载荷图

### 6.3.2.2 柑橘果实特征香型主要贡香成分的GC-O-AEDA识别分析法

气相色谱-嗅闻（gas chromatography-olfactometry，GC-O）法是目前香气成分分析的主要手段之一。GC-O是GC技术和感官评价相结合的一种分析检测方法，即在GC分析检测的同时，通过人工直接嗅闻的方法对复杂混合物中的香气物质进行分析鉴定。GC-O可以在食品的大量挥发性成分中发现真正具有香气的活性成分及各成分在不同浓度条件下对整体香气的贡献，在识别香气活性成分和鉴别特征香气化合物等方面具有明显的优势，广泛应用于食品、环境监测等领域（张玉玉等，2009；Zhang et al.，2009；乔宇等，2012；Bueno et al.，2011；杨峥等，2014）。常用的GC-O检测方法有3种：稀释法、强度法和检测频率法，其中稀释法应用最广泛（van Ruth，2001）。下面我们介绍GC-O和香气萃取稀释分析（aroma extract dilution analysis，AEDA）联用进行主要贡香成分识别的方法。

**1. 原理**

（1）气相色谱-嗅闻

气相色谱-嗅闻（GC-O）是在气相色谱柱末端添加一个分流装置，并且设定好一定的分流比例，使进入色谱柱的化合物在色谱柱末端分流，其中一部分化合物进入色谱的检测器，而另一部分化合物则进入气味检测器。研究人员可以通过气味检测器上的气体出口对已分离的化合物进行嗅闻分析。在分析过程中，研究人员不仅要记下嗅闻到的各种气味的具体感觉，还要记录气味的强度和持续时间等。最后研究人员对照GC-MS的分析结果，来判断某种化合物所具有的具体气味。

（2）香气萃取稀释分析（AEDA）

用溶剂将挥发物逐步稀释，每个稀释度都通过GC-O来评定，稀释一直进行到在气相色谱流出物中嗅闻不到气味，在AEDA方法中把一个化合物尚能闻到的最高稀释度作为它的香气稀释值（flavor dilution factor，FD）。FD值与该化合物对整体香气的贡献呈正相关关系，从而评判各香气化合物对整体香气的贡献大小。

**2. 材料与仪器**

（1）材料与主要试剂

正常完熟的果实，无破损、质变，大小一致。每个样品采取30个单果。

色谱级试剂：正庚醇（内标物）、肉豆蔻酸甲酯（内标物）、$C_7 \sim C_{29}$饱和烷烃、挥发性成分的标准品。

分析级试剂：无水硫酸钠、氯化钠。

（2）主要仪器和设备

5804R低温离心机，德国Eppendorf，Hamburg公司；Milli-Q Advantage A10超纯水系统，美国Millipore Sigma公司；6890N型气质联机，配有氢火焰离子化检测

器（FID），美国Agilent公司；DB-Wax型毛细管柱（60m×0.25mm×0.25μm），美国J&W Scientific公司；DB-5型毛细管柱（60m×0.25mm×0.25μm），美国J&W Scientific公司；2000R 3800型气质联机，配有2000R质谱仪器，美国Walnut Creek公司；嗅闻检测仪，德国Gerstel GmbH&Co.KG公司。

**3. 步骤和方法**

（1）香气成分的提取与检测

1）样品制备

此处以果皮精油为例。将柑橘果实样品清洗干净，将果皮沿赤道面剥离后，切成小块，手动榨油，然后果皮油通过冰盐水收集。将收集的液体在4℃、4000g下离心15min，取上清液，在5℃下用无水硫酸钠脱水，24h后过滤并储藏至-25℃下。每份样品3次重复。

2）GC-MS仪器分析

具体参照本章6.2.2 "气相色谱-质谱联用技术"的操作方法与步骤。

（2）主要贡香成分的确定

1）样品制备

同（1）中"香气成分的提取与检测"的样品制备方法。

2）香气萃取物稀释分析

取冷榨精油按1:3（$v/v$）进行逐级稀释，丙酮为稀释剂，制备一系列稀释的柑橘精油。每次稀释后注入1μL样品到GC-O进样口进行分析，经3名专业嗅评人员进行嗅闻并记录嗅闻时间和对应的香气特征，每种化合物的香气特征及嗅闻时间至少有2名嗅评人员描述一致方为有效，直到嗅评人员在嗅闻口末端嗅闻不到香气为止。在最小的浓度下仍然能闻到的成分被确定为样品的关键香气成分，从而得到FD值。FD值为香气化合物的浓度与最大稀释后的样品中该化合物的浓度比值，即其稀释的倍数。在AEDA结果的基础上，相对香气活性（relative flavor activity，RFA）按照公式（6.5）进行计算（Choi et al.，2001）。

$$RFA=\log 3^n/S^{0.5} \qquad (6.5)$$

式中，$n$为FD值，$S$为该物质的质量百分比。

GC-O：色谱柱为DB-Wax（60m×0.53mm，1μm）；进样量为1μL；升温程序：70℃保持2min，以2℃/min升至230℃，保持20min；进样口温度250℃；分流进样，分流比为10:1；载气为氦气（纯度>99.999%）；载气流速1mL/min。嗅闻检测器：接口温度为250℃。检测时为了防止实验员鼻腔干燥而通入湿润的空气。用预处理后的样品及标准挥发性化合物对3位嗅评人员培训后进行实验，嗅评人员在嗅觉检测口记录闻到气味的时间、香气特性及强度。

**4. GC-O-AEDA法识别柑橘特征香型主要贡香成分的应用实例**

Choi（2005）利用GC-O-AEDA法检测了金柑冷榨精油中的成分，并确定了其中主要的贡香物质，他们的方法如下。

（1）金柑香气成分的提取与检测

1）样品制备

新鲜的金柑果实样品（5kg）用纯水清洗干净，将果皮沿赤道面剥离后，切成小块，手动榨油，然后果皮油通过冰盐水收集。将收集的液体在4℃、4000g下离心15min，取上清液，在5℃下用无水硫酸钠脱水，24h后过滤并储藏至-25℃下。每份样品3次重复，上机待测。

2）仪器分析

GC-FID：色谱柱为DB-Wax（60m×0.25mm，0.25μm）和DB-5（60m×0.25mm，0.25μm）；进样量为1μL；升温程序：70℃保持2min，以2℃/min升至230℃，保持20min；进样口温度250℃；分流进样，分流比为50:1；载气为氦气（纯度＞99.999%）；载气流速1mL/min，线速度为22cm/s。

GC-MS：气相色谱条件，色谱柱为DB-Wax（60m×0.25mm，0.25μm）；进样量为0.2μL；升温程序：70℃保持2min，以2℃/min升至230℃，保持20min；进样口温度250℃；分流进样，分流比为34:1；载气为氦气（纯度＞99.999%）；载气流速1.1mL/min，线速度为38.7cm/s。质谱条件为电子电离源；电子能量70eV；离子源温度250℃；质量扫描范围40~350m/z。

3）定性和定量分析

定性分析：在与以上相同的程序升温条件下，用$C_7$~$C_{29}$正构烷烃作为标准，根据DB-Wax色谱柱计算出保留指数（RI），结合NIST08数据库，同时使用挥发性物质标准品共同定性，确定出相应的挥发性物质。

定量分析：采用内标法。正庚醇和肉豆蔻酸甲酯为内标物，按照1:1:150（正庚醇:肉豆蔻酸甲酯:金柑冷榨精油）加入样品中，根据在FID检测器中的相关系数计算出各峰的权重百分比。

4）结果与分析

利用GC-MS技术在金柑果皮油中共检测出82种香气成分（表6.12）。其中，脂肪族化合物5种、单萜烯10种、倍半萜烯12种、脂肪族醛类4种、萜烯醛4种、脂肪族醇类2种、单萜醇12种、倍半萜醇11种、酮类4种、酯类10种、氧化物和环氧化合物5种及酸类3种。金柑果皮油中含量最高的物质为柠檬烯。

表6.12 金柑果皮油中的香气物质

| 序号 | 香气物质 | RI DB-Wax | RI DB-5 | 含量（w/w, %） | 鉴定方法 | 香气描述 | FD值（3''） |
|---|---|---|---|---|---|---|---|
| 1 | 乙酸乙酯 | 900 | | 1.13 | RI, MS | | |
| 2 | α-蒎烯 | 1035 | 933 | 0.39 | RI, MS, Co-GC | 油香、青香 | 7 |
| 3 | 莰烯 | 1082 | 953 | tr | RI, MS, Co-GC | 甜香 | 6 |
| 4 | 十一（碳）烷 | 1112 | | 0.01 | RI, MS, Co-GC | | |
| 5 | β-蒎烯 | 1123 | 981 | 0.04 | RI, MS | 青香 | 4 |
| 6 | 香桧烯 | 1133 | 973 | 0.10 | RI, MS | 草本香 | 7 |
| 7 | δ-3-蒈烯 | 1161 | | 0.01 | RI, MS | 草本香、青香 | 2 |
| 8 | 月桂烯 | 1168 | 991 | 1.84 | RI, MS, Co-GC | 草本香、甜香 | 7 |
| 9 | d-柠檬烯 | 1235 | 1039 | 93.73 | RI, MS, Co-GC | 柠檬香 | 7 |
| 10 | γ-萜品油烯 | 1261 | 1059 | 0.27 | RI, MS, Co-GC | 青香、木本香 | 4 |
| 11 | p-异丙基苯 | 1282 | 1027 | 0.03 | RI, MS | 青香、果香 | 3 |
| 12 | 异松油烯 | 1294 | 1084 | 0.05 | RI, MS, Co-GC | 木本香 | 3 |
| 13 | 十三（碳）烷 | 1312 | 1291 | 0.02 | RI, MS, Co-GC | 果香、青香 | 3 |
| 14 | 十四（碳）烷 | 1399 | 1116 | 0.01 | RI, MS, Co-GC | 青香 | 2 |
| 15 | α-侧柏酮 | 1431 | | 0.01 | RI, MS | | |
| 16 | cis-柠檬烯氧化物 | 1458 | 1138 | tr | RI, MS | 柑橘香 | 3 |
| 17 | α-荜澄茄油烯 | 1466 | 1345 | tr | RI, MS | 甜香、果香 | 2 |
| 18 | 薄荷酮 | 1473 | | 0.01 | | | |
| ⋮ | ⋮ | ⋮ | ⋮ | ⋮ | ⋮ | ⋮ | ⋮ |
| 81 | trans-金合欢醇 | 2355 | 1722 | tr | RI, MS | 草本香 | 2 |
| 82 | 十一酸 | 2421 | 1490 | tr | RI, MS | | |

注：tr表示微量；全部物质请参见原文（Choi，2005）

（2）金柑果皮主要贡香成分的确定

1）样品制备

果实样品用纯水清洗干净，将果皮沿赤道面剥离后，切成小块，手动榨油，然后果皮油通过冰盐水收集。将收集的液体在4℃、4000g下离心15min，取上清液，在5℃条件下用无水硫酸钠脱水，24h后过滤并储藏至-25℃下。每份样品3次重复，上机待测。

2）香气萃取物稀释分析

取冷榨精油按1:3（v/v）进行逐级稀释，丙酮为稀释剂，制备一系列稀释的精油。每次稀释后向GC-O进样口注入1μL样品进行分析，经3名专业嗅评人员进行嗅闻并记录嗅闻时间和对应的香气特征，每种化合物的香气及时间至少有2名嗅评人员描述一致方为有效，直到嗅评人员在嗅闻口末端嗅闻不到香气为止。在最小的浓度下仍然能闻到的成分被确定为样品的关键香气成分，从而得到香气稀释值FD，进而计算出RFA值。

3）金柑果皮主要贡香成分

GC-O分析共检测出34种香气化合物，主要包括果香、青香和草本香等香气成分。一般地，FD值越大，表示该香气化合物的香气越强，对整体香气的贡献越大。在GC-O检出的香气化合物中，FD值≥5的香气化合物有12种（表6.13），它们可被视为金柑果皮油中的特征香气化合物。在这些特征香气成分中，FD值≥7的香气物质有6种，即α-蒎烯、香桧烯、月桂烯、d-柠檬烯、β-榄香烯和萜品-4-醇。其中，RFA>20的香气物质有莰烯、萜品-4-醇、甲酸香茅酯和乙酸香茅酯4种。综合FD、RFA和GC-O的结果可知，莰烯、萜品-4-醇、甲酸香茅酯和乙酸香茅酯应是金柑果皮中最主要的特征香型贡香物质，特别是乙酸香茅酯的香气与金柑果皮油最为相似。

表6.13　金柑果皮油中香气活性物质（FD≥5）

| 峰 | 香气物质 | 果皮中的含量/（mg/kg FW） | FD值（3"） | RFA |
|---|---|---|---|---|
| 2 | α-蒎烯 | 0.94 | 7 | 5.38 |
| 3 | 莰烯 | 0.01 | 6 | 56.9 |
| 6 | 香桧烯 | 0.24 | 7 | 10.8 |
| 8 | 月桂烯 | 4.51 | 7 | 2.46 |
| 9 | d-柠檬烯 | 230 | 7 | 0.34 |
| 19 | trans-芳樟醇呋喃类氧化物 | 0.44 | 5 | 5.62 |
| 28 | β-榄香烯 | 0.08 | 7 | 18.9 |
| 30 | 萜品-4-醇 | 0.02 | 7 | 33.4 |
| 31 | 甲酸香茅酯 | 0.01 | 5 | 36.7 |
| 35 | 乙酸香茅酯 | 0.03 | 6 | 27.7 |
| 45 | 牛儿烯 | 0.1 | 6 | 14.3 |
| 56 | p-薄荷-1-烯-9-乙酸酯 | 0.17 | 5 | 9.02 |

### 6.3.2.3　基于香气活力值识别柑橘果实特征香型的主要贡香成分

香气活力值（odor activity value，OAV）是客观估计香气物质对样品整体香气贡献程度的一种方法（Ferreira et al., 2002）。OAV概念的提出为解决香气成分对体系香气贡献度问题提供了重要的科学思路和技术手段。一方面，由于香气成分分子结构和化学组成不同，且人体鼻腔嗅觉受体细胞对香气成分特异性结合的程度不同，人们对不同香气成分的嗅觉敏感性差异很大，进而导致各香气成分的阈值之间存在不同程度的差异;另一方面,各香气成分在食品香气体系中的浓度不同,也会影响它们对整体香气的贡献。但无论怎样,OAV方法可以从浓度和阈值两个维度揭示香气物质对果实香气品质的贡献,影响因素少并可以简单快速地确定不同香气成分在香气品质中的贡献度(陈芝飞等,2018)。不仅如此,我们还可利用OAV方法鉴定出的贡香成分(OAV>1时的成分)进行香气模型重建,从而人工模拟原样品的香气品质(Zhu et al.,2016)。因此,利用OAV方法时,只要不同品种柑橘果实中各香气成分的OAV值存在明显差异,通过比较分析这种差异即可确定不同香气成分对柑橘果实整体香气的贡献度,从而判定哪些香气成分对柑橘果实香气品质起关键作用。

**1. 原理**

香气活力值(OAV)方法主要基于香气阈值的概念。阈值也称槛限值或最小可嗅值,是一种香气强度的定量描述单位。人们把开始闻到香气时的香气物质的最小浓度作为表示香气强度的单位,称作阈值(单位$g/m^3$)。从阈值的定义可以看出,阈值越小的香气物质,其香气强度越大;反之,阈值越大的香气物质,其香气强度越弱。在具体分析中,通常我们通过一种香气成分的阈值计算它的OAV,一般认为OAV>1的香气成分对物质的香气品质具有贡献作用。

**2. 步骤与方法**

第一步,样品香气物质的定性、定量检测,参见本章6.2.3或6.2.4。

第二步,根据文献或者专业的数据网站(如https://www.leffingwell.com)确定各个香气物质的阈值。表6.14为11种柑橘果实中常见香气物质的阈值。

表 6.14 柑橘果实中常见香气物质的阈值

| 香气物质 | 阈值/(μg/L) |
| --- | --- |
| β-月桂烯(β-myrcene) | 36 |
| 柠檬烯(limonene) | 60 |
| 丁酸乙酯(ethyl butanoate) | 20 |
| 己酸乙酯(ethyl hexanoate) | 14 |
| 辛醛(octanal) | 15 |
| 辛酸乙酯(ethyl octanoate) | 5 |
| 癸醛(decanal) | 10 |
| 芳樟醇(linalool) | 25 |
| α-萜品醇(α-terpineol) | 250 |
| 香芹酮(carvone) | 2.7 |
| 香叶醛(geranial) | 12 |

参考文献:Culleré et al.,2004;Ahmed et al.,1978;Palomo et al.,2007;Schieberle and Grosch,1988;Fraatz et al.,2009

第三步，按照公式（6.6）计算出OAV值（Zhang et al.，2017）。

$$OAV = C_i/OT_i \tag{6.6}$$

式中，$C_i$为香气化合物的含量（μg/g）；$OT_i$为该化合物在水中的嗅觉阈值（mg/kg）。

当OAV＞1时，该化合物对整体香气有贡献作用，且OAV越大，对样品整体香气的贡献度越高；而当OAV＜1时，香气物质起协香作用（He et al.，2014）。

### 3. OAV法识别柑橘特征香型主要贡香成分的应用实例

Sun等（2014）采用HS-SPME-GC-MS法检测了不同提取方法下柚果皮提取物中挥发性物质的组成与含量，并根据香气物质的含量及其阈值，计算出OAV值，从而确定了柚果皮中主要贡香成分，他们的方法如下。

（1）香气物质的提取与检测

第一步，采用了冷榨法（cold pressing，CP）、水蒸气蒸馏法（water distillation，WD）、微波辅助提取（microwave-assisted extraction，MAE）及超临界二氧化碳萃取法（supercritical $CO_2$ fluid extraction，SFE）等不同的方法，提取了柚Guanxi果皮中的香气物质。

第二步，使用GC-MS法对香气物质进行了分析检测。仪器型号为岛津QP 2010 plus，色谱柱为Rtx-5MS（60m×0.32mm，0.25μm）；载气为氦气（He），流速为3mL/min；进样口温度为250℃，分流比为1∶5。升温程序：初始温度为50℃，保持3min，然后以3℃/min的速率升到270℃，保持5min。电离方式为EI（70eV），离子源温度为250℃，质量扫描范围为29～500m/z。

通过保留指数、保留时间及分子质量，利用数据库对香气物质进行定性，采用内标法进行定量。

（2）确定阈值

通过文献报道等相关资料，确定各挥发性成分在水中的阈值（表6.15）。

（3）计算OAV值，确定主要香气物质

根据各香气物质的含量及其在水中的阈值，按照OAV值计算公式计算各香气物质的OAV值。表6.15列举了柚果皮中主要贡香成分及其OAV值，从表6.15我们可以看到，由于果皮中香气物质含量很高，因此挥发性物质OAV值很大。

表6.15 不同提取方法柚果皮中香气物质的OAV值

| 香气物质 | 阈值 | OAV值 | | | |
|---|---|---|---|---|---|
| | | CP精油 | WD精油 | MAE精油 | SFE精油 |
| α-蒎烯 | 0.180 | 9602 | 12997 | 8043 | 2166 |
| 香桧烯 | 0.150 | 15662 | 11795 | 8995 | 1178 |
| β-月桂烯 | 0.099 | 2327273 | 2181818 | 1818182 | 872727 |
| 辛醛 | 0.003 | 218733 | 114333 | 0 | 15367 |

续表

| 香气物质 | 阈值 | OAV 值 | | | |
|---|---|---|---|---|---|
| | | CP 精油 | WD 精油 | MAE 精油 | SFE 精油 |
| 柠檬烯 | 1.200 | 407400 | 387030 | 414190 | 251230 |
| cis-芳樟醇氧化 | 0.100 | 153 | 5671 | 178 | 19268 |
| 芳樟醇 | 0.008 | 327713 | 239438 | 319150 | 553388 |
| 壬醛 | 0.001 | 96700 | 0 | 114400 | 0 |
| 香茅醛 | 0.025 | 6304 | 3092 | 8476 | 69280 |
| α-帖品醇 | 0.330 | 1776 | 2325 | 2197 | 5480 |
| 癸醛 | 0.002 | 817850 | 988650 | 797600 | 45450 |
| 橙花醇 | 0.300 | 472 | 6767 | 2247 | 957 |
| 香芹酮 | 0.050 | 252 | 4610 | 780 | 7582 |
| 乙酸香叶酯 | 0.009 | 56711 | 52567 | 55267 | 53289 |

（4）结果分析与结论

根据香气活力值方法的规定，当香气物质OAV＞1时，我们便认为该物质对柚果实整体香气有贡献作用。在表6.15中，所有物质的OAV值至少在某一种精油中大于1，因此可以认为表6.15中全部香气物质均为柚的特征香型的贡香成分。

## 6.4 柑橘果实香气品质分析评价方法

在柑橘果实的色、香、味三大品质中，香气品质在某种意义上讲是影响消费者对鲜果的接受度的最大因素之一，因为它在影响香气的同时也影响消费者对鲜味的感受。因此，全面系统地研究柑橘果实的香气品质评价方法对其商品品质的评价具有重要意义。

事实上，目前国内外有关柑橘果实香气品质的研究报道并不少见，但现有的研究主要集中在香气成分检测、不同果实样品中香气成分的变化分析、不同果实类型主要贡香成分的识别等方面（Choi，2005；乔宇等，2008；Selli and Kelebek，2011；Liu et al.，2012；Sun et al.，2014；Ren et al.，2015），对柑橘果实香气品质评价方法的研究相对较少。通过本章前面三节的介绍我们已经知道，使用电子鼻可以对柑橘果实的香气进行分型，用色谱-质谱联用方法可以快速地检测和鉴定其中的香气成分，然后根据所鉴定出的有关香气成分的香气活力值可以实现对特定柑橘果实特征香型主要贡香成分的识别，进而将柑橘果实特征香型与其主要贡香成分的组成、含量及其变化联系起来。然而，如何通过主要贡香成分的组成、含量及相互间比例关系的变化对柑橘果实香气品质的变化进行数值化的科学评价，这是仍待解决的问题。

根据现有文献，目前可用于柑橘果实香气品质评价的主要方法有感官评价法和聚类分析法。但这两种方法均存在一定的问题，如感官评价法的评价人员培训周期长、人员个体差异大、实验结果系统性及重复性较差等，而聚类分析法则存在从聚类结果中我们只能看到不同柑橘样品之间香气品质的差异，无法将有关差异进行量化并与其主要贡香成分的变化联系起来等问题。为了建立一种全面、系统、规范和数值化的柑橘果实香气品质评价方法，在这里我们建议用果品营养价值"三度"评价法的思想去探索和建立一种柑橘果实3D香气品质评价方法（刘哲等，2018）。为了说明"三度"方法的重要性，下面我们先介绍柑橘果实香气品质评价的感官评价法和聚类分析法。在其基础上，我们详细介绍如何利用"三度"方法去计算柑橘果实香气品质的3D指数，并讨论如何利用评价结果对不同柑橘样品的香气品质进行分级的可能性。

## 6.4.1 柑橘果实香气品质现有评价方法

### 6.4.1.1 感官评价法

感官评价法是借助人体的感觉器官，主要是鼻对样品的香气进行综合性的鉴别和评价的一种方法。感官评价简便、迅速，是理化分析和仪器分析所替代不了的，能真实反映待分析样品的品质。因此，感官评价法依然是柑橘果实香气品质评价中必不可少的传统方法。但感官评价结果易受环境条件、样品制备、评价过程和评价员的影响。

有关香气品质感官评价法的原理，与前文的香气感官评价法是相同的，只是在完成感官评价后要根据人为的定义、按照香气得分值，将样品的香气品质分成不同的等级。下面我们根据文献（Ren et al.，2015；徐康等，2018）介绍柑橘果实香气品质的感官评价法。

第一步：确定标准

假定将柑橘香气感官评价得分范围定义为1～6分，再按照得分将柑橘香气品质划分为1～5级。

第二步：嗅辨师评分

根据前文6.3.1.1部分介绍的感官评价方法，邀请10位嗅辨师（5男、5女）组成评定小组，经专业训练后，按表6.16对不同柑橘果实的香气品质进行评价，并记录评价结果。

**表6.16 柑橘果实香气品质评分标准**

| 评分 | 鉴评情况 |
| --- | --- |
| 6 | 香气柔和、优雅 |
| 5 | 具有很浓的果香 |

| 评分 | 鉴评情况 |
|---|---|
| 4 | 具有明显的果香 |
| 3 | 具有较淡的果香 |
| 2 | 稍有异香或稍有刺激味 |
| 1 | 有令人不愉快的异香,或无果香味 |

第三步:计算香气品质分值

使用方差分析(ANOVA),按照公式(6.7),计算不同柑橘果实之间的感官评价分数。

$$香气品质分值 = \frac{\sum_{i=1}^{n} X_n}{n} \pm \frac{\sum_{i=1}^{n}(X_n - \bar{X})^2}{n} \quad (6.7)$$

式中,$X_n$表示嗅辨师对该柑橘果实香气品质的评分情况;$n$表示嗅辨师的人数;$\bar{X}$表示所有嗅辨师对柑橘果实香气品质评分的平均值。

第四步:香气品质定级

根据上述步骤中计算得到的分值,参照表6.17对不同柑橘果实的香气品质进行定级。香气品质级别为五级代表该柑橘果实香气品质最差,而香气品质级别为一级代表该柑橘果实香气品质最佳。

表6.17 柑橘果实香气品质定级标准

| 香气品质评分区间 | 香气品质级别 |
|---|---|
| 1~2 | 五级 |
| 2~3 | 四级 |
| 3~4 | 三级 |
| 4~5 | 二级 |
| 5~6 | 一级 |

## 6.4.1.2 聚类分析

聚类分析(CA)的基本原理是根据分析对象的相似性程度(相似度或距离)进行聚类,相似度最大的优先聚合,然后依次类推,直至完成全部样品的聚类分析(高惠璇,2005)。

根据聚类分析原理,我们可以基于柑橘果实样品中特征香气物质(主要贡香成分)的组成和含量,计算不同样品间的相似度或距离,然后根据样品间的相似度或距离进行聚类分析,实现样品分类。总体上,待测样品与标准样品之间的距离越小或相似度越高,说明其香气品质越接近标准,果实的香气品质越好;反之,待测样品值与标准品值之间的距离越大或相似度越低,说明其香气品质偏离标准越远,果实香气品质越差。

在现有文献中,层次聚类分析(HCA)是最常用的聚类分析方法(Sun et al., 2014)。Zhang等(2017)利用HCA法对7类栽培柑橘果实的34种香气成分进行了分析,他们的方法如下。

第一步:香气物质的提取和检测

选取7类具有代表性的栽培柑橘(共108份材料),采用有机溶剂提取法对样品果实果皮中的挥发性物质进行提取,并利用GC-MS法检测了果皮提取物中香气物质的组成及含量。

第二步:绘制聚类热图

将第一步中的结果整理成规范表格后,将原始数据导入Mev 4.9.0软件,单击 Load ,选择 Clustering 选项下面的 Hierarchical Clustering ,单击 OK ,输出聚类热图(图6.17)。

第三步:香气品质评价

根据聚类热图,研究者发现同一栽培类型下不同品种的柑橘果实香气品质相似,不同栽培类型的柑橘果实香气品质具有一定的差异,其聚类结果与经典的柑橘分类一致。

从上述例子我们可以看出,虽然根据聚类结果我们能清楚地看到不同柑橘果实之间香气品质的差异,也知道引起差异的香气成分。但问题是,如何定量区分不同香型的果实样品间香气品质的差异在哪,如何描述同一香型不同果实样品间香气品质差异的大小,如何确定不同果实样品间香气品质差异变化的原因,是主要贡香成分的组成变化、含量变化还是相互间总体比例关系的变化?这些问题用现有方法都无法回答。

## 6.4.2 柑橘果实香气品质"三度"评价法

"三度"评价法是2018年我们为果品营养价值评价而提出的一个新概念(刘哲等,2018)。"三度"原指多样度(营养素的种数)、匹配度(营养素含量满足人体每日需求的量)和平衡度(不同营养素间的比例关系)。我们知道,尽管果实香气成分的变化受品种遗传、栽培措施、土壤条件和气候环境等许多复杂因素的影响,但任何一种柑橘果实的香气品质最终都取决于果实中主要贡香成分的种类、含量及相互间的比例关系。因柑橘果实香气特征和其主要贡香成分间的关系与果品中的营养素和营养价值的关系相似,因此我们建议用"三度"法评价柑橘果实的香气品质。具体的做法是,在香气品质评价的"标准"样品选定后,我们可以用"多样度"去分析待测样品中贡香成分或主要挥发性成分的种类和数量变化,用"匹配度"去评价待测样品与"标准"样品相比其贡香成分或主要挥发性成分含量的变

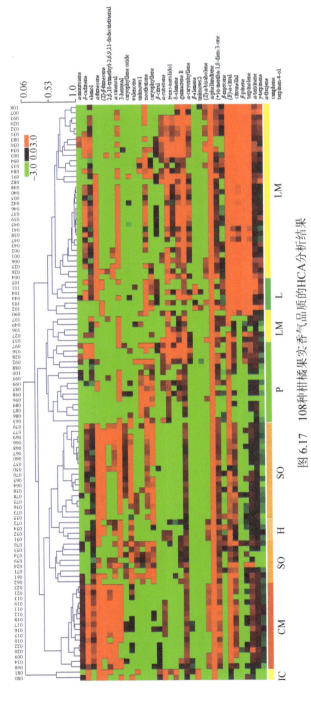

图6.17 108种柑橘果实香气品质的HCA分析结果

IC代表ichang papeda; H表示hybrids（looseskin mandarin）; SO代表sweet orange; CM代表clementine tangerine; P代表pummelo; LM代表loose-skin mandarin; L代表lemon

化,用"平衡度"去评价待测样品与"标准"样品相比其贡香成分或主要挥发性成分间比例关系的变化。在"三度"指数的基础上,我们再用待测样品偏离标准样品的程度,即偏离指数(DI)去评价被分析果品香气品质的整体变化。总体上,偏离指数越小,待测样品的香气品质越接近"标准"样品,二者之间的品质差异越小。这样,利用"三度"评价法我们就可以实现柑橘果实香气品质全面、系统、规范和数值化的评价。不过,我们在这里还是需要指出的是,香气"三度"评价法的标准是人为选定的,它可以是"典型"品种的香气,也可以是完全成熟、刚采摘鲜果的香气,还可以是任何公认的"最好"果实的香气。"三度"评价法使用的数据,可以是自己的实际检测数据,也可以是文献报道的数据,只要有真实、可靠的数据就可以用"三度"评价法计算出不同果实样品香气品质的差异。下面我们用Obenland等(2011)报道的温州蜜柑Owari新鲜果实的香气数据作为标准数据(表6.18),对香气品质"三度"指数的具体计算方法说明如下。

表 6.18　不同储藏时间温州蜜柑Owari果汁中特征性香气成分的变化　　(单位:μg/L)

| 香气成分 | 储藏时间 | | | |
| --- | --- | --- | --- | --- |
| | 0周 | 1周 | 4周 | 7周 |
| 乙醇 | 692.9 | 808.1 | 1018.7 | 1068.6 |
| 乙酸乙酯 | 67.4 | 306.5 | 595.5 | 532.6 |
| 丙酸乙酯 | 3.4 | 10.2 | 27.7 | 18.4 |
| 2-甲基丙酸乙酯 | 0.1 | 0.3 | 2.0 | 2.1 |
| 2-甲基丁酸乙酯 | 0.1 | 0.7 | 3.6 | 2.6 |
| $\beta$-月桂烯 | 169.3 | 194.5 | 87.8 | 76.8 |
| 正辛醛 | 43.2 | 42.1 | 32.0 | 26.7 |
| $\alpha$-松油烯 | 32.0 | 32.7 | 20.2 | 20.1 |
| $p$-聚伞花素 | 198.0 | 223.1 | 139.4 | 125.2 |
| $\beta$-罗勒烯 | 13.1 | 16.1 | 6.7 | 6.2 |
| $\gamma$-松油烯 | 28.5 | 38.8 | 20.6 | 21.1 |
| 异松油烯 | 90.5 | 88.1 | 61.3 | 55.4 |
| 1,3,8-$p$-三烯薄荷 | 0.7 | 0.7 | 0.5 | 0.4 |
| 4-萜烯醇 | 22.7 | 22.8 | 19.5 | 18.9 |
| 乙酸辛酯 | 0.4 | 0.5 | 0.2 | 0.2 |
| $D$-香芹酮 | 21.9 | 16.3 | 14.0 | 7.4 |
| 紫苏醛 | 15.1 | 12.6 | 7.2 | 4.1 |

#### 6.4.2.1 原始数据采集

表6.18为温州蜜柑Owari果汁中贡香成分的种类及含量，其中0、1、4、7表示储藏的周期数，我们以完全正常成熟且新鲜果实的香气数据（即0周）作为标准数据，采用"三度"评价法对不同储藏时间（0、3、6周冷储藏+1周20℃下储藏）的果实香气品质进行评价。

#### 6.4.2.2 多样度计算

多样度（DD）是指果实中含有的特征性挥发性成分的种类数。与标准值相比，DD值越高，果实中含有的特征性挥发性成分的种类就越多，即越接近标准。样品中每种特征性挥发性成分，存在记为"1"，缺乏记为"0"，最后将所有"1"加起来即为样品特征性挥发性成分的种类总数。样品特征性挥发性成分的种类数与标准样品中特征性挥发性成分的种类数的比值即为该样品的DD值，由公式（6.8）计算样品（果实）的DD值。

$$DD值 = \frac{样品中贡香成分的种数}{标准品中贡香成分的种数} \quad (6.8)$$

从表6.18可知，以新鲜的温州蜜柑Owari果汁中含有的贡香成分的种类和含量作为标准数据，其中含有17种贡香成分。表6.19是基于温州蜜柑Owari不同储藏期果实计算出的香气品质的DD值。从表6.19可以看出，在同一柑橘品种中，尽管储藏时间不一样，但是果实香气品质的DD值是一样的。

表6.19 不同储藏期温州蜜柑Owari果实香气品质的多样度（DD值）

| 香气成分 | 储藏期 | | |
| --- | --- | --- | --- |
| | 1周 | 4周 | 7周 |
| 乙醇 | 1 | 1 | 1 |
| 乙酸乙酯 | 1 | 1 | 1 |
| 丙酸乙酯 | 1 | 1 | 1 |
| 2-甲基丙酸乙酯 | 1 | 1 | 1 |
| 2-甲基丁酸乙酯 | 1 | 1 | 1 |
| β-月桂烯 | 1 | 1 | 1 |
| 正辛醛 | 1 | 1 | 1 |
| α-松油烯 | 1 | 1 | 1 |
| p-聚伞花素 | 1 | 1 | 1 |
| β-罗勒烯 | 1 | 1 | 1 |
| γ-松油烯 | 1 | 1 | 1 |

续表

| 香气成分 | 储藏期 | | |
|---|---|---|---|
| | 1周 | 4周 | 7周 |
| 异松油烯 | 1 | 1 | 1 |
| 1,3,8-$p$-三烯薄荷 | 1 | 1 | 1 |
| 4-萜烯醇 | 1 | 1 | 1 |
| 乙酸辛酯 | 1 | 1 | 1 |
| $D$-香芹酮 | 1 | 1 | 1 |
| 紫苏醛 | 1 | 1 | 1 |
| 种类总数 | 17 | 17 | 17 |
| DD值 | 1 | 1 | 1 |

### 6.4.2.3 匹配度

匹配度（DM）是指样品中所含有的特征性挥发性成分的含量及其与标准值之间的匹配程度（%），它评价的是果品中各种特征性挥发性成分含量的丰富度。柑橘果实香气品质的DM值按照公式（6.9）进行计算，式中$X_c$表示样品中特征性挥发性成分的含量值，$S_c$表示标准值，$k$表示特征性挥发性成分的种类总数。根据公式定义，对任何一种特征性挥发性成分，匹配度的值越小，则表示样品与标准值之间的匹配度越高，香气品质就越好。

$$\text{DM值} = \frac{1}{k} \sum_{i=1}^{k} \left| \frac{X_c}{S_c} - 1 \right| \quad (6.9)$$

我们根据表6.18中的数据，以0周的数据作为标准值，计算储藏周期为1周、4周、7周的温州蜜柑Owari香气品质的DM值，结果见表6.20。从表6.20可以看出，储藏周期为1周时，果实香气DM值为0.902；储藏周期为4周时，果实香气DM值为4.339；储藏周期为7周时，果实香气DM值为3.658。所以，就匹配度而言，果实香气品质1周＞7周＞4周。

表6.20 不同储藏期温州蜜柑Owari果实香气品质的匹配度（DM值）

| 香气成分 | 标准值/(μg/L) | 1周 | | 4周 | | 7周 | |
|---|---|---|---|---|---|---|---|
| | | 含量/(μg/L) | 匹配程度/% | 含量/(μg/L) | 匹配程度/% | 含量/(μg/L) | 匹配程度/% |
| 乙醇 | 692.9 | 808.1 | 116.63 | 1018.7 | 147.02 | 1068.6 | 154.22 |
| 乙酸乙酯 | 67.4 | 306.5 | 454.75 | 595.5 | 883.53 | 532.6 | 790.21 |
| 丙酸乙酯 | 3.4 | 10.2 | 300.00 | 27.7 | 814.71 | 18.4 | 541.18 |
| 2-甲基丙酸乙酯 | 0.1 | 0.3 | 300.00 | 2.0 | 2000.00 | 2.1 | 2100.00 |

续表

| 香气成分 | 标准值/(μg/L) | 1周 | | 4周 | | 7周 | |
|---|---|---|---|---|---|---|---|
| | | 含量/(μg/L) | 匹配程度/% | 含量/(μg/L) | 匹配程度/% | 含量/(μg/L) | 匹配程度/% |
| 2-甲基丁酸乙酯 | 0.1 | 0.7 | 700.00 | 3.6 | 3600.00 | 2.6 | 2600.00 |
| $\beta$-月桂烯 | 169.3 | 194.5 | 114.88 | 87.8 | 51.86 | 76.8 | 45.36 |
| 正辛醛 | 43.2 | 42.1 | 97.45 | 32.0 | 74.07 | 26.7 | 61.81 |
| $\alpha$-松油烯 | 32.0 | 32.7 | 102.19 | 20.2 | 63.13 | 20.1 | 62.81 |
| $p$-聚伞花素 | 198.0 | 223.1 | 112.68 | 139.4 | 70.40 | 125.2 | 63.23 |
| $\beta$-罗勒烯 | 13.1 | 16.1 | 122.90 | 6.7 | 51.15 | 6.2 | 47.33 |
| $\gamma$-松油烯 | 28.5 | 38.8 | 136.14 | 20.6 | 72.28 | 21.1 | 74.04 |
| 异松油烯 | 90.5 | 88.1 | 97.35 | 61.3 | 67.73 | 55.4 | 61.22 |
| 1,3,8-$p$-三烯薄荷 | 0.7 | 0.7 | 100.00 | 0.5 | 71.43 | 0.4 | 57.14 |
| 4-萜烯醇 | 22.7 | 22.8 | 100.44 | 19.5 | 85.90 | 18.9 | 83.26 |
| 乙酸辛酯 | 0.4 | 0.5 | 125.00 | 0.2 | 50.00 | 0.2 | 50.00 |
| $D$-香芹酮 | 21.9 | 16.3 | 74.43 | 14.0 | 63.93 | 7.4 | 33.79 |
| 紫苏醛 | 15.1 | 12.6 | 83.44 | 7.2 | 47.68 | 4.1 | 27.15 |
| DM值 | | 0.902 | | 4.339 | | 3.658 | |

### 6.4.2.4 平衡度

平衡度（DB）是指果品中所含的各种特征性挥发性成分之间的比例与标准值间的比例的接近程度。柑橘果实香气属性不仅与特征性挥发性成分的种类、含量相关，而且各成分之间的比例关系也是影响因素之一，而平衡度要评价的内容正是各特征性挥发性成分相互之间的比例关系。柑橘果实香气品质DB值采用公式（6.10）进行计算。

$$\text{DB值} = 1 - \frac{1}{C_k^2} \sum_{i=1}^{C_k^2} \frac{|X_{ij} - S_{ij}|}{X_{ij} + S_{ij}} \qquad (6.10)$$

式中，$k$表示特征性挥发性成分的种类数（如本例中特征性挥发性成分种类为17种，则$k$取17），$C_k^2$表示$k$个特征性挥发性成分的两两组合数（如$C_{17}^2$等于136），$X_{ij}$为样品中任意两种特征性挥发性成分之间的比例，$S_{ij}$则表示该两种特征性挥发性成分在标准样品中的比例。因此，DB值的最大值为1，用该公式可以计算柑橘果实香气品质的DB值。

下面我们根据表6.18中的数据，以0周的数据作为标准值，计算储藏周期为1周、4周、7周的温州蜜柑Owari香气品质的DB值。

第一步，收集、整理数据（即表6.18）。

第二步，计算标准样品（即0周储藏期的温州蜜柑Owari）中各贡香成分两两之间的比值，结果如表6.21所示。

第三步，计算待测样品中（即1周、4周、7周储藏期的温州蜜柑Owari）中各贡香成分两两之间的比值，结果如表6.22～表6.24所示。

第四步，因为共有17种贡香成分，故$k=17$，$C_{17}^2=136$。已知表6.21中的数据为$S$，表6.22～表6.24中的数据为$X$，分别将每种贡香成分对应的$S$和$X$代入公式（6.10），得到储藏期为1周、4周、7周温州蜜柑Owari香气品质的DB值，分别为1周DB=0.666、4周DB=0.504、7周DB=0.474，可见储藏期为1周的温州蜜柑Owari的DB值大于储藏期为4周和7周的温州蜜柑Owari，所以就平衡度而言，储藏期为1周的温州蜜柑Owari香气品质优于储藏期为4周和7周的温州蜜柑Owari。

#### 6.4.2.5　偏离指数

在计算完反映柑橘果实香气成分的种类、含量和相互间比例关系变化的"三度"指数的基础上，我们只需要选择一个具有"标准"香气品质的样品做参照，即可计算其他样品的"三度"指数偏离"标准"的程度，即偏离指数（deviation index，DI）。DD值、DB值的标准值为1，DM值的标准值为0，DI值的计算就是计算DD值、DM值和DB值偏离标准值的程度，具体见公式（6.11）。根据偏离指数，待评价样品DI值越低，表明其香气品质与"标准"样品越接近。

$$偏离指数（DI）=|1-DD|+DM+|1-DB| \quad (6.11)$$

下面我们根据表6.18中的数据，以0周的数据作为标准值，计算储藏期为1周、4周、7周的温州蜜柑Owari香气品质的DI值。从表6.25可见储藏期为"1周"的温州蜜柑Owari的DI值小于储藏期为4周和7周的温州蜜柑Owari，所以整体而言，储藏期为1周的温州蜜柑Owari香气品质比储藏期为4周和7周的香气品质更接近新鲜果实的香气品质。

#### 6.4.2.6　基于"三度"指数的柑橘果实香气品质评价方法

基于"三度"指数，包括偏离指数，我们可以实现柑橘果实香气品质全面、系统、规范和数值化的评价。这里的"全面"是指利用所有而不是选择性的几个香气成分数据进行比较分析；"系统"指的是"三度"评价法是从香气活性成分的种类、含量和相互间比例关系方面系统地比较待测样品与标准样品间香气品质的差异；所谓"规范"是指用于"三度"指数计算的原始数据是用统一、规范的方法获取的；所谓"数值化"是指"三度"评价法可以实现全面用数值来准确描述不同果品（样品）间香气品质的差异，还可以用一个数字（DI值）来显示不同样品间香气品质的差异大小。例如，我们可以根据偏离百分率进行分级，如5%、5%～10%、10%～15%等对果实香气品质的高低进行分级。

表 6.21 标准样品（0周储藏期的温州蜜柑 Owari）中各特征性挥发性成分含量两两间比值

| 挥发性成分 | Eth1 | Eth2 | Eth3 | Eth4 | Eth5 | β-Myr | Oct | α-Ter | p-Cym | β-Oci | γ-Ter | Terp | 1,3,8-Par | 4-Ter | Octa | Car |
|---|---|---|---|---|---|---|---|---|---|---|---|---|---|---|---|---|
| Eth1 | 1.000 | | | | | | | | | | | | | | | |
| Eth2 | 10.280 | 1.000 | | | | | | | | | | | | | | |
| Eth3 | 203.794 | 19.824 | 1.000 | | | | | | | | | | | | | |
| Eth4 | 6929.000 | 674.000 | 34.000 | 1.000 | | | | | | | | | | | | |
| Eth5 | 6929.000 | 674.000 | 34.000 | 1.000 | 1.000 | | | | | | | | | | | |
| β-Myr | 4.093 | 0.398 | 0.020 | 0.001 | 0.001 | 1.000 | | | | | | | | | | |
| Oct | 16.039 | 1.560 | 0.079 | 0.002 | 0.002 | 3.919 | 1.000 | | | | | | | | | |
| α-Ter | 21.653 | 2.106 | 0.106 | 0.003 | 0.003 | 5.291 | 1.350 | 1.000 | | | | | | | | |
| p-Cym | 3.499 | 0.340 | 0.017 | 0.001 | 0.001 | 0.855 | 0.218 | 0.162 | 1.000 | | | | | | | |
| β-Oci | 52.893 | 5.145 | 0.260 | 0.008 | 0.008 | 12.924 | 3.298 | 2.443 | 15.115 | 1.000 | | | | | | |
| γ-Ter | 24.312 | 2.365 | 0.119 | 0.004 | 0.004 | 5.940 | 1.516 | 1.123 | 6.947 | 0.460 | 1.000 | | | | | |
| Terp | 7.656 | 0.745 | 0.038 | 0.001 | 0.001 | 1.871 | 0.477 | 0.354 | 2.188 | 0.145 | 0.315 | 1.000 | | | | |
| 1,3,8-Par | 989.857 | 96.286 | 4.857 | 0.143 | 0.143 | 241.857 | 61.714 | 45.714 | 282.857 | 18.714 | 40.714 | 129.286 | 1.000 | | | |
| 4-Ter | 30.524 | 2.969 | 0.150 | 0.004 | 0.004 | 7.458 | 1.903 | 1.410 | 8.722 | 0.577 | 1.256 | 3.987 | 0.031 | 1.000 | | |
| Octa | 1732.250 | 168.500 | 8.500 | 0.250 | 0.250 | 423.250 | 108.000 | 80.000 | 495.000 | 32.750 | 71.250 | 226.250 | 1.750 | 56.750 | 1.000 | |
| Car | 31.639 | 3.078 | 0.155 | 0.005 | 0.005 | 7.731 | 1.973 | 1.461 | 9.041 | 0.598 | 1.301 | 4.132 | 0.032 | 1.037 | 0.018 | 1.000 |

注：Eth1——乙醇，Eth2——乙酸乙酯，Eth3——丙酸乙酯，Eth4——2-甲基丙酸乙酯，Eth5——2-甲基丁酸乙酯，α-Ter——α-松油烯，p-Cym——p-聚伞花素，β-Oci——β-罗勒烯，γ-Ter——γ-松油烯，Terp——异松油烯，1,3,8-p-三烯薄荷，4-Ter——4-萜烯醇，Octa——乙酸辛酯，Car——香芹酮；β-Myr——β-月桂烯，Oct——正辛醛。下同

表 6.22 1 周储藏期的温州蜜柑 Owari 中各特征性挥发性成分含量两两间比值

| 挥发性成分 | Eth1 | Eth2 | Eth3 | Eth4 | Eth5 | β-Myr | Oct | α-Ter | p-Cym | β-Oci | γ-Ter | Terp | 1,3,8-Par | 4-Ter | Octa | Car |
|---|---|---|---|---|---|---|---|---|---|---|---|---|---|---|---|---|
| Eth1 | 1.000 | | | | | | | | | | | | | | | |
| Eth2 | 2.637 | 1.000 | | | | | | | | | | | | | | |
| Eth3 | 79.225 | 30.049 | 1.000 | | | | | | | | | | | | | |
| Eth4 | 2693.667 | 1021.667 | 34.000 | 1.000 | | | | | | | | | | | | |
| Eth5 | 1154.429 | 437.857 | 14.571 | 0.429 | 1.000 | | | | | | | | | | | |
| β-Myr | 4.155 | 1.576 | 0.052 | 0.002 | 0.004 | 1.000 | | | | | | | | | | |
| Oct | 19.195 | 7.280 | 0.242 | 0.007 | 0.017 | 4.620 | 1.000 | | | | | | | | | |
| α-Ter | 24.713 | 9.373 | 0.312 | 0.009 | 0.021 | 5.948 | 1.287 | 1.000 | | | | | | | | |
| p-Cym | 3.622 | 1.374 | 0.046 | 0.001 | 0.003 | 0.872 | 0.189 | 0.147 | 1.000 | | | | | | | |
| β-Oci | 50.193 | 19.037 | 0.634 | 0.019 | 0.043 | 12.081 | 2.615 | 2.031 | 13.857 | 1.000 | | | | | | |
| γ-Ter | 20.827 | 7.899 | 0.263 | 0.008 | 0.018 | 5.013 | 1.085 | 0.843 | 5.750 | 0.415 | 1.000 | | | | | |
| Terp | 9.173 | 3.479 | 0.116 | 0.003 | 0.008 | 2.208 | 0.478 | 0.371 | 2.532 | 0.183 | 0.440 | 1.000 | | | | |
| 1,3,8-Par | 1154.429 | 437.857 | 14.571 | 0.429 | 1.000 | 277.857 | 60.143 | 46.714 | 318.714 | 23.000 | 55.429 | 125.857 | 1.000 | | | |
| 4-Ter | 35.443 | 13.443 | 0.447 | 0.013 | 0.031 | 8.531 | 1.846 | 1.434 | 9.785 | 0.706 | 1.702 | 3.864 | 0.031 | 1.000 | | |
| Octa | 1616.200 | 613.000 | 20.400 | 0.600 | 1.400 | 389.000 | 84.200 | 65.400 | 446.200 | 32.200 | 77.600 | 176.200 | 1.400 | 45.600 | 1.000 | |
| Car | 49.577 | 18.804 | 0.626 | 0.018 | 0.043 | 11.933 | 2.583 | 2.006 | 13.687 | 0.988 | 2.380 | 5.405 | 0.043 | 1.399 | 0.031 | 1.000 |

表 6.23　4周储藏期的温州蜜柑 Owari 中各特征性挥发性成分含量两两间比值

| 挥发性成分 | Eth1 | Eth2 | Eth3 | Eth4 | Eth5 | β-Myr | Oct | α-Ter | p-Cym | β-Oci | γ-Ter | Terp | 1,3,8-Par | 4-Ter | Octa | Car |
|---|---|---|---|---|---|---|---|---|---|---|---|---|---|---|---|---|
| Eth1 | 1.000 | | | | | | | | | | | | | | | |
| Eth2 | 1.711 | 1.000 | | | | | | | | | | | | | | |
| Eth3 | 36.776 | 21.498 | 1.000 | | | | | | | | | | | | | |
| Eth4 | 509.350 | 297.750 | 13.850 | 1.000 | | | | | | | | | | | | |
| Eth5 | 282.972 | 165.417 | 7.694 | 0.556 | 1.000 | | | | | | | | | | | |
| β-Myr | 11.603 | 6.782 | 0.315 | 0.023 | 0.041 | 1.000 | | | | | | | | | | |
| Oct | 31.834 | 18.609 | 0.866 | 0.063 | 0.113 | 2.744 | 1.000 | | | | | | | | | |
| α-Ter | 50.431 | 29.480 | 1.371 | 0.099 | 0.178 | 4.347 | 1.584 | 1.000 | | | | | | | | |
| p-Cym | 7.308 | 4.272 | 0.199 | 0.014 | 0.026 | 0.630 | 0.230 | 0.145 | 1.000 | | | | | | | |
| β-Oci | 152.045 | 88.881 | 4.134 | 0.299 | 0.537 | 13.104 | 4.776 | 3.015 | 20.806 | 1.000 | | | | | | |
| γ-Ter | 49.451 | 28.908 | 1.345 | 0.097 | 0.175 | 4.262 | 1.553 | 0.981 | 6.767 | 0.325 | 1.000 | | | | | |
| Terp | 16.618 | 9.715 | 0.452 | 0.033 | 0.059 | 1.432 | 0.522 | 0.330 | 2.274 | 0.109 | 0.336 | 1.000 | | | | |
| 1,3,8-Par | 2037.400 | 1191.000 | 55.400 | 4.000 | 7.200 | 175.600 | 64.000 | 40.400 | 278.800 | 13.400 | 41.200 | 122.600 | 1.000 | | | |
| 4-Ter | 52.241 | 30.538 | 1.421 | 0.103 | 0.185 | 4.503 | 1.641 | 1.036 | 7.149 | 0.344 | 1.056 | 3.144 | 0.026 | 1.000 | | |
| Octa | 5093.500 | 2977.500 | 138.500 | 10.000 | 18.000 | 439.000 | 160.000 | 101.000 | 697.000 | 33.500 | 103.000 | 306.500 | 2.500 | 97.500 | 1.000 | |
| Car | 72.764 | 42.536 | 1.979 | 0.143 | 0.257 | 6.271 | 2.286 | 1.443 | 9.957 | 0.479 | 1.471 | 4.379 | 0.036 | 1.393 | 0.014 | 1.000 |

表 6.24　7 周储藏期的温州蜜柑 Owari 中各特征性挥发性成分量两两间比值

| 挥发性成分 | Eth1 | Eth2 | Eth3 | Eth4 | Eth5 | β-Myr | Oct | α-Ter | p-Cym | β-Oci | γ-Ter | Terp | 1,3,8-Par | 4-Ter | Octa | Car |
|---|---|---|---|---|---|---|---|---|---|---|---|---|---|---|---|---|
| Eth1 | 1.000 | | | | | | | | | | | | | | | |
| Eth2 | 2.006 | 1.000 | | | | | | | | | | | | | | |
| Eth3 | 58.076 | 28.946 | 1.000 | | | | | | | | | | | | | |
| Eth4 | 508.857 | 253.619 | 8.762 | 1.000 | | | | | | | | | | | | |
| Eth5 | 411.000 | 204.846 | 7.077 | 0.808 | 1.000 | | | | | | | | | | | |
| β-Myr | 13.914 | 6.935 | 0.240 | 0.027 | 0.034 | 1.000 | | | | | | | | | | |
| Oct | 40.022 | 19.948 | 0.689 | 0.079 | 0.097 | 2.876 | 1.000 | | | | | | | | | |
| α-Ter | 53.164 | 26.498 | 0.915 | 0.104 | 0.129 | 3.821 | 1.328 | 1.000 | | | | | | | | |
| p-Cym | 8.535 | 4.254 | 0.147 | 0.017 | 0.021 | 0.613 | 0.213 | 0.161 | 1.000 | | | | | | | |
| β-Oci | 172.355 | 85.903 | 2.968 | 0.339 | 0.419 | 12.387 | 4.306 | 3.242 | 20.194 | 1.000 | | | | | | |
| γ-Ter | 50.645 | 25.242 | 0.872 | 0.100 | 0.123 | 3.640 | 1.265 | 0.953 | 5.934 | 0.294 | 1.000 | | | | | |
| Terp | 19.289 | 9.614 | 0.332 | 0.038 | 0.047 | 1.386 | 0.482 | 0.363 | 2.260 | 0.112 | 0.381 | 1.000 | | | | |
| 1,3,8-Par | 2671.500 | 1331.500 | 46.000 | 5.250 | 6.500 | 192.000 | 66.750 | 50.250 | 313.000 | 15.500 | 52.750 | 138.500 | 1.000 | | | |
| 4-Ter | 56.540 | 28.180 | 0.974 | 0.111 | 0.138 | 4.063 | 1.413 | 1.063 | 6.624 | 0.328 | 1.116 | 2.931 | 0.021 | 1.000 | | |
| Octa | 5343.000 | 2663.000 | 92.000 | 10.500 | 13.000 | 384.000 | 133.500 | 100.500 | 626.000 | 31.000 | 105.500 | 277.000 | 2.000 | 94.500 | 1.000 | |
| Car | 144.405 | 71.973 | 2.486 | 0.284 | 0.351 | 10.378 | 3.608 | 2.716 | 16.919 | 0.838 | 2.851 | 7.486 | 0.054 | 2.554 | 0.027 | 1.000 |

表 6.25 不同储藏期温州蜜柑 Owari 果实香气品质的偏离指数（DI 值）

| 储藏期 | 1 周 | 4 周 | 7 周 |
| --- | --- | --- | --- |
| DD 值 | 1 | 1 | 1 |
| DM 值 | 0.902 | 4.339 | 3.658 |
| DB 值 | 0.666 | 0.504 | 0.474 |
| DI 值 | 1.236 | 4.835 | 4.184 |

# 第 7 章　问题与展望

**君子之学，形而上学。**《柑橘果实商品品质评价方法》虽然是一本介绍方法的书，但书中的概念、思想和理论是因追求"形"而"上"产生的。本书作为我们计划编写的柑橘果实商品品质、营养品质、保健品质和医药品质系列丛书的第一本，从2015年开始，它的书名、结构和内容都经历了无数次的修改调整，直到2019年5月书的核心思想、各部分的逻辑关系及许多关键术语的用法才最后敲定。

编写本书我们诚惶诚恐，因为2015年之前我们并未系统从事果实品质方面的研究。但中国人"它山之石，可以攻玉"的思想，鼓励我们将过去多年学习研究柑橘果实品质与质量安全时遇到的困惑、问题，以及形成的解决问题的思想和方法汇集整理于本书中。事实上，在撰写之初，我们是想建立重庆特色柑橘果实色、香、味品质评价方法，因为2015年重庆市农业委员会启动了"重庆市现代山地特色高效农业技术体系"项目，西南大学果品营养与质量安全课题组有幸作为晚熟柑橘产后加工研究室参与了工作。我们最初的想法是利用现有文献方法，通过系统的数据收集整理和补充分析找到重庆晚熟柑橘色、香、味特有品质特征的科学证据。然而，当我们查阅国内文献时才发现，尽管目前有关柑橘果实质量品质的研究报道很多，但是许多基本问题都找不到答案。例如，果实品质概念究竟应当如何定义，它的评价指标又如何科学地选定。再如，一旦品质指标确定后，是否应当使用统一规范的方法对各种品质相关成分进行系统的分析检测以使不同的评价结果间具有可比性。再进一步，当数据采集完成后用什么样的方法可以从各种相关成分中鉴定特有品质的特征性贡献成分。最后，当特征性贡献成分确定后，用什么计算方法可以利用它们的种类及含量变化的数据去准确（数值化）地区别任何果实样品间的品质差异。对这些问题，在此以香气品质为例，如香气或香味的定义是什么，柑橘果实究竟有哪些特征香型，每一种特征香型的主要"贡香"成分是什么，用什么计算方法可以利用主要贡香成分的种类、含量及相互间的比例关系变化的数据去准确地区别不同柑橘果实的香气品质，这一系列问题在现有文献中都找不到明确的答案，亟待解决。但值得庆幸的是，在过去几年我们有幸得到农业农村部农产品质量安全与风险评估项目和重庆市农业农村委员会项目的大力支持，我们得以完成本书，并于2019年根据科学出版社陈新编辑的建议启动整套丛书的编写计划。

在本书的编著过程中，我们花了大量的时间和精力，希望能够解决柑橘果实商品品质评价研究中的一些关键问题，如概念的准确定义和严格使用问题，商品品质评价的主要内容和方法问题，以及商品品质评价研究内容整体的系统性和相互间的逻辑性问题等。首先，关于概念问题。本书书名最初有多个选择方案，如《柑橘果品商品品质评价方法》《柑橘果品商品价值评价方法》《柑橘果实商品价值评价方法》和《柑橘果实商品品质评价方法》等。我们使用现在书名的原因是,尽管柑橘鲜果既可以叫"果实"也可以叫"果品",但当我们意识到"果实"是一个生物学(植物学)概念、"果品"是一个商品学概念时,用"果实"就更符合本书的科学本性。同样,"价值"和"品质"概念之间的取舍也是一样的道理。其实,对多数读者来讲,"柑橘果实鲜食品质"也许是一个更容易被接受的概念。但提到"鲜食"与其逻辑对等的概念应当是"加工",这样书的内容安排又必须回到现有的知识体系,而我们提出的柑橘"果实品质"概念包括"商品品质""营养品质""保健品质"和"医药品质"在逻辑上就不通了。因此,最后我们将书名定为《柑橘果实商品品质评价方法》。同样重要的概念性问题还有"柑橘果实商品品质概念""柑橘果实基本商品品质评价指标"(概念的外延)等。柑橘果实的商品品质是一个内涵非常复杂、外延很难界定的概念。**在本书我们只是从生物学的角度出发,基于消费者在购买柑橘果实时的主要选择因素,结合柑橘品种的基本遗传特征,同时考虑不同概念间的逻辑和外延是否可以清晰地界定等将"柑橘果实商品品质"定义为包括基本商品品质、风味品质、色泽品质和香气品质4个组成部分的一种果实综合品质。**对这个概念,不同读者一定有不同的观点,但在本书我们做到了让各概念的内涵不重复、外延可以清楚地界定,并在相关概念指导下可实现对果实品质的科学评价。至于柑橘果实基本商品品质评价指标问题,在现有文献中,有关柑橘果实的色泽、风味和香气品质的研究与果实的基本形态特征评价基本是"混"在一起的。本书选择基本商品品质评价指标的原则是相关的指标基本上基于眼、口、鼻感官就能直接判定的果实固有生物学特征,如大小、形状、种子数目等性状,包括可溶性性固形物我们口感也是能直接辨别的。其次,关于全书的内容安排。我们先用"绪论"说明了柑橘的重要地位、编写本书的背景及必要性。然后,我们用"果实品质概念辨析"一文作为全书的引领,目的是希望澄清概念以避免表述混乱。在本书的方法部分,我们以基本商品品质和色、香、味品质为主体内容,同时介绍标准方法、快速方法和最新方法以强调有关的分析检测方法应当具有科学性、规范性和实用性。不仅如此,我们还将果品营养价值"三度"评价法的思想用于评价柑橘果实的色、香、味品质,并将其称为3D品质,体现了本书方法的创新。当然,在本书的最后一章强调本书的核心思想也是我们的一种尝试。最后,有关柑橘果实色、香、味品质评价研究内容的系统性和逻辑性方面,在本书的第4~6章我们也做了精心安排。以第5章色泽品质为例,有关色泽品质研究的关键内容及其逻辑顺序安排为:①色泽的概念;②色素成分的种类;③色素成分的分析检测方法;④主要贡色成分的识别及其与色泽类型间的关系识别;⑤色泽品质的评价方法。如此安排,有关柑橘果实色泽品质评价的"核心内容"及其相互间的逻辑关系就非常清楚了。

在努力解决上述概念、内容、方法和逻辑等关键问题的过程中，本书还有以下3个方面的进步是值得在此对读者加以强调的。第一，我们提出的**"三度一需求"**作为果实营养品质概念的核心内涵，是一种新的思想，它与柑橘果实3D品质的思想及其评价方法值得读者认真商榷。第二，本书对"特征"品质的定义，包括特征香型、特征色泽和特征风味的提法，希望读者能"仁者见仁、智者见智"。以"特征香型"为例，在本书我们把"由一种柑橘果实所固有的、稳定且不同于其他果实的特征香气成分共同决定的果实香气特征"称为"特征香型"，此种提法是否科学，希望读者批评指正。第三，在本书中我们对现有文献中的一些常见用语，如"果实"与"果品"，果实的"商品品质"、"营养品质"、"保健品质"和"医药品质"，果实商品品质概念中的"基本商品品质"、"色泽品质"、"香气品质"和"风味品质"，"果实品质"与"果品价值"，"医药"与"医用"和"药用"，"生物活性成分"、"营养成分"和"营养素"，"保健成分"和"医药成分"，"外观品质"与"外在品质"，"必需营养素"和"非必需营养素"，"营养"和"保健"等诸如此类的术语，在使用时都进行了严格的区分，希望读者不要误以为我们在混用。在此，以"营养"和"保健"二词的区别为例，虽然"营养"和"保健"都有维持人体健康的内涵，但"营养"是通过营养素（在营养学中有明确定义）的生理功能去维持人体健康；而"保健"则是通过"保健成分"（在本书有明确定义）去维护人体健康。其中，"营养素"和"保健成分"两个概念不仅在内涵和外延上都有所不同，而且对于健康，"营养"是健康的必要条件，"保健"是健康的充分条件。对果品而言，有营养价值就有保健价值，但有保健价值不一定有营养价值。因此，营养价值更基础，是必要条件，保健价值是补充、是充分条件。此外，保健成分不但可以影响生理功能，而且可以通过消除体内外有损于健康的各种因子去实现其"保健"功能，在这一点上"营养"和"保健"也有区别。

最令人欣慰的是，在编写本书的过程中我们对汉字的"精妙"及自身汉语知识的不足有了更深的体会，在此举几个例子与读者分享。例如，"活性"与"功能"的区别，有活性不一定有功能，但有功能就一定产生了活性而且生物功效清楚。再如，"及其"和"以及"的区别，下面是本书第2章中的一段话能很好地说明二者的区别："我们应当清楚地认识到，一种果实营养品质的高低不仅是它含有多少种营养素和某些营养素含量的高低，而在于它含有多少种人体必需的营养素及其含量的高低、相互间的比例关系以及它们是否符合人体需求"。当然，还有一些词我们仍然无法严格在书中区分使用，如"增强"与"加强"、"许多"与"很多"、"体系"与"系统"等。中国的汉字（汉语）博大精深，上述分享不是"文字游戏"，如果我们对汉语的使用有失严谨则有可能"失之毫厘，谬以千里"，如活性物质的"种类"与"种数"，它们的意思是完全不同的。

当然，在本书中有一些我们仍没有解决的问题。其中最明显的是聚类分析方法、主成分分析方法等常见数据处理与分析方法的概念、原理的介绍和色谱、质谱的原理与方法介绍，它们在书中不同部分可能多次重复出现。为了统一体例，我们保留了有关"重复"。一方面是为了保证行文格式的系统和完整性，另一方面也是因为同样的概念、原理、方法在具体应用时可能会有一些细微变化，保留不同文献的信息以供读者甄别。另外，还有一些方法介绍部分也许有一些原文不妥的地方，基于对原文作者的尊重和上述理由，我们保留了原文。

最后，我们想表达的是野果与山泉自古就是人类祖先的食物。如今，柑橘果实已经是世界第一大水果，而且正日益成为我们日常生活重要的营养和活性成分膳食源。为了避免像"2010年张悟本绿豆事件"之类的食品质量安全事件的再次发生，我们近年来一直希望对现有网络、报刊、媒体中有关果实品质、果品营养价值、保健价值、医药价值等概念乱用甚至错用问题的澄清做一些工作，如我们2018年在《园艺学报》发表的"果品营养价值'三度'法"（刘哲等，2018）就是一个例子。但现实与理想之间总是存在很大的差距，学术界不同思想和观点间的争议也永远不会停止。百家争鸣、百花齐放，乃是学术交流的本质。如果哪位读者能读完本书，看到其中的思想，并指出书中的不足，我们谨在此致以最真诚的谢意。因为，无论如何书应当永远是人类最好的朋友，阅读她们会使我们的心灵得到慰藉。

# 参考文献

艾伯茨, 布雷, 霍普金, 等. 2017. 细胞生物学精要（原书第3版）. 丁小燕, 陈跃磊, 译. 北京: 科学出版社.
艾沙江·买买提, 李宁, 刘国杰, 等. 2014. 不同产地沙田柚果肉挥发性物质的研究. 中国南方果树, 43(4): 68-71.
安爱琴, 余泽通, 王宏强. 2008. 基于机器视觉的苹果大小自动分级方法. 农机化研究, (4): 163-166.
白菲, 孟超英. 2005. 水果自动分级技术的现状与发展. 食品科学, (S1): 145-148.
白沙沙, 毕金峰, 王沛, 等. 2012. 基于主成分分析的苹果品质综合评价研究. 食品科技, 37(1): 54-57.
蔡威, 邵玉芬. 2010. 现代营养学. 上海: 复旦大学出版社.
曹琦, 王建军, 邓丽莉, 等. 2015. 己醛处理对脐橙果实贮藏品质的影响. 食品科学, 36(20): 252-257.
曹少谦, 潘思轶. 2006. 血橙花色苷研究进展. 食品科学, 27(9): 278-281.
陈红, 左婷, 伊华林, 等. 2014. 利用仪器检测指标量化夏橙化渣程度. 农业工程学报, (8): 273-279.
陈敏. 2008. 食品化学. 北京: 中国林业出版社.
陈文杰, 谭小力, 王竹云, 等. 2002. 用傅立叶变换近红外光谱仪测定油菜种子品质指标的研究. 陕西农业科学, (8): 6-9.
陈晓明. 2015. 中国柑橘出口国际竞争力研究. 林业经济, 37 (1): 82-86.
陈学森, 郭文武, 徐娟, 等. 2015. 主要果树果实品质遗传改良与提升实践. 中国农业科学, 48(17): 3524-3540.
陈芝飞, 蔡莉莉, 郝辉, 等. 2018. 香气活力值在食品关键香气成分表征中的应用研究进展. 食品科学, 39(19): 329-335.
陈志枢, 曾宪故. 2017. 南方柑橘优质高产栽培技术. 中国农业信息, (6): 39.
成黎. 2012. 天然食用色素的特性、应用、安全性评价及安全控制. 食品科学, 33(23): 399-404.
程玉娇, 赵霞, 秦文霞, 等. 2016. 不同回温温度的间歇热处理对'塔罗科'血橙的保鲜效果. 食品科学, 37(18): 283-289.
淳长品, 彭良志, 雷霆, 等. 2010. 不同柑橘砧木对锦橙果实品质的影响. 园艺学报, 37(6): 991-996.
代守鑫. 2017. 分子蒸馏技术拆分陈皮挥发油及其GC-MS分析. 保鲜与加工, 17(1): 94-98, 103.
邓秀新. 2005. 世界柑橘品种改良的进展. 园艺学报, (6): 1140-1146.
邓秀新, 彭抒昂. 2013. 柑橘学. 北京: 中国农业出版社.
邓雪, 李家铭, 曾浩健, 等. 2012. 层次分析法权重计算方法分析及其应用研究. 数学的实践与认识, 42(7): 93-100.
丁帆. 2009. 柑橘中几种苦味物质的检测及评价. 华中农业大学硕士学位论文.
董美超, 李进学, 周东果, 等. 2013. 柑橘品种选育研究进展. 中国果树, (6): 73-78.
范刚, 乔宇, 柴倩, 等. 2007. 锦橙果肉和果皮中游离态和键合态香气物质研究. 食品科学, (10): 436-439.
高海生. 2014. 果实品质无损伤检测与自动分级技术的研究进展. 河北科技师范学院学报, 28(1): 5-10.
高惠璇. 2005. 应用多元统计分析. 北京: 北京大学出版社.
葛洪. 2015. 肘后备急方. 王均学点校. 天津: 天津科学技术出版社.
弓成林, 郭爱民, 汪小伟, 等. 2002. 灰色关联度和层次分析法在葡萄品质评价上的应用. 西南农业学报, 15(1): 79-82.
龚骏, 陶宁萍, 顾赛麒. 2014. 食品中鲜味物质及其检测研究方法概述. 中国调味品, 39 (1): 129-135.
顾建平. 2008. 汉字图解字典. 上海: 中国出版集团（东方出版中心）.
郭金玉, 张忠彬, 孙庆云. 2008. 层次分析法的研究与应用. 中国安全科学学报, (5): 148-153.
郭明月, 王凯. 2015. 定量描述分析法（QDA）在澄清型蓝莓汁饮料感官评定中的应用. 饮料工业, 18(2): 30-32.
郭晓霞. 2015. 几种多元统计分析方法的研究及其简单应用. 杭州电子科技大学硕士学位论文.
何朝飞, 冉玥, 曾林芳, 等. 2013. 柠檬果皮香气成分的GC-MS分析. 食品科学, 34(6): 175-179.
何天富. 1999. 柑橘学. 北京: 中国农业出版社.
何义仲, 陈兆星, 刘润生, 等. 2014. 不同贮藏方式对赣南纽荷尔脐橙果实品质的影响. 中国农业科学, 47(4): 736-748.
胡桂仙, 王俊, 海铮, 等. 2006. 不同储藏时间柑橘电子鼻检测研究. 浙江农业学报, 18(6): 458-461.
胡居吾, 陈兆星, 王璐, 等. 2016. 分子蒸馏技术分离纯化脐橙果皮油的工艺研究. 生物化工, 2(5): 1-3, 7.
胡居吾, 陈兆星, 王璐, 等. 2017. 脐橙精油的分子蒸馏分离及GC-MS分析. 生物化工, 3(1): 1-4.
胡珂, 李娜. 2010. 倍受青睐的抗氧化家族——类胡萝卜素. 大学化学, (A1): 94-98.
江爱良. 1981. 柑桔的生态气候和我国亚热带山区的柑桔栽培问题. 生态学报, 1(3): 3-13.

江东, 龚桂芝. 2006. 柑橘种质资源描述规范和数据标准. 北京: 中国农业出版社.
江倩. 2013. 不同种类柑橘果实香气物质组成差异及其特征性组分鉴别. 浙江大学硕士学位论文.
靖丽. 2014. 柑橘精油的代谢图谱及其主要成分d-柠檬烯对糖脂代谢紊乱的防治作用研究. 西南大学博士学位论文.
靖丽, 周志钦. 2011. 柑橘果实生物活性物质与糖尿病防治研究进展. 果树学报, 28(2): 313-320.
雷莹, 张红艳, 宋文化, 等. 2008. 利用多元统计法简化夏橙果实品质的评价指标. 果树学报, (5): 640-645.
李春燕. 2006. 不同生境下甜橙果实膳食纤维相关变化的研究. 四川农业大学硕士学位论文.
李桂峰. 2007. 近红外光谱技术及其在农业和食品检测中的应用. 农业与技术, (5): 91-94.
李里特. 2001. 食品物性学. 北京: 中国农业出版社.
李明娟. 2012. 不同留树保鲜技术对金柑果实品质及其裂果的影响. 广西大学硕士学位论文.
李娜, 杨星星, 戴素明, 等. 2016. 冰糖橙果实品质无损伤在线检测分级技术的建立与应用. 中国农业科学, 49(1): 132-141.
李三培, 华德平, 高星, 等. 2017. 不同类型甜瓜成熟过程中果肉质地及其细胞显微结构的变化. 西北植物学报, 37(6): 1118-1125.
李时珍. 2005. 本草纲目. 北京: 人民卫生出版社.
李怡. 2015. 柑橘果皮醇提取物不同极性部位抗氧化、抗炎活性研究. 西南大学硕士学位论文.
李云飞, 殷涌光, 金万镐, 等. 2005. 食品物性学. 北京: 中国轻工业出版社.
李云晋. 2005. 非标准化数据的聚类分析方法. 昆明冶金高等专科学校学报, 21(1): 34-36, 41.
刘春香, 何启伟, 付明清. 2003. 番茄、黄瓜的风味物质及研究. 山东农业大学学报（自然科学版）, 34(2): 193-198.
刘洋. 2015. 采收期、贮藏方式和温度对'纽荷尔'脐橙贮藏果皮色泽影响的研究. 江西农业大学硕士学位论文.
刘哲, 何莎莎, 陆柏益, 等. 2018. 果品营养价值"三度"评价法. 园艺学报, 45(4): 795-804.
刘遵春, 包东娥, 廖明安. 2006. 层次分析法在金花梨果实品质评价上的应用. 西北农林科技大学学报（自然科学版）, (8): 125-128.
卢军, 付雪媛, 苗晨琳, 等. 2012a. 基于颜色和纹理特征的柑橘自动分级. 华中农业大学学报, 31(6): 783-786.
卢军, 李婷, 黄琪悦, 等. 2012b. 柑橘品质分级要素的分析与评价. 湖北农业科学, 51(20): 4631-4633.
芦琰, 周志钦. 2011. 从28届国际园艺大会看果蔬园艺产品营养学研究现状. 园艺学报, 38(9): 1807-1816.
鲁小利. 2007. 基于电子舌的黄酒品质检测. 浙江大学硕士学位论文.
罗英, 乔峰, 吴立东, 等. 2010. 基于AHP法和灰色关联法的辣椒果实外观品质评价. 中国农学通报, 26(2): 157-161.
马兆成, 朱春华. 2015. 柠檬与生活. 北京: 中国农业出版社.
米兰芳, 伊华林. 2011. 夏橙果实成熟期内香气成分动态变化分析. 赣南师范大学学报, 32(6): 103-108.
乜兰春, 孙建设, 黄瑞虹. 2004. 果实香气形成及其影响因素. 植物学通报, 21(5): 631-637.
庞林江, 王允祥, 何志平, 等. 2006. 核磁共振技术在水果品质检测中的应用. 农机化研究, (8): 176-180.
齐宁利, 龚霄, 马丽娜, 等. 2018. 超高效合相色谱法测定火龙果酒中游离氨基酸的含量. 食品与发酵工业, 43(12): 199-204.
乔宇, 范刚, 程薇, 等. 2012. 固相微萃取结合GC-O分析两种葡萄柚汁香气成分. 食品科学, 33(2): 194-198.
乔宇, 谢笔钧, 张弛, 等. 2007. 顶空固相微萃取-气质联用技术分析3种柑橘果实的香气成分. 果树学报, 24(5): 699-704.
乔宇, 谢笔钧, 张妍, 等. 2008. 三种温州蜜柑果实香气成分的研究. 中国农业科学, 41(5): 1452-1458.
秦臻, 董琪, 胡靓, 等. 2014. 仿生嗅觉与味觉传感技术及其应用的研究进展. 中国生物医学工程学报, 33(5): 609-619.
裘姗姗. 2016. 基于电子鼻、电子舌及其融合技术对柑橘品质的检测. 浙江大学博士学位论文.
桑戈, 赵力, 谭婷婷, 等. 2015. pH示差法测定紫薯酒中花青素的含量. 酿酒科技, (6): 88-91.
沈生元, 沈天雄, 郭春荣, 等. 2011. 叶面肥对柑橘品质及产量的影响. 江苏农业科学, 39(4): 231-232.
沈兆敏. 1988. 中国柑桔区划与柑桔良种. 北京: 中国农业科学技术出版社.
沈兆敏, 张伯雍, 何天富, 等. 1984. 我国柑桔的生态适宜性区划研究. 中国农业科学, (2): 1-7.
师萱, 陈娅, 符宜谊. 2009. 色差计在食品品质检测中的应用. 食品工业科技, (7): 373-375.
施学骄. 2012. 酸橙果实不同采收期化学成分动态变化及枳实、枳壳药材质量评价研究. 成都中医药大学硕士学位论文.
松本和夫, 陈力耕. 1981. 影响柑桔果实品质的因素. 中国柑桔, (1): 37-39.

孙达, 张红艳, 程运江, 等. 2015. 11个产地纽荷尔脐橙果实风味物质含量差异. 植物科学学报, 33(4): 513-520.
孙远明. 2010. 食品营养学. 2版. 北京: 中国农业大学出版社.
孙志高, 黄学根, 焦必宁, 等. 2005. 柑桔果实主要苦味成分的分布及橙汁脱苦技术研究. 食品科学, 26: 146-148.
唐会周. 2011a. 电子鼻在水果品质评价体系中应用的研究进展. 包装与食品机械, 29(1): 51-54, 62.
唐会周. 2011b. 品种、成熟度和病害对柑橘果实香气成分的影响. 西南大学硕士学位论文.
陶俊, 张上隆, 徐建国, 等. 2003a. 柑橘果实主要类胡萝卜素成分及含量分析. 中国农业科学, 36(10): 1202-1208.
陶俊, 张上隆, 张良诚, 等. 2003b. 柑橘果皮颜色的形成与类胡萝卜素组分变化的关系. 植物生理与分子生物学学报, (2): 121-126.
田凯波. 2010. 基于层次分析法的灰色关联分析的应用. 湖南农机, 37(5): 98-99, 102.
田明, 徐晓云, 范鑫, 等. 2015. 柑橘中主要类胡萝卜素及其生物活性研究进展. 华中农业大学学报, 34(5): 138-144.
涂勋良, 阴姝婷, 李亚波, 等. 2016. 8个不同柠檬品种果皮香气成分的GC-MS分析. 植物科学学报, 34(4): 630-636.
汪应洛. 2003. 系统工程. 3版. 北京: 机械工业出版社.
汪忠. 2014. 分子与细胞. 9版. 南京: 江苏教育出版社.
王多加, 周向阳, 金同铭, 等. 2004. 近红外光谱检测技术在农业和食品分析上的应用. 光谱学与光谱分析, (4): 447-450.
王建华, 王汉忠. 1996. 果蔬芳香物质的研究方法. 山东农业大学学报（自然科学版）, (2): 219-226.
王立娟. 2011. 南丰蜜橘生长发育期和贮藏期品质变化的研究. 华中农业大学硕士学位论文.
王平, 聂振鹏, 罗君琴, 等. 2013. 无损伤检测技术在柑橘果实中的应用. 浙江柑橘, 30(4): 7-10.
王仁才. 2013. 果蔬营养与健康. 北京: 化学工业出版社.
王瑞庆, 徐新明, 冯建华, 等. 2012. 果实品质无损伤检测研究进展. 果树学报, 29(4): 683-689.
王维, 刘东琴, 王佩. 2016. 果品分级检测技术的研究现状及发展. 包装与食品机械, 34(6): 55-58.
王轩, 毕金峰, 刘璇, 等. 2013. 不同产地红富士苹果品质的灰色关联度分析. 食品科学, 34(23): 88-91.
王云, 宋曙辉, 孙立新, 等. 2012. 果品营养与健康. 北京: 中国农业出版社.
王长锋. 2012. 储藏条件对柑橘果实品质的影响. 湘潭大学硕士学位论文.
魏清江, 汪妙秋, 曾知富, 等. 2014. 南丰蜜橘化渣性评价及不同结果习性果实的品质比较. 中国农业科学, 47(6): 1162-1170.
吴龙国, 何建国, 贺晓光, 等. 2013. 高光谱图像技术在水果无损检测中的研究进展. 激光与红外, 43(9): 990-996.
吴娜, 顾赛麒, 陶宁萍, 等. 2014. 鲜味物质间的相互作用研究进展. 食品工业科技, 35(10): 389-392, 400.
吴齐红, 胡湘南, 闫丽萍, 等. 2017. CQMUH-011的抗炎作用研究. 中国病理生理杂志, 33(4): 640-646.
伍佳文, 祁春节. 2014. 中国柑橘鲜果出口市场细分研究. 湖南农业科学, (16): 59-61, 64.
徐广通, 袁洪福, 陆婉珍. 2000. 现代近红外光谱技术及应用进展. 光谱学与光谱分析, (2): 134-142.
徐吉祥, 楚炎沛. 2010. 色差计在食品品质评价中的应用. 现代面粉工业, 24(3): 43-45.
徐娟, 邓秀新. 2002. 柑橘类果实汁胞的红色现象及其呈色色素. 果树学报, 19(5): 307-313.
徐康, 路遥, 宋英珲, 等. 2018. 基于GC-FID、HS-SPME-GC-MS与电子鼻技术评价不同水果发酵酒的香气特征. 食品与发酵工业, 44(12): 233-240.
许慎. 2014. 图解《说文解字》: 画说汉字. 《图解经典》编辑部编著. 北京: 北京联合出版公司.
晏孝皋. 1998. 灰色关联法评价果蔬品质及其数据处理程序. 四川轻化工学院学报, (Z1): 71-74.
杨晨升. 2006. 马铃薯块茎动态力学特性试验研究与应用探讨. 东北农业大学硕士学位论文.
杨峥, 公敬欣, 张玲, 等. 2014. 汉源红花椒和金阳青花椒香气活性成分研究. 中国食品学报, 14(5): 226-230.
姚汉亭. 1995. 食品营养学. 北京: 中国农业出版社.
叶兴乾. 2005. 柑橘加工与综合利用. 北京: 中国轻工业出版社.
应义斌, 景寒松, 马俊福, 等. 1999. 黄花梨果形的机器视觉识别方法研究. 农业工程学报, 15(1): 198-202.
曾祥国. 2005. 不同种类和产区柑橘糖酸含量及组成研究. 华中农业大学硕士学位论文.
曾秀丽. 2003. 生境对甜橙果实质地形成作用效应的研究. 四川农业大学硕士学位论文.
张涵, 鲁周民, 王锦涛, 等. 2017. 4种主要柑橘类香气成分分比较. 食品科学, 38(4): 192-196.
张庆宏. 2009. 药食同源与中药食品化. 辽宁中医药大学学报, (7): 54-55.
张上隆, 陈昆松. 2007. 果实品质形成与调控的分子生理. 北京: 中国农业出版社.

张绍铃. 2013. 现代农业科技专著大全 梨学. 北京: 中国农业出版社.
张晓萌. 2005. 桃果实成熟过程中香气成分形成及其生理机制研究. 浙江大学硕士学位论文.
张玉玉, 孙宝国, 祝钧. 2009. 牛至精油挥发性成分的GC-MS与GC-O分析. 食品科学, 30(16): 275-277.
张元梅, 周志钦. 2011. 柑橘生物活性物质及其心血管疾病防治作用研究进展. 中药材, 34(11): 1799-1804.
赵茂程, 侯文军. 2007. 我国基于机器视觉的水果自动分级技术及研究进展. 包装与食品机械, 25(5): 5-8.
振苏. 2004. 浙江大学研制成功国内首条水果检测分级机. 北京农业, (10): 40.
郑洁, 江东, 张耀海, 等. 2015. 我国主要金柑品种果皮中挥发性成分比较. 食品科学, 36(6): 145-150.
郑杨, 生吉萍, 申琳. 2009. 采后处理方法对果蔬口感品质的改良研究进展. 食品科学, 30(13): 276-279.
中国柑橘学会. 2008. 中国柑橘产业. 北京: 中国农业出版社.
周开隆, 叶荫民. 2010. 中国果树志·柑橘卷. 北京: 中国林业出版社: 1-456.
周幸知, 曹婷婷, 吴嘉玺, 等. 2015. 天然色素的研究进展概述. 农技服务, 32(9): 10-13.
周雪青, 张晓文, 邹岚, 等. 2013. 水果自动检测分级设备的研究现状和展望. 农业技术与装备, (2): 9-11.
周志华. 2016. 机器学习. 北京: 清华大学出版社.
周志钦. 1991. 真正柑桔果树群植物的分支学研究. 武汉植物学研究, 9(2): 130-134.
周志钦. 2012. 柑橘果品营养学. 北京: 科学出版社.
周志钦, 吕硕. 2017. 柑橘养生概念知多少? 饮食与保健, 4(5): 273-274.
邹小波, 赵杰文. 2007. 支持向量机在电子鼻区分不同品种苹果中的应用. 农业工程学报, 23(1): 146-149.
Abad-García B, Berrueta L A, Garmonlobato S, et al. 2009. A general analytical strategy for the characterization of phenolic compounds in fruit juices by high-performance liquid chromatography with diode array detection coupled to electrospray ionization and triple quadrupole mass spectrometry. Journal of Chromatography A, 1216(28): 5398-5415.
Agócs A, Nagy V, Szabo Z, et al. 2007. Comparative study on the carotenoid composition of the peel and the pulp of different *Citrus* species. Innovative Food Science and Emerging Technologies, 8(3): 390-394.
Ahmed E M, Dennison R A, Dougherty R H, et al. 1978. Effect of nonvolatile orange juice components, acid, sugar, and pectin on the flavor threshold of D-limonene in water. Journal of Agricultural and Food Chemistry, 26(1): 192-194.
Asai T, Matsukawa T, Kajiyama S. 2016. Metabolic changes in *Citrus* leaf volatiles in response to environmental stress. Journal of Bioscience and Bioengineering, 121(2): 235-241.
Ash C, Kiberstis P, Marshall E, et al. 2012. It takes more than an apple a day introduction. Science, 337(6101): 1467.
Asikin Y, Kawahira S, Goki M, et al. 2018. Extended aroma extract dilution analysis profile of Shiikuwasha (*Citrus depressa* Hayata) pulp essential oil. Journal of Food and Drug Analysis, 26(1): 268-276.
Asikin Y, Maeda G, Tamaki H, et al. 2015. Cultivation line and fruit ripening discriminations of Shiikuwasha (*Citrus depressa* Hayata) peel oils using aroma compositional, electronic nose, and antioxidant analyses. Food Research International, 67: 102-110.
Asikin Y, Taira I, Inafuku-Teramoto S, et al. 2012. The composition of volatile aroma components, flavanones, and polymethoxylated flavones in Shiikuwasha (*Citrus depressa* Hayata) peels of different cultivation lines. Journal of Agricultural and Food Chemistry, 60(32): 7973-7980.
Axelsson A S, Tubbs E, Mecham B, et al. 2017. Sulforaphane reduces hepatic glucose production and improves glucose control in patients with type 2 diabetes. Science Translational Medicine, 9(394): 12.
Baron J H. 2009. Sailors' scurvy before and after James Lind—a reassessment. Nutrition Reviews, 67(6): 315-332.
Ben Abdelaali S, Rodrigo M, Saddoud O, et al. 2018. Carotenoids and colour diversity of traditional and emerging Tunisian orange cultivars [*Citrus sinensis* (L.) Osbeck]. Scientia Horticulturae, 227: 296-304.
Benedetti S, Buratti S, Spinardi A, et al. 2008. Electronic nose as a non-destructive tool to characterise peach cultivars and to monitor their ripening stage during shelf-life. Postharvest Biology and Technology, 47(2): 181-188.
Birth G S. 1976. How light interacts with foods. Quality Detection in Foods, 1: 6-11.
Blagosklonny M V. 2009. Validation of anti-aging drugs by treating age-related diseases. Aging-Us, 1(3): 281-288.
Blasco J, Aleixos N, Moltóet E. 2003. Machine vision system for automatic quality grading of fruit. Biosystems Engineering, 85(4): 415-423.

Bravo L. 1998. Polyphenols: chemistry, dietary sources, metabolism, and nutritional significance. Nutrition Reviews, 56(11): 317-333.

Brown J E. 2011. Nutrition Now. 6th ed. Wadsworth: Cengage Learning, USA, unit 3: 1-20.

Bueno M, Resconi V C, Campo M M, et al. 2011. Gas chromatographic-olfactometric characterisation of headspace and mouthspace key aroma compounds in fresh and frozen lamb meat. Food Chemistry, 129(4): 1909-1918.

Buscemi S, Rosafio G, Arcoleo G, et al. 2012. Effects of red orange juice intake on endothelial function and inflammatory markers in adult subjects with increased cardiovascular risk. American Journal of Clinical Nutrition, 95(5): 1089-1095.

Carmona L, Zacarias L, Rodrigo M J, et al. 2012. Stimulation of coloration and carotenoid biosynthesis during postharvest storage of 'Navelina' orange fruit at 12℃. Postharvest Biology and Technology, 74: 108-117.

Choi H S. 2005. Characteristic odor components of kumquat (*Fortunella japonica* Swingle) peel oil. Journal of Agricultural and Food Chemistry, 53(5): 1642-1647.

Choi H S, Kondo Y, Sawamura M, et al. 2001. Characterization of the odor-active volatiles in citrus Hyuganatsu (*Citrus tamurana* Hort. ex Tanaka). Journal of Agricultural and Food Chemistry, 49(5): 2404-2408.

Continella A, Pannitteri C, La Malfa S, et al. 2018. Influence of different rootstocks on yield precocity and fruit quality of 'Tarocco Scire' pigmented sweet orange. Scientia Horticulturae, 230: 62-67.

Contreras-Oliva A, Rojas-Argudo C, Perez-Gago M B, et al. 2012. Effect of solid content and composition of hydroxypropyl methylcellulose-lipid edible coatings on physico-chemical and nutritional quality of 'Oronules' mandarins. Journal of the Science of Food and Agriculture, 92(4): 794-802.

Cronje P J R, Barry G H, Huysamer M, et al. 2011. Postharvest rind breakdown of 'Nules Clementine' mandarin is influenced by ethylene application, storage temperature and storage duration. Postharvest Biology and Technology, 60(3): 192-201.

Cubero S, Aleixos N, Albert F, et al. 2014. Optimised computer vision system for automatic pre-grading of citrus fruit in the field using a mobile platform. Precision Agriculture, 15(1): 80-94.

Cuevas F J, MorenoRojas J M, RuizMoreno M J, et al. 2017. Assessing a traceability technique in fresh oranges (*Citrus sinensis* L. Osbeck) with an HS-SPME-GC-MS method. Towards a volatile characterisation of organic oranges. Food Chemistry, 221: 1930-1938.

Culleré L, Escudero A, Cacho J, et al. 2004. Gas Chromatography-Olfactometry and Chemical Quantitative Study of the Aroma of Six Premium Quality Spanish Aged Red Wines. Journal of Agricultural & Food Chemistry, 52(6): 1653-1660.

Dugo G, Mondello L. 2010. *Citrus* oils: composition, advanced analytical techniques, contaminants, and biological activity. Boca Raton: CRC Press.

Elson M H. 2006. Staying healthy with nutrition (21st-century edition): the complete guide to diet and nutritional medicine. California, USA: Celestial Arts, Berkeley: 301-310.

Esti M, Messia M C, Sinesio F, et al. 1997. Quality evaluation of peaches and nectarines by electrochemical and multivariate analyses: relationships between analytical measurements and sensory attributes. Food Chemistry, 60(4): 659-666.

Feng S, Huang M, Crane J H, et al. 2018. Characterization of key aroma-active compounds in lychee (*Litchi chinensis* Sonn.). Journal of Food and Drug Analysis, 26(2): 497-503.

Ferreira V, Ortín N, Escudero A, et al. 2002. Chemical characterization of the aroma of Grenache rose wines: aroma extract dilution analysis, quantitative determination, and sensory reconstitution studies. Journal of Agricultural and Food Chemistry, 50(14): 4048-4054.

Ferrero-Miliani L, Nielsen O H, Andersen P S, et al. 2007. Chronic inflammation: importance of NOD2 and NALP3 in interleukin-1 beta generation. Clinical and Experimental Immunology, 147(2): 227-235.

Foster-Powell K, Holt S H, Brandmiller J C, et al. 2002. International table of glycemic index and glycemic load values: 2002. American Journal of Clinical Nutrition, 76(1): 5-56.

Fraatz M A, Berger R G, Zorn H. 2009. Nootkatone—a biotechnological challenge. Applied Microbiology & Biotechnology, 83(1): 35-41.

Fu X M, Cheng S H, Liao Y Y, et al. 2018. Comparative analysis of pigments in red and yellow banana fruit. Food Chemistry, 239: 1009-1018.

Galton F. 1886. Regression towards mediocrity in hereditary stature. Journal of the Anthropological Institute of Great Britain & Ireland, 15: 246-263.

Gambetta G, Mesejo C, Martinezfuentes A, et al. 2014. Gibberellic acid and norflurazon affecting the time-course of flavedo pigment and abscisic acid content in 'Valencia' sweet orange. Scientia Horticulturae, 180: 94-101.

Gao Z, Gao W, Zeng S L, et al. 2018. Chemical structures, bioactivities and molecular mechanisms of citrus polymethoxyflavones. Journal of Functional Foods, 40: 498-509.

Garcia J F, Olmo M, García J M. 2016. Decay incidence and quality of different citrus varieties after postharvest heat treatment at laboratory and industrial scale. Postharvest Biology and Technology, 118: 96-102.

Gardner J W, Bartlett P N. 1994. A brief-history of electronic noses. Sensors and Actuators B-Chemical, 18(1-3): 210-211.

Gary D M. 2007. Citrus limonoids: analysis, bioactivity, and biomedical prospects. Journal of Agricultural and Food Chemistry, 55(21): 8285-8294.

Ghfar A A, Wabaidur S M, Ahmed A Y B H, et al. 2015. Simultaneous determination of monosaccharides and oligosaccharides in dates using liquid chromatography–electrospray ionization mass spectrometry. Food Chemistry, 176: 487-492.

Ghirri A, Bignetti E. 2012. Occurrence and role of umami molecules in foods. International Journal of Food Sciences and Nutrition, 63(7): 871-881.

Gómez A H, Wang J, Hu G, et al. 2007. Discrimination of storage shelf-life for mandarin by electronic nose technique. LWT-Food Science and Technology, 40(4): 681-689.

Gómez A H, Wang J, Hu G, et al. 2008. Monitoring storage shelf life of tomato using electronic nose technique. Journal of Food Engineering, 85(4): 625-631.

Gonzalez-Castro M J, Lopez-Hernandez J, Simal-Lozano J, et al. 1997. Determination of amino acids in green beans by derivatization with phenylisothiocianate and high-performance liquid chromatography with ultraviolet detection. Journal of Chromatographic Science, 35(4): 181-185.

Gowd V, Jia Z Q, Chen W, et al. 2017. Anthocyanins as promising molecules and dietary bioactive components against diabetes—a review of recent advances. Trends in Food Science & Technology, 68: 1-13.

Greenwood D C, Threapleton D E, Evans C E, et al. 2013. Glycemic index, glycemic load, carbohydrates, and type 2 diabetes systematic review and dose-response meta-analysis of prospective studies. Diabetes Care, 36(12): 4166-4171.

Guo A M, Liu C W, O Y, et al. 1994. Analysis evaluation of orange fruit quality by grey related degree. Southwest China Journal of Agricultural Sciences, 7(1): 40-45.

Hall J A, Wilson C P. 1925. The volatile constituents of valencia orange juice. J Am Chem Soc, 47(10): 2575-2584.

Hara M, Kishimoto M, Kubio T, et al. 1999. Changes of $d$-limonene content in three *Citrus* species during fruit development. Food Science & Technology Research, 5(1): 80-81.

He C C, Su K R, Liu M Y, et al. 2014. Identification of aroma-active compounds in watermelon juice by AEDA and OAV calculation. Modern Food Science & Technology, 30(7): 279-285.

Hernández-Sánchez N, Barreiro P, Ruiz-Cabello J. 2006. On-line identification of seeds in mandarins with magnetic resonance imaging. Biosystems Engineering, 95(4): 529-536.

Horvat R J, Chapman G W, Robertson J A, et al. 1990. Comparison of the volatile compounds from several commercial peach cultivars. Journal of Agricultural and Food Chemistry, 38(1): 234-237.

Hosni K, Zahed N, Chrif R, et al. 2010. Composition of peel essential oils from four selected Tunisian *Citrus* species: evidence for the genotypic influence. Food Chemistry, 123(4): 1098-1104.

Hotelling H. 1933. Analysis of a complex of statistical variables into principal components. Journal of Educational Psychology, 24(6): 417-441.

Howe J, Choi Y, Loeppert Y, et al. 1999. Column chromatography and verification of phytosiderophores by phenylisothiocyanate derivatization and UV detection. J. Chromatogr., A841: 155-164.

Iris E. 2004. Review of the flavonoids quercetin, hesperetin, and naringenin. Dietary sources, bioactivities, bioavailability, and epidemiology. Nutrition Research, 24(10): 851-874.

Jain A, Ornelaspaz J D, Obenland D, et al. 2017. Effect of phytosanitary irradiation on the quality of two varieties of pummelos [*Citrus maxima* (Burm.) Merr.]. Scientia Horticulturae, 217: 36-47.

Jiménez-Cuesta M, Cuquerella J, Martinezjavaga J M, et al. 1981. Determination of a color index for citrus fruit degreening. Proc Int Soc Citriculture, 2: 750-753.

Jing L, Lei Z T, Li L G, et al. 2014. Antifungal activity of *Citrus* essential oils. Journal of Agricultural and Food Chemistry, 62(14): 3011-3033.

Jing L, Zhang Y, Fan S, et al. 2013. Preventive and ameliorating effects of *Citrus* D-limonene on dyslipidemia and hyperglycemia in mice with high-fat diet-induced obesity. European Journal of Pharmacology, 715(1-3): 46-55.

Kato M, Ikoma Y, Matsumoto H, et al. 2004. Accumulation of carotenoids and expression of carotenoid biosynthetic genes during maturation in citrus fruit. Plant Physiology, 134(2): 824-837.

Ke Z L, Pan Y, Xu X D, et al. 2015. *Citrus* flavonoids and human cancers. Journal of Food and Nutrition Research, 3(5): 341-351.

Kelebek H, Selli S, Canbas A, et al. 2009. HPLC determination of organic acids, sugars, phenolic compositions and antioxidant capacity of orange juice and orange wine made from a Turkish cv. Kozan. Microchemical Journal, 91(2): 187-192.

Khalid S, Malik A U, Khan A S, et al. 2016. Tree age, fruit size and storage conditions affect levels of ascorbic acid, total phenolic concentrations and total antioxidant activity of "Kinnow" mandarin juice. Journal of the Science of Food and Agriculture, 96(4): 1319-1325.

Khoshroo A, Keyhani A, Zoroofi R A, et al. 2009. Classification of pomegranate fruit using texture analysis of MR images. Agricultural Engineering International, 11: 1182.

Kim D B, Shin G, Kim J, et al. 2016. Antioxidant and anti-ageing activities of citrus-based juice mixture. Food Chemistry, 194: 920-927.

Koh D W, Park J W, Lim J H, et al. 2018. A rapid method for simultaneous quantification of 13 sugars and sugar alcohols in food products by UPLC-ELSD. Food Chemistry, 240: 694-700.

Kondo N, Ahmad U, Monta M, et al. 2000. Machine vision-based quality evaluation of *Iyokan* orange fruit using neural networks. Computers and Electronics in Agriculture, 29(1-2): 135-147.

Kulczynski B, Gramzamichalowska A, Kobuscisowska J, et al. 2017. The role of carotenoids in the prevention and treatment of cardiovascular disease—Current state of knowledge. Journal of Functional Foods, 38: 45-65.

Lado J, Gambetta G, Zacarias L, et al. 2018. Key determinants of citrus fruit quality: metabolites and main changes during maturation. Scientia Horticulturae, 233: 238-248.

Lee T C, Zhong P J, Chang P T. 2015. The effects of preharvest shading and postharvest storage temperatures on the quality of 'Ponkan' (*Citrus reticulata* Blanco) mandarin fruits. Scientia Horticulturae, 188: 57-65.

Lim S, Lee J G, Lee E J, et al. 2017. Comparison of fruit quality and GC-MS-based metabolite profiling of kiwifruit 'Jecy green': natural and exogenous ethylene-induced ripening. Food Chemistry, 234: 81-92.

Lin J C C, Nagy S, Klim M. 1993. Application of pattern recognition techniques to sensory and gas chromatographic flavor profiles of natural orange aroma. Food Chemistry, 47(3): 235-245.

Liu C, Cheng Y, Zhang H, et al. 2012. Volatile constituents of wild citrus Mangshanyegan (*Citrus nobilis* Lauriro) peel oil. Journal of Agricultural and Food Chemistry, 60(10): 2617-2628.

Lone J, Yun J W. 2016. Monoterpene limonene induces brown fat-like phenotype in 3T3-L1 white adipocytes. Life Sciences, 153: 198-206.

Lopez-Otin C, Blasco M A, Partridge L, et al. 2013. The Hallmarks of Aging. Cell, 153(6): 1194-1217.

Lu Q, Huang X J, Lv S Y, et al. 2017. Carotenoid profiling of red navel orange "Cara Cara" harvested from five regions in China. Food Chemistry, 232: 788-798.

Lu R, Abbott J A. 1996. Finite element analysis of modes of vibration in apples. Journal of Texture Studies, 27(3): 265-286.

Ma T T, Sun X Y, Zhao J M, et al. 2017. Nutrient compositions and antioxidant capacity of kiwifruit (*Actinidia*) and their relationship with flesh color and commercial value. Food Chemistry, 218: 294-304.

Marimont D H, Wandell B A. 1994. Matching color images-the effects of axial chromatic aberration. J Opt Soc Am A, 11(12): 3113-3122.

Matz S A. 1962. Food Texture. Westport: The Avi Publishing Company, Inc.: 281.

Mehl F, Marti G, Boccard J, et al. 2014. Differentiation of lemon essential oil based on volatile and non-volatile fractions with various analytical techniques: a metabolomic approach. Food Chemistry, 143: 325-335.

Mesquita P R R, Nunes E C, dos Santos F N, et al. 2017. Discrimination of *Eugenia uniflora* L. biotypes based on volatile compounds in leaves using HS-SPME/GC-MS and chemometric analysis. Microchemical Journal, 130: 79-87.

Miyazaki T, Plotto A, Baldwin E A, et al. 2012. Aroma characterization of tangerine hybrids by gas-chromatography-olfactometry and sensory evaluation. Journal of the Science of Food & Agriculture, 92(4): 727-735.

Mosby W I, Mosby J. 2009. Mosby's Medical Dictionary. 8th ed. China: Elsevier Health Sciences.

Nicolaibm B M, Beullens K, Bobelyn E, et al. 2007. Nondestructive measurement of fruit and vegetable quality by means of NIR spectroscopy: A review. Postharvest Biology and Technology, 46(2): 99-118.

Nielsen A H, Olsen C E, Moller B L, et al. 2005. Flavonoids in flowers of 16 *Kalanchoë blossfeldiana* varieties. Phytochemistry, 66(24): 2829-2835.

Ninomiya K. 2002. Umami: a universal taste. Food Reviews International, 18(1): 23-38.

Obenland D, Collin S, Mackey B, et al. 2009. Determinants of flavor acceptability during the maturation of navel oranges. Postharvest Biology and Technology, 52(2): 156-163.

Obenland D, Collin S, Mackey B, et al. 2011. Storage temperature and time influences sensory quality of mandarins by altering soluble solids, acidity and aroma volatile composition. Postharvest Biology & Technology, 59(2): 187-193.

Obenland D, Collin S, Sievert J, et al. 2008. Commercial packing and storage of navel oranges alters aroma volatiles and reduces flavor quality. Postharvest Biology and Technology, 47(2): 159-167.

Oberholster R, Cowan A K, Molnar P, et al. 2001. Biochemical basis of color as an aesthetic quality in *Citrus sinensis*. Journal of Agricultural and Food Chemistry, 49(1): 303-307.

Obón C, Rivera D. 2006. Plant pigments and their manipulation by kevin M. Davies. Economic Botany, 60(1): 92.

Oh Y C, Cho W K, Jeong Y H, et al. 2012. Anti-inflammatory effect of *Citrus* unshiu peel in LPS-stimulated RAW 264.7 macrophage cells. American Journal of Chinese Medicine, 40(3): 611-629.

Palomo E S, Díaz-Maroto M C, González Viñas M A, et al. 2007. Aroma profile of wines from Albillo and Muscat grape varieties at different stages of ripening. Food Control, 18(5): 398-403.

Pannitteri C, Continella A, Cicero L L, et al. 2017. Influence of postharvest treatments on qualitative and chemical parameters of Tarocco blood orange fruits to be used for fresh chilled juice. Food Chemistry, 230: 441-447.

Papoutsis K, Pristijono P, Golding J B, et al. 2016. Impact of different solvents on the recovery of bioactive compounds and antioxidant properties from lemon (*Citrus limon* L.) pomace waste. Food Science and Biotechnology, 25(4): 971-977.

Parpinello G P, Fabbri A, Domenichelli S, et al. 2007. Discrimination of apricot cultivars by gas multisensor array using an artificial neural network. Biosystems Engineering, 97(3): 371-378.

Pearson K. 1901. On lines and planes of closest fit to systems of points in space. Philosophical Magazine, 2(7-12): 559-572.

Phat C, Moon B K, Lee C. 2016. Evaluation of umami taste in mushroom extracts by chemical analysis, sensory evaluation, and an electronic tongue system. Food Chemistry, 192: 1068-1077.

Pickrell K D. 2003. Miller-Keane Encyclopedia and Dictionary of Medicine, Nursing, and Allied Health. 7th ed. Hospitals & Health Networks, 77(8): 70.

Qin Z, Zhang B, Hu L, et al. 2016. A novel bioelectronic tongue *in vivo* for highly sensitive bitterness detection with brain-machine interface. Biosensors & Bioelectronics, 78: 374-380.

Qiu S S, Wang J. 2015. Application of sensory evaluation, HS-SPME GC-MS, E-nose, and E-tongue for quality detection in *Citrus* fruits. Journal of Food Science, 80(10): S2296-S2304.

Raithore S, Dea S, Mccollum G, et al. 2016. Development of delayed bitterness and effect of harvest date in stored juice from two complex citrus hybrids. Journal of the Science of Food and Agriculture, 96(2): 422-429.

Raithore S, Dea S, Plotto A, et al. 2015. Effect of blending Huanglongbing (HLB) disease affected orange juice with juice from healthy orange on flavor quality. LWT-Food Science and Technology, 62(1): 868-874.

Redruello B, Ladero V, Rio B D, et al. 2016. A UHPLC method for the simultaneous analysis of biogenic amines, amino acids and ammonium ions in beer. Food Chemistry, 217: 117-124.

Rehman M, Singh Z, Khurshid T, et al. 2018. Pre-harvest spray application of abscisic acid (S-ABA) regulates fruit colour development and quality in early maturing M7 Navel orange. Scientia Horticulturae, 229: 1-9.

Ren J N, Tai Y N, Dong M, et al. 2015. Characterisation of free and bound volatile compounds from six different varieties of *Citrus* fruits. Food Chemistry, 185: 25-32.

Ribeiro F Z, Marconcini L V, de Toledo I B, et al. 2010. Nuclear magnetic resonance water relaxation time changes in bananas during ripening: a new mechanism. Journal of the Science of Food and Agriculture, 90(12): 2052-2057.

Rodrigo M J, Alquézar B, Alós E, et al. 2013. Biochemical bases and molecular regulation of pigmentation in the peel of *Citrus* fruit. Scientia Horticulturae, 163: 46-62.

Rodriguez-Mateos A, Vauzour D, Krueger C G, et al. 2014. Bioavailability, bioactivity and impact on health of dietary flavonoids and related compounds: an update. Archives of Toxicology, 88(10): 1803-1853.

Rouseff R L, Ruiz Perez-Cacho P, Jabalpurwala F, et al. 2009. Historical review of *Citrus* flavor research during the past 100 years. Journal of Agricultural and Food Chemistry, 57(18): 8115-8124.

Satari B, Karimi K. 2018. *Citrus* processing wastes: environmental impacts, recent advances, and future perspectives in total valorization. Resources, Conservation & Recycling, 129: 153-167.

Schieberle P, Grosch W. 1988. Identification of potent flavor compounds formed in an aqueous lemon oil/citric acid emulsion. Journal of Agricultural and Food Chemistry, 36(4): 797-800.

Sdiri S, Rambla José L, Besada C, et al. 2017. Changes in the volatile profile of citrus fruit submitted to postharvest degreening treatment. Postharvest Biology and Technology, 133: 48-56.

Selli S, Kelebek H. 2011. Aromatic profile and odour-activity value of blood orange juices obtained from Moro and Sanguinello (*Citrus sinensis* L. Osbeck). Industrial Crops and Products, 33(3): 727-733.

Sepkowitz K A. 2001. AIDS-The first 20 years. New England Journal of Medicine, 344(23): 1764-1772.

Sheng L, Shen D D, Luo Y, et al. 2017. Exogenous γ-aminobutyric acid treatment affects citrate and amino acid accumulation to improve fruit quality and storage performance of postharvest *Citrus* fruit. Food Chemistry, 216: 138-145.

Shu Z P, Yang B Y, Zhao H, et al. 2014. Tangeretin exerts anti-neuroinflammatory effects *via* NF-kappa B modulation in lipopolysaccharide-stimulated microglial cells. International Immunopharmacology, 19(2): 275-282.

Skinner M, Hunter D. 2013. Bioactives in Fruit: Health Benefits and Functional Foods. West Sussex, UK: John Wiley & Sons: 1-517.

Souty M, Andre P. 1975. Composition biochimique et qualite des peches. Ann Technol Agric, 24: 217-236.

Srinivas N R. 2015. Recent trends in preclinical drug-drug interaction studies of flavonoids—review of case studies, issues and perspectives. Phytotherapy Research, 29(11): 1679-1691.

Stigler S M. 1989. Francis galton's account of the invention of correlation. Statistical Science, 4(2): 73-79.

Stinco C M, Escuderogilete M L, Heredia F J, et al. 2016. Multivariate analyses of a wide selection of orange varieties based on carotenoid contents, color and *in vitro* antioxidant capacity. Food Research International, 90: 194-204.

Stipanuk M H, Caudill M A. 2006. Biochemical, Physiological, and Molecular Aspects of Human Nutrition. 2nd ed. St. Louis, Missouri: Saunders Elsevier.

Stone H, Sidel J L, Bloomquist J. 1980. Quantitative Descriptive Analysis. Cereal Foods World, 25(10): 53-69.

Sun H, Ni H, Yang Y F, et al. 2014. Sensory evaluation and gas chromatography-mass spectrometry (GC-MS) analysis of the volatile extracts of pummelo (*Citrus maxima*) peel. Flavour and Fragrance Journal, 29(5): 305-312.

Sun K Y, Xiang L, Ishihara S et al. 2012. Anti-Aging effects of hesperidin on *Saccharomyces cerevisiae via* inhibition of reactive oxygen species and *UTH1* gene expression. Bioscience Biotechnology and Biochemistry, 76(4): 640-645.

Sun Y J, Ma G P, Ye X Q, et al. 2010. Stability of all-*trans*-β-carotene under ultrasound treatment in a model system: effects of different factors, kinetics and newly formed compounds. Ultrasonics Sonochemistry, 17(4): 654-661.

Sunagawa T, Shimizu T, Kanda T, et al. 2011. Procyanidins from apples (*Malus pumila* Mill.) extend the lifespan of *Caenorhabditis elegans*. Planta Medica, 77(2): 122-127.

Swingle W T, Reece P C. 1967. The Botany of *Citrus* and Its Wild Relatives. Berkeley: CA: University of California: 190-430.

Taglienti A, Massantini R, Botondi R, et al. 2009. Postharvest structural changes of Hayward kiwifruit by means of magnetic resonance imaging spectroscopy. Food Chemistry, 114(4): 1583-1589.

The Citrus & Date Crop Germplasm Committee USA. 2004. Citrus and Date Germplasm: Crop Vulnerability, Germplasm Activities, Germplasm Needs.1-30.

Tietel Z, Bar E, Lewinsohn E, et al. 2010. Effects of wax coatings and postharvest storage on sensory quality and aroma volatile composition of 'Mor' mandarins. Journal of the Science of Food and Agriculture, 90(6): 995-1007.

Tietel Z, Lewinsohn E, Fallik E, et al. 2012. Importance of storage temperatures in maintaining flavor and quality of mandarins. Postharvest Biology and Technology, 64(1): 175-182.

Tietel Z, Plotto A, Fallik E, et al. 2011. Taste and aroma of fresh and stored mandarins. Journal of the Science of Food and Agriculture, 91(1): 14-23.

Tounsi M S, Mhamdi B, Kchouk M L, et al. 2010. Juice aroma evolution during blood orange maturity. Journal of Essential Oil Research, 22(6): 471-476.

Uckoo R M, Jayaprakasha G K, Nelson S D, et al. 2010. Rapid simultaneous determination of amines and organic acids in citrus using high-performance liquid chromatography. Talanta, 83(3): 948-954.

Ummarat N, Arpaia M L, Obenland D, et al. 2015. Physiological, biochemical and sensory characterization of the response to waxing and storage of two mandarin varieties differing in postharvest ethanol accumulation. Postharvest Biology and Technology, 109: 82-96.

van Ruth S M. 2001. Methods for gas chromatography-olfactometry: a review. Biomolecular Engineering, 17(4-5): 121-128.

Vicente O, Boscaiu M. 2018. Flavonoids: Antioxidant compounds for plant defence and for a healthy human diet. Notulae Botanicae Horti Agrobotanici Cluj-Napoca, 46(1): 14-21.

Visser M E, Durao S, Sinclair D A, et al. 2017. Micronutrient supplementation in adults with HIV infection. Cochrane Database of Systematic Reviews, 5(5): CD003650.

Wang S Y, Wang P C, Faust M. 1988. Non-destructive detection of watercore in apple with nuclear magnetic resonance imaging. Scientia Horticulturae, 35(3): 227-234.

Wang W J, Jung J, Tomasino E, et al. 2016. Optimization of solvent and ultrasound-assisted extraction for different anthocyanin rich fruit and their effects on anthocyanin compositions. LWT-Food Science and Technology, 72: 229-238.

Wang Y W, Zeng W C, Xu P Y, et al. 2012. Chemical composition and antimicrobial activity of the essential oil of Kumquat (*Fortunella crassifolia* Swingle) peel. International Journal of Molecular Sciences, 13(3): 3382-3393.

Wei X, Song M, Chen C C, et al. 2017. Juice volatile composition differences between valencia orange and its mutant rohde red valencia are associated with carotenoid profile differences. Food Chemistry, 245: 223-232.

Wold S, Sjöström M, Eriksson L, et al. 2001. PLS-regression: a basic tool of chemometrics. Chemometrics and Intelligent Laboratory Systems, 58(2): 109-130.

World Health Organization. 2004. Nutrient requirements for people living with HIV/AIDS: report of a technical consultation, 13-15 May 2003, Geneva.

Xi W P, Zheng Q, Lu J F, et al. 2017. Comparative analysis of three types of peaches: identification of the key individual characteristic flavor compounds by integrating consumers' acceptability with flavor quality. Horticultural Plant Journal, 3(1): 1-12.

Xie J, Yao S X, Ming J, et al. 2019. Variations in chlorophyll and carotenoid contents and expression of genes involved in pigment metabolism response to oleocellosis in *Citrus* fruits. Food Chemistry, 272: 49-57.

Xie X L, Shen S L, Yin X R, et al. 2014. Isolation, classification and transcription profiles of the AP2/ERF transcription factor superfamily in citrus. Molecular Biology Reports, 41(7): 4261-4271.

Xu J, Tao N G, Liu Q, et al. 2006. Presence of diverse ratios of lycopene/beta-carotene in five pink or red-fleshed *Citrus* cultivars. Scientia Horticulturae, 108(2): 181-184.

Yang E J, Kim S S, Moon J Y, et al. 2010. Inhibitory effects of *Fortunella japonica* var. *margarita* and *Citrus sunki* essential oils on nitric oxide production and skin pathogens. Acta Microbiologica et Immunologica Hungarica, 57(1): 15-27.

Yang H J, Hwang J T, Kwon D Y, et al. 2013. Yuzu extract prevents cognitive decline and impaired glucose homeostasis in beta-amyloid-infused rats. Journal of Nutrition, 143(7): 1093-1099.

Yang Y, Zhao X J, Pan Y, et al. 2015. Identification of the chemical compositions of Ponkan peel by ultra performance liquid chromatography coupled with quadrupole time-of-flight mass spectrometry. Analytical Methods, 8(4): 893-903.

Yoo K M, Moon B. 2016. Comparative carotenoid compositions during maturation and their antioxidative capacities of three *Citrus* varieties. Food Chemistry, 196: 544-549.

Yoon W J, Lee N H, Hyun C G. 2010. Limonene suppresses lipopolysaccharide-induced production of nitric oxide, prostaglandin E2, and pro-inflammatory cytokines in RAW 264. 7 macrophages. Journal of Oleo Science, 59(8): 415-421.

Zaky A S, Pensupa N, Andrade-Eiroa áurea, et al. 2017. A new HPLC method for simultaneously measuring chloride, sugars, organic acids and alcohols in food samples. Journal of Food Composition and Analysis, 56: 25-33.

Zeng R, Zhang A, Chen J, et al. 2012. Postharvest quality and physiological responses of clove bud extract dip on 'Newhall' navel orange. Scientia Horticulturae, 138: 253-258.

Zhang H M, Chang M X, Wang J, et al. 2008a. Evaluation of peach quality indices using an electronic nose by MLR, QPST and BP network. Sensors and Actuators B-Chemical, 134(1): 332-338.

Zhang H M, Wang J, Ye S, et al. 2008b. Prediction of soluble solids content, firmness and pH of pear by signals of electronic nose sensors. Analytica Chimica Acta, 606(1): 112-118.

Zhang H P, Xie Y X, Liu C H, et al. 2017. Comprehensive comparative analysis of volatile compounds in *Citrus* fruits of different species. Food Chemistry, 230: 316-326.

Zhang H, Xi W P, Yang Y F, et al. 2015. An on-line HPLC-FRSD system for rapid evaluation of the total antioxidant capacity of *Citrus* fruits. Food Chemistry, 172: 622-629.

Zhang H, Xi W P, Zhou Z Q, et al. 2013. Bioactivities and structure of polymethoxylated flavones in citrus. Journal of Food Agriculture & Environment, 11(2): 237-242.

Zhang S C, Cai L S, Koziel J A, et al. 2009. Field air sampling and simultaneous chemical and sensory analysis of livestock odorants with sorbent tubes and GC-MS/olfactometry. Sensors and Actuators B-Chemical, 146(2): 427-432.

Zhang W T, Dong P, Lao F, et al. 2019. Characterization of the major aroma-active compounds in Keitt mango juice: comparison among fresh, pasteurization and high hydrostatic pressure processing juices. Food Chemistry, 289: 215-222.

Zhang W Z, Yao Q Q. 2005. Application of the principle component analysis on mango storage characteristic. Subtropical Plant Science. 34(2): 25-28, 33.

Zhang Y, Venkitasamy C, Pan Z L, et al. 2013. Recent developments on umami ingredients of edible mushrooms—a review. Trends in Food Science & Technology, 33(2): 78-92.

Zhang Y, Venkitasamy C, Pan Z L, et al. 2017. Novel umami ingredients: umami peptides and their taste. Journal of Food Science, 82(1): 16-23.

Zheng G H, Jin W W, Fan P, et al. 2015. A novel method for detecting amino acids derivatized with phenyl isothiocyanate by high-performance liquid chromatography-electrospray ionization mass spectrometry. International Journal of Mass Spectrometry, 392: 1-6.

Zheng H W, Zhang Q Y, Quan J P, et al. 2016. Determination of sugars, organic acids, aroma components, and carotenoids in grapefruit pulps. Food Chemistry, 205: 112-121.

Zheng J, An Y Y, Feng X X, et al. 2017. Rhizospheric application with 5-aminolevulinic acid improves coloration and quality in 'Fuji' apples. Scientia Horticulturae, 224: 74-83.

Zhu J C, Chen F, Wang L Y, et al. 2016. Characterization of the key aroma volatile compounds in cranberry (*Vaccinium macrocarpon* Ait.) using gas chromatography-olfactometry (GC-O) and odor activity value (OAV). Journal of Agricultural and Food Chemistry, 64(24): 4990-4999.

Zou Z, Xi W, Hu Y, et al. 2016. Antioxidant activity of *Citrus* fruits. Food Chemistry, 196: 885-896.